U0190290

上海篇

勇当绿色发展排头兵

主编　何艳

副主编　黎明　吴比

熊文　总主编

长江经济带生态保护与绿色发展研究丛书

长江出版社
CHANGJIANG PRESS

图书在版编目（CIP）数据

长江经济带生态保护与绿色发展研究丛书．上海篇 ： 勇当绿色发展排头兵 /
熊文总主编 ； 何艳主编 ； 黎明，吴比副主编．
—武汉 ： 长江出版社，2022.10
ISBN 978-7-5492-5150-6
Ⅰ．①长… Ⅱ．①熊… ②何… ③黎… ④吴… Ⅲ．①长江经济带－生态环境保护－研究
②长江经济带－绿色经济－经济发展－研究③生态环境建设－研究－上海④绿色经济－
区域经济发展－研究－上海 Ⅳ．① X321.25 ② F127.5

中国版本图书馆 CIP 数据核字（2022）第 200186 号

长江经济带生态保护与绿色发展研究丛书．上海篇 ： 勇当绿色发展排头兵
CHANGJIANGJINGJIDAISHENGTAIBAOHUYULÜSEFAZHANYANJIUCONGSHU
SHANGHAIPIAN：YONGDANGLÜSEFAZHANPAITOUBING
总主编 熊文 本书主编 何艳 副主编 黎明 吴比

责任编辑： 李剑月
装帧设计： 刘斯佳
出版发行： 长江出版社
地　　址： 武汉市江岸区解放大道 1863 号
邮　　编： 430010
网　　址： http://www.cjpress.com.cn
电　　话： 027-82926557（总编室）
027-82926806（市场营销部）
经　　销： 各地新华书店
印　　刷： 武汉市首壹印务有限公司
规　　格： 787mm×1092mm
开　　本： 16
印　　张： 15
彩　　页： 8
字　　数： 223 千字
版　　次： 2022 年 10 月第 1 版
印　　次： 2022 年 10 月第 1 次
书　　号： ISBN 978-7-5492-5150-6
定　　价： 79.00 元

《长江经济带生态保护与绿色发展研究丛书》

编纂委员会

主　任　熊　文

委　员　（按姓氏笔画排序）

丁玉梅　李　阳　杨　倩　吴　比　何　艳　姚祖军

黄　羽　黄　涛　萧　毅　彭贤则　蔡慧萍　裴　琴

廖良美　熊芙蓉　黎　明

《上海篇：勇当绿色发展排头兵》

编纂委员会

主　编　何　艳

副主编　黎　明　吴　比

编写人员　（按姓氏笔画排序）

丁子沂　王　巍　朱兴琼　杜孝天　李坤鹏　李俊豪

陈廷珏　陈羽竹　袁文博　梁宝文　彭江南　熊喆慧

前 言

在中国版图上，有这样一片区域，形似巨龙，日夜奔腾，浩浩荡荡，这就是中国第一大河，也是世界第三长河——长江。

长江全长6300余km，滋养了古老的中华文明；流域面积达180万km^2，哺育着超1/3的中国人口；两岸风光旖旎，江山如画；历史遗迹绵延千年，熠熠生辉。长江是中华民族的自豪，更是中华民族生生不息的象征。

不仅如此，长江以水为纽带，承东启西、接南济北、通江达海，一条黄金水道，串联起沿江11个省（直辖市），支撑起全国超40%的经济总量，是中国经济社会发展的大动脉。

一直以来，习近平总书记深深牵挂着长江，竭力谋划着让长江永葆生机活力的发展之道。

2016年1月5日，重庆，在推动长江经济带发展座谈会上，习近平总书记发出长江大保护的最强音："当前和今后相当长一个时期，要把修复长江生态环境摆在压倒性位置，共抓大保护、不搞大开发。"从巴山蜀水到江南水乡，生态优先、绿色发展的理念生根发芽。

2018年4月26日，武汉，在深入推动长江经济带发展座谈会上，习近平总书记强调正确把握"五大关系"，以"钉钉子"精神做好生态修复、环境保护、绿色发展"三篇文章"，推动长江经济带科学发展、有序发展、高质量发展，引领全国高质量发展，擘画出新时代中国发展新坐标。

2020年11月14日，南京，在全面推动长江经济带发展座谈会上，习近平总书记指出，要坚定不移地贯彻新发展理念，推动长江经济带高质量发展，谱写生态优先绿色发展新篇章，打造区域协调发展新样板，构筑高水平对外开放新高地，塑造创新驱动发展新优势，绘就山水人城和谐相融新画卷，使长江经济带成为我国生态优先绿色发展主战场、畅通国内国际双循环主动脉、引领经济高质量发展主力军。

伴随着党中央的强力号召，长江经济带的发展从“推动”“深入推动”走向“全面推动”，沿长江11省（直辖市）密集出台了一系列推动经济发展的新政策、新举措。短短几年，一个引领中国经济高质量发展的生力军正在崛起。

可是，与长江经济带蓬勃发展形成鲜明反差的是，全面系统研究长江经济带生态保护与绿色发展的专著却鲜见。为推动长江经济带绿色崛起，我们萌生了编纂“长江经济带生态保护与绿色发展研究”系列丛书的想法。通过该系列丛书的梳理，我们希望完成三个“任务”：

第一，系统梳理、深度展现在长江经济带发展大战略中，沿江11省（直辖市）在新时代绿色崛起中发挥的作用和取得的成绩，总结各省（直辖市）经济发展中的经验和启示，充分发挥领先城市经济发展的示范引领作用，为整个经济带的全面发展提供借鉴。

第二，认真总结、深刻剖析在长江经济带发展过程中，沿江11省（直辖市）经济发展存在的问题，系统梳理长江经济带绿色绩效评价体系，期待为破解长江经济带经济发展的资源环境约束难题、探寻长江经济带绿色经济绩效的提升路径、增强长江经济带发展统筹度和整体性、协调性、可持续性提供全新视角。

第三，有针对性地提出长江经济带未来发展的政策建议和战略对策，助力长江经济带形成生态更优美、交通更顺畅、经济更协调、市场更统一、机制更科学的黄金经济带，为中国经济统筹发展提供新的支撑。

这是我们第一次系统梳理长江经济带的发展，也是我们第一次完整地总结长江沿江11省（直辖市）的发展脉络。

我们欣喜地看到，伴随着三次推动长江经济带发展座谈会的召开，长江沿线11省（直辖市）均有针对性地出台了各省（直辖市）长江经济带发展的具体措施和规划。上海提出，要举全市之力坚定不移推进崇明世界级生态岛建设，努力把崇明岛打造成长三角城市群和长江经济带生态环境大保护的重要标志。湖北强调，要正确把握“五大关系”，用好长江经济带发展“辩证法”，做好生态修复、环境保护、绿色发展“三篇大文章”。地处长江上游的重庆表示，要强化“上游意识”，担起“上游责任”，体现“上游水平”，将重庆打造成内陆开放高地和山清水秀美丽之地。诸如此类，沿江各省都努力争当推动长江经济带高质量发展的排头兵。

我们也欣喜地看到，《长江上游地区省际协商合作机制实施细则》《长三角地区一体化发展三年行动计划（2018—2020年）》等覆盖全域的长江经济带省际协商合作机制逐步建立，共抓大保护的合力正在形成。

我们更欣喜地看到，在以城市群为依托的区域发展战略指引下，在长江三角洲城市群、长江中游城市群、成渝城市群、黔中城市群、滇中城市群等区域城市群的强力带动辐射影响之下，一批城市正迅速崛起。在党中央和沿江各省（直辖市）共同努力下，长江经济带正释放出前所未有的巨大经济活力。虽成效显著，但挑战犹存。在该系列丛书的梳理中，我们也发现了长江经济带发展过程中存在的问题：生态环境保护的形势依然严峻、生态环境压力正持续加大、绿色产业转型压力依旧巨大。为此，我们寻找了德国莱茵河治理、澳大利亚猎人河排污权交易、美国饮用水水源保护区生态补偿、美国“双岸”经济带的产业合作等多个国外绿色发展案例，希望为国内长江经济带城市绿色发展提供借鉴。

编　者

长江黄金水道

前言

本书为《长江经济带生态保护与绿色发展研究丛书》之上海篇分册，由湖北工业大学何艳教授担任主编，湖北工业大学黎明、长江水资源保护研究所吴比担任副主编。本册共分八章，第一章梳理了上海市绿色发展框架、发展历史、战略意义以及绿色发展的政策体系，明确了上海市在长江经济带绿色发展中的战略定位。第二章全面分析了上海市经济社会发展概况、生态环境保护现状及绿色发展状况，展示了上海市在绿色发展中取得的成果。第三章从主体功能区划空间管控、生态红线限制条件、“三线一单”管控要求等三个方面剖析了上海市绿色发展存在的生态环境约束。第四章系统分析了上海在绿色发展中的战略举措，从绿色发展总体战略、绿色产业转型与发展、宜居环境构建、资源可持续利用政策措施等四个方面展现了上海作为。第五章针对上海市典型区域绿色规划、重点流域生态规划、工业园区绿色发展进行了分析研究。第六章结合中国绿色发展指数与评价体系，对上海市绿色发展评价体系与指标进行了解读。第七章分析总结了国外绿色发展经验和对上海市绿色发展的启示。第八章为上海市绿色发展提出了政策建议和实施路径。

本书在撰写过程中，湖北工业大学长江经济带大保护研究中心、经济与管理学院、流域生态文明研究中心等单位领导精心组织编撰，同时长江经济带高质量发展智库联盟、湖北省长江水生态保护研究院、水环境污染监测先进技术与装备国家工程研究中心、河湖生态修复及藻类利用湖北省重点实验室、长江水资源保护科学研究所、江苏河海环境科学研究院有限公司、无锡德林海环保科技股份有限公司等单位相关专家大力指导与帮助，长江出版社高水平编辑团队为本书出版付出了辛勤劳动，在此一并致谢。

由于水平有限和时间仓促，书中缺点、错误在所难免，敬请专家和读者批评指正。

编　者

目录

第一章 上海市在长江经济带绿色发展中的战略定位

推动长江经济带发展是党中央做出的重大决策，是关系国家发展全局的重大战略，对实现“两个一百年”奋斗目标、实现中华民族伟大复兴的中国梦具有重要意义。2016年，习近平总书记指出，“长江拥有独特的生态系统，是我国重要的生态宝库。当前和今后相当长的时期，要把修复长江生态环境摆在压倒性位置，共抓大保护，不搞大开发”，并提出了“生态优先，绿色发展”的战略思路。上海地处长江口，既是长江受污染时的“受害者”，也是长江生态改善的直接受益者。作为长江经济带上最发达、配置资源能力最强的国际化大都市，上海更要积极对接推进长江经济带生态共同体建设，成为长江生态保护、流域绿色发展的推动者和贡献者。

第一节 上海市绿色发展的概念框架

一、中国绿色发展的理念

在过去50年里，中国参加了可持续发展理念形成和发展中具有里程碑意义历次国际大会，并将节约资源、保护环境确立为基本国策。在1996年，可持续发展战略被正式确立为国家基本战略。此后，中国政府针对“可持续发展”的目标提出并采取了一系列发展理念和政治措施。

近年来，“绿色经济”与“绿色发展”也受到了学术界和政府越来越广泛关注。中国环境与发展国际合作委员会（CCICED）就围绕这个议题设立了一系列课题组，包括“中国绿色经济发展机制与政策创新”课题组（2011）。

党的十八届五中全会提出要牢固树立绿色发展理念，表明绿色发展将成为中国发展战略与发展政策的主流。这是党的重大理论创新，是以习近平同志为核心的党中央治国理政理念的新升华。绿色发展理念主要包含以下方面。

推进绿色富国。富国为强国之基，资源环境为富国之本。绿色发展理念鲜明提出绿色富国的重大命题，彰显了中国共产党对新时期富国之道的科学把握。绿色发展已成为我国走新型工业化道路、调整优化经济结构、转变经济发展方式的重要动力，成为推进中国走向富强的有力支撑。

推进绿色惠民。绿色发展理念以绿色惠民为基础价值取向，彰显了中国共产党对新时期惠民之道的深刻认识。保护生态环境就是保障民生，改善生态环境就是改善民生。坚持绿色发展、绿色惠民，关系最广大人民的根本利益，关系中华民族发展的长远利益，是中国共产党新时期增进民生福祉的科学抉择。

推进绿色生产。绿色生产方式是绿色发展理念的基础支撑、主要载体。面对人与自然的突出矛盾和资源环境的瓶颈制约，要努力构建科技含量高、资源消耗低、环境污染少的产业结构，加快发展绿色产业，形成新的经济社会发展的增长点。

绿色发展理念，更新了关于生态与资源的传统认识，打破了简单把发展与保护对立起来的思维束缚，指明了实现发展和保护内在统一、相互促进和协调共生的方法论，带来的是发展理念和方式的深刻转变，也是执政理念和方式的深刻转变，为生态文明建设提供了根本遵循。

党的十八大以来，以习近平同志为核心的党中央，把握绿色发展的时代潮流，强调绿色是中国经济发展底色，也是永续发展的必要条件。党的十九大报告进一步丰富了绿色发展理念，提出建设“富强民主文明和谐美丽”社会主义现代化强国的目标，树立“绿水青山就是金山银山”的理念，促进绿色发展，加快绿色生产和消费的建立，健全绿色低碳循环发展经济体系。绿色成为中国特色社会主义新时代的鲜亮标志。中国的绿色发展理念、绿色发展方式和绿色发展智慧为建设美丽中国提供不竭动力，也为开创全球绿色发展新格局提供重要牵引力。

二、上海绿色发展的概念框架

（一）上海绿色发展的核心

绿色发展的核心有四个资本：自然资本、经济资本、社会资本和人力资本，只有这四大资本以一种均衡的方式共同改善和加强，才有可能实现地区的绿色发展。传统单纯追求经济资本而粗放开发利用自然资本的发展方式终将导致发展的不可持续性，而单纯强调保护自然资本而为发展经济资本则无法实现人类发展和共同福祉的终极目标。

自然资本是一切社会和经济活动的基础，是所有在社会经济生产过程中发挥作用的自然要素的集合。清洁的水和空气、动物、植物、矿产、能源、渔业、森林、生物多样性以及它们赖以生存和发展的环境及生态系统等都属于自然资本的范畴。上海的资源虽然没有西部地区丰富和多样（尽管西部地区自然资本的区域分异明显，但并非所有地区的自然资源都很丰富，不过整体依然雄厚），但是面江临海的地理位置给了上海温和湿润的气候，也使上海成为中国最大的贸易港口。

经济资本包括基础设施、固定资产、技术进步、生产能力和可投入经济、社会和人类发展活动以及环境保护的资金。经济资本既依赖于自然资本，同时又为自然资本的改善和提升提供必要的投入。上海是中国最发达的地区之一，2020 年 GDP 实现 3.87 万亿元，居全国第 10 名；金融存款达到 15.59 万亿元；研究与试验发展（R&D）经费支出约 0.16 万亿元，居全国第 5 名；专利授权量为 13.98 万件，比上年增长 39.0%。

人力资本是区域发展的根本原动力，它指劳动者受到教育、培训、经历、迁移、保健等方面的投资而获得的知识和技术技能的积累，亦称“非物力资本”。它不仅包括人类的知识、受教育水平、培训水平、劳动技能，也包括良好行为习惯以及身心健康状况。上海 2020 年全市共有 63 所普通高等学校，49 家培养研究生的机构；九年义务教育入学率保持在 99.9% 以上，高中阶段新生入学率达 99.7%。同时，2020 年全市科技“小巨人”企业和科技“小巨人”培育企业共 2300 家，技术先进型服务企业 235 家；年内新认定高新技术企业 7396 家，高新技术企业达到 17012 万家。

社会资本是社会组织的特征，诸如道德准则、习俗，以及社会关系等，它们能够通过促进合作来提高社会的效率。人们之间的相互信任、理解、共同的价值观，以及推动社会协调和经济活动进行的社会共识，都属于社会资本。“十二五”期间，上海启动新一轮社会信用体系建设，公共信用信息服务平台建成运行，社会信用环境持续优化，“诚信上海”建设取得较大进展。“十三五”期间上海进一步完善信用制度，到2020年基本建成全国领先的信用服务创新高地。“十四五”期间将构建以信用为基础的新型监管机制，完善和健全覆盖全社会的社会信用体系。

上海的绿色发展是一个均衡的发展，即四大资本的均衡增长。缺少了其中的任何一个，这一发展方式就是不合理和不完善的，或者已偏离了绿色发展的本质。与中西部地区相比，上海的地理位置优越、经济发展迅速、社会资本程度较高、人力资本存量较高；与全国平均水平相比，上海的这四种资本的整体水平也居全国领先地位。因此，对于上海来说，在既有的自然资本基础之上，如何更高质量、更高水平地利用经济资本、人力资本和社会资本来反哺自然资本、促进绿色发展，是该城市现在和将来努力的方向。

（二）上海绿色发展的特殊性

绿色发展的概念必须考虑中国幅员辽阔、区域分划明显的因素。例如西部地区生态系统普遍敏感，中部地区是东部地区工业产业的主要承接地等。相对于中国其他地区来讲，上海绿色发展的内涵更具特色，其原因在于两点。

首先是上海世界级生态之城的城市定位。上海作为长江黄金水道的龙头，是我国最发达的地区之一，从浦东开发开放到自贸区建设，始终充当我国改革的先锋、开放的门户，集聚着“四个中心”、科创中心和自贸试验区等改革开放的创新功能载体。近年来，上海着力于建设建成卓越的全球城市，打造令人向往的创新之城、人文之城、生态之城，成为具有世界影响力的社会主义现代化国际大都市。

其次，上海是长江经济带绿色发展和转型的引领者。长江经济带横跨东、中、西三大经济区，区域经济发展阶段存在明显的梯度差异。上海已经进入工业化后期向后工业化时期转变阶段，产业结构开始去重工业化，向知识技术密集的高技术产业、现代服务业调整转变。而中西部地区尚处于工业化起步阶段或中期阶段。产业梯度差异的客观存在，更利于区域之间产业转移及有序分工。同时，上海率先进入转型阶段，率先提出并实施创新驱动发展、经济转型升级的发展主线，中国（上海）自由贸易试验区建设又为上海提供了深化改革开放、打造中国经济升级版的重要平台。因此，在长江经济带建设中，上海对促进区域经济绿色发展和转型升级，具有引领示范作用。

正因为上海的独特定位和对长江经济带的独特作用，其绿色发展概念在内生性、创新性和世界性上有着特殊性。

对长江经济带的独特作用，其绿色发展概念在内生性、创新性和世界性上有着特殊性。

一是内生性。所谓内生增长，即区域在没有外力推动的情况下，依靠区域经济系统内部作用来获取经济增长的动力。上海是中国第一个 GDP 突破 3 万亿的城市，创税能力也是全国最高的城市，2019 年 GDP 增长率为 6.0%，2020 年受新冠肺炎疫情影响 GDP 增长率为 1.7%，2021 年 GDP 增长率又高达 8.1%。这一经济增长较多来自本地的技术水平提升和区域人力资本积累等内部动力。而这些动力后面，则是新时代人海市民对“美好生活”的追求。再加上较高的人文素质等因素，上海的绿色发展更多地出自城市内生性动力。

二是创新性。上海一直是创新发展的先行者。城市持续推进创新驱动发展、经济转型升级，加快向具有全球影响力的科技创新中心进军，推进以科技创新为核心的全面创新。这种创新性不仅体现在技术方面，还体现在政府改革、生态环境、城市综合服务功能等方面，从而使得上海在绿色发展方面也一直是全国创新发展的领头羊。

三是世界性。上海作为国际性大都市，是中国参与国际竞争的桥头堡。它一直定位于打造世界性城市，旨在发展成为能够与纽约和伦敦相比肩的顶级全球城市。后两者既是全球资本的支配中心，又是全球资本的服务中心，说明顶级全球城市经济服务化的内向空间与外向空间呈现出基本对称的市场格局，服务市场的规模足够大且服务效率非常高，是这类全球城市的共同特点，也是上海未来发展的方向。上海将充分利用自贸区建设、国际交流合作平台、国际航运中心和口岸等优势，实现全球高端要素的集聚，努力成为特大型城市生态建设和环境保护的典范，成为中国绿色发展模式向世界的先行者、带动者和推广者。

第二节 上海市绿色发展的历史

一、上海市地理环境和自然资源

（一）地理环境

上海市是中国的直辖市之一，是国家中心城市，超大城市，国际经济、金融、贸易、航运、科技创新中心，首批沿海开放城市。地处东经120° 52′至122° 12′，北纬30° 40′至31° 53′之间，长江三角洲前缘，东濒东海，南临杭州湾，西接江苏、浙江两省，北界为长江入海口，正处我国南北海岸线的中部，交通便利，腹地广阔，位置优越，具有良好的区位条件。

上海拥有长江岸线的长度为 104 千米，约占总岸线长度的 1.65%。长江在上海境内流经宝山、浦东和崇明三个区县。长江上海段年平均过境水量 9335 亿立方米，是长江黄金水道中通航条件最好、江海船舶密度最大的区段。可以说，上海历史上一步步的发展，始终离不开长江母亲河的哺育，长江的清与浊、流域生态的治理与污染，都与上海息息相关。因此，推进长江经济带生态文明建设，是上海的责任，也是上海的未来发展的基础。

境内除西南部有少数丘陵山脉外，全为坦荡低平的平原，是长江三角洲冲积平原的一部分，平均海拔高度 4 米，陆地地势总趋势由东向西低微倾斜。在上海北面的长江入海处，有崇明岛、长兴岛、横沙岛 3 个岛屿。崇明岛为我国第三大岛，大金山为上海境内最高点，海拔高度 103.4 米。全市陆地面积为 8359 平方千米。

城市位于亚热带季风性气候区，四季分明，日照充分，雨量充沛。上海气候温和湿润，春秋较短，冬夏较长，全年 60% 以上的雨量集中在 5 月至 9 月的汛期。适宜的气候为人们的生产、生活提供了良好的条件。

城市河湖众多，水网密布，河道（湖泊）总面积 642.7 平方千米。河网大多数属于黄浦江水系，主要有黄浦江及其支流苏州河、川杨河、淀浦河等。黄浦江全长 113 千米，流经市区，江道宽度 300~770 米，平均 360 米。苏州河上海境内段长 54 千米，河道平均宽度 45 米。最大的湖泊为淀山湖，面积 62 平方千米，其中市区域内面积 47.5 平方千米。

（二）自然资源

由于受地质环境和成矿储存条件的限制，上海的矿产资源相当贫乏。境内缺乏金属矿产资源，建筑石料也很稀少，陆上的能源矿产同样匮乏，主要依靠外部供应。上海市境内天然植被所剩不多，绝大部分是人工栽培作物和林木。天然植被主要分布于大金山岛和佘山等局部地区。动物资源主要是畜禽品种，野生动物种类已十分稀少。上海地区的水资源包括本地水资源量和过境水资源量两部分，总体上，上海市可用的水资源十分丰富，尤其是巨大的长江过境水资源。

上海地理区位独特，位于长江入海口、我国大陆岸线中点。长江河口地区分布着大量长江流域特有的珍稀濒危物种，如中华鲟、江豚等；同时也是重要的洄游鱼类、经济鱼类的种质资源保护区。此外，长江河口地区还是国际候鸟迁徙路线中段的组成部分。因此，河口地区的生态保护对长江流域生态安全和全球生物多样性具有重要作用。

二、上海市绿色发展的历程

作为中国最大的贸易港口和工业基地，上海如今已成为经济、科技、工业、金融、贸易、展览和航运中心。自改革开放至今，上海在城市定位和发展策略方面经历了巨大变化，逐渐从工业基地转变为多功能城市，其发展轨迹可分为 3 个阶段。第一阶段从 1978 年至 20 世纪 90 年代早期，在改革开放政策影响下，上海从单纯的经济中心转变为工业生产基地，逐步成为主要的经济、科技、文化中心和国际港口城市。第二阶段为 20 世纪 90 年代中期，当时政府确立了发展策略，以浦东作为经济发展的龙头地区，目的在于促进长江附近的沿岸城市更加开放，使上海成为国际经济、金融和贸易中心，同时带动周边城市经济发展。第三阶段开始于 20 世纪 90 年代后期，在政府颁布的《上海总体规划（1999—2020）》中，明确表示上海未来将要成为一个国际大都市，并且成为国际经济、金融、贸易和航运中心（即“一个龙头四个中心”）。

在过去的几十年中，上海人口总数增长迅速，尤其是改革开放以后，大量流动人口涌入上海。在20世纪90年代，上海以浦东为中心，在中国经济发展中起到带头作用，吸引了大批外来务工人员到上海寻找工作机会，造成了人口的快速增长。到2020年末，全市常住人口总数为2487.09万人。其中，户籍常住人口1439.12万人，外来常住人口1047.97万人。

上海的国内生产总值也增长迅速，2020年，上海市生产总值（GDP）达38700.58亿元，按常住人口计算的人均GDP达到15.73万元，在全国各省区市中继续保持领先水平。在20世纪90年代发展浦东经济期间，上海经济增长连续达到双位数（1992—2007）。自2008年开始，由于受国际金融危机和国内经济增速下滑的影响，上海的经济增长速度放缓（2008年和2009年增长率分别是9.7%和8.2%）。经过初步核算，2020年全市生产总值按可比价格计算，比上年增长1.7%，继续处于合理区间。

在改革开放之前的很长一段时间里，上海一直是“工业基地”。进入20世纪90年代，上海在发展第三产业方面付出更多努力。到1999年，第三产业规模首次超过了第二产业。从“十一五”开始，上海的工业结构就开始以节约能源和减少碳排放量为导向，进行了进一步的调整。随着第二产业重要性的降低，第三产业开始迅速发展。第三产业、第二产业和第一产业在工业结构中所占比例分别为57.3%、42.1%和0.7%，这表明，“3—2—1”模式的工业结构已经逐渐形成。到2020年，第一产业增加值103.57亿元，下降8.2%；第二产业增加值10289.47亿元，增长1.3%；第三产业增加值28307.54亿元，增长1.8%，节能环保、新一代信息技术、生物、高端装备、新能源、新能源汽车、新材料等工业战略性新兴产业完成工业总产值13930.66亿元，比上年增长8.9%，占全市规模以上工业总产值比重达到40.0%。现代服务业为主体、战略性新兴产业为引领、先进制造业为支撑的现代产业体系初步形成。

在环境质量方面，由于工业化、城镇化和人口快速增长，废水排放量持续增加，居民生活废水排放比例不断加大，1996年，上海居民生活废水排放量已经首次超过了工业废水排放量。废气排放量正逐年增长。由于工业活动大量增加，2010年废气排放总量已经达到13667亿立方米，是1991年的3倍。过去的20年中，二氧化碳的排放量呈现波动态势，近年来，二氧化碳放量有了显著降低。20 世纪 90 年代至 21 世纪初期烟尘排放量显著下降，并一直保持稳定状态。过去 10 年中，二氧化硫、二氧化氮和 PM10 的浓度均有所下降。主要污染物浓度已经达到国家环境空气质量二级标准。

在绿色发展方面，上海也取得了卓越的成就。一是重大环境基础设施逐渐完善。青草沙、东风西沙水源地相继建成运行，两江并举水源地格局初步形成。污水厂网建设和提标改造有序推进。全市 16 家燃煤电厂脱硫、脱硝和高效除尘实现全覆盖。“一主多点”的生活垃圾无害化处置体系基本形成。上海大力推进郊区林地和中心城区公共绿地建设，全市绿林地面积不断增加。二是环境治理和污染减排取得积极进展。基本完成建成区直排污染源截污纳管，持续推进河道综合整治，主要河道环境面貌持续改善。全面完成中小燃煤锅炉清洁能源替代、黄标车淘汰等治理工作。完成产业结构调整重点项目 4200 余项。农村环境整治由点及面逐步推进，启动实施国家现代农业示范区建设。三是环境法规政策体系进一步完善。出台《上海市大气污染防治条例》等 2 项地方性法规和 10 余项配套文件，制订《锅炉大气污染物排放标准》等 12 项地方标准规范。根据《中华人民共和国固体废物污染环境防治法》《中华人民共和国循环经济促进法》《城市市容和环境卫生管理条例》等法律、行政法规，结合上海市实际，上海市人民代表大会常务委员会制定《上海市生活垃圾管理条例》（2019 年 7 月 1 日起施行）。四是城市环境质量总体稳步改善。如图 1-1 所示，“十二五”期间，在人口、经济、能源消耗持续增加的同时，主要污染物削减明显，生态环境质量总体持续改善。

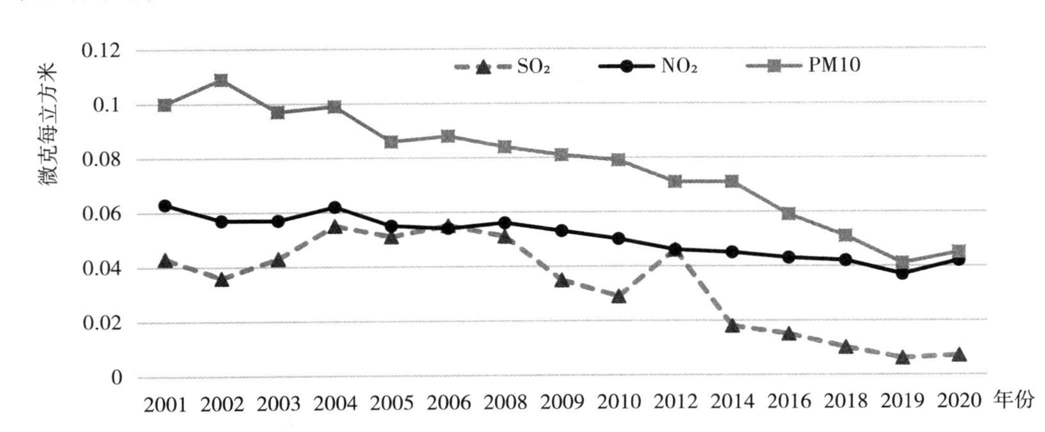

图 1-1　2001—2018 年上海市污染物浓度变化情况

三、上海市绿色发展的成效

“十三五”期间，上海市坚持创新驱动发展、经济转型升级，依托环保协调推进机制和环保三年行动计划、清洁空气行动计划、污染减排等工作平台，按照率先引领和底线思维的要求，以大气、水污染治理为重点，系统推进环境保护和生态建设，生态环境保护取得明显成效。

（一）农业发展成就

“十三五”期间，在市委、市政府的正确领导下，上海农业战线广大干部群众转变农业发展方式、增强农产品供应保障能力、提升农业产业化水平，在农业科技进步、保障地产农产品质量安全、推进国家现代农业示范区建设、促进城乡统筹发展等方面取得可喜进展，完成了上海市现代农业“十二五”规划确定的目标任务，形成了与上海建设社会主义现代化国际大都市相适应的多功能都市现代农业发展体系，为实现农业现代化奠定了扎实基础。

农产品供应保障能力得到增强，全市粮食种植面积保持在 250 万亩（1 亩 =666.67 平方米）左右，菜田面积稳定在 50 万亩，生猪、牛奶、水产品等“菜篮子”产品的生产规模和产量总体保持稳定。农业劳动生产率达到 8.5 万元，居于国内领先水平。农产品质量安全处于可控状态，2020 年，上海市“三品一标”认证率达 68%，农产品质量安全追溯体系覆盖率达到 80%，地产农产品抽检合格率继续保持高位。农业科技支撑作用逐步显现，农业装备水平明显改善，主要农作物生产综合机械化水平达到 83%，农业科技进步贡献率达到 70% 左右，乡镇农业公共服务体系实现全覆盖，农业物联网区域试验工程和农业农村信息化工作走在全国前列。农业经营产业化水平不断提升，农业与工业和服务业的融合特征不断增强，各类新型农业经营主体不断涌现，全市发展家庭农场 3829 户，具有一定经营能力的农民合作社 3192 家，农业产业化龙头企业 387 家。生态农业建设取得成效，2020 年，农业废弃物综合利用率达到 91% 以上，基本实现了秸秆禁烧。农民收入增长较快，2020 年，农村居民人均可支配收入达到 23205 元，农村居民收入增幅连续五年快于城镇居民。农村改革成果显著，农村集体经济组织产权制度改革等取得突破，松江家庭农场等实践和经验得到中央领导和国家有关部门的充分肯定。统筹城乡发展不断推进，城乡基础设施和基本公共服务均等化程度持续改善，农民得到更多实惠。

（二）工业发展成效

“十三五”期间，上海工业以提高资源能源利用效率、促进生态环境健康发展为目标，聚焦重点行业、重点园区、重点企业、重点产品，以末端治理向过程控制、源头预防转变为主线，健全节能标准体系、实施重点能效提升工程、加大淘汰力度、优化用能结构、扩大清洁生产覆盖面、提高资源综合利用水平、完善节能管理方式、推进节能环保产业发展，取得了显著成效。全市规上工业单位增加值能耗由 2016 年的 0.912 吨标准煤 / 万元下降至 2020 年的 0.742 吨标准煤 / 万元，累计下降 22.8%，超额完成“十二五”节能目标。2020 年全市全口径工业用能总量为 5815.6 万吨标准煤，工业用能总量占全市比重约 51.1%，较 2016 年降低 5 个百分点，对我市工业绿色、健康、可持续发展起到了积极作用。

1. 源头预防，推进供给侧结构调整

出台国内首份《产业结构调整负面清单及能效指南（2014 版）》，制订差别化电价实施办法，以强制性、约束性标准限制高耗能高污染企业的生存空间。“十三五”期间，累计实施产业结构调整项目 4208 项，减少能源消费 435 万吨标准煤。加大高耗能落后设备淘汰、替代力度，推进 21081 台高耗能落后机电设备淘汰更新，完成替换 11530 台 S7 及以下系列变压器。全面削减分散燃煤，完成 5153 台分散燃煤（重油）锅炉和工业窑炉的清洁能源替代或关停，减少分散燃煤约 300 万吨、重油 10 万吨，减排二氧化碳约 171 万吨，相应地，工业天然气消费占比从 3.8% 快速上升至 7.6%。大力推广分布式光伏发电，成立“上海市分布式光伏产业联盟”，在上海市工业企业屋顶累计推广光伏约 200MW。大力推动节能产品惠民工程，累计推广节能灯 796.2 万只、节能家电 329 万台，推荐 5661 个型号高效电机、1670 个型号节能工业产品入围国家推广目录，节能产品市场占有率持续提升。

2. 过程控制，实施节能减排重点工程

“十三五”期间，组织实施重点节能技术改造项目 398 项，项目投资 57.8 亿元，节能量 99.43 万吨标准煤，主要用能产品能效全面提高，10 项产

品单耗指标达到国内外行业先进水平，上海市列入“万家企业低碳行动”的工业企业完成国家下达节能量目标的132.7%。在钢铁、石化、电力等12个重点行业大力推进清洁生产，完成1304家企业清洁生产审核，实施清洁生产方案7753项，节能50.77万吨标准煤，节水1446.48万吨，规模以上工业用水重复利用率达到90.6%，单位工业增加值用水量相比2015年下降42.4%，氮氧化物、二氧化硫、氨氮、化学需氧量等主要工业污染物相比于2015年分别下降63.8%、55.7%、50%、27.9%。工业固体废弃物综合利用率保持在97%以上，利用水平、研发能力国内领先。完善上海市工业能效监控平台，建立温室气体排放报告上报制度，完成420家工业重点用能单位能源审计，挖掘节能潜力98万吨标准煤。累计制定产品能耗限额标准70项，产品能效等级标准17项，管理类标准58项。

3. 培育能力，大力发展节能环保产业

“十三五”期间，认定环境保护、节能节水项目29项，项目投资额3.14亿元；认定使用环境保护、节能节水设备企业224家，设备投资31.36亿元。超临界发电机组、非晶合金配电变压器、高效照明及智能控制系统等节能环保技术产品在国内具有明显竞争优势。节能环保领域上市企业35家，产值（主营业务收入）20亿以上企业超过10家。国家和上海市备案合同能源管理企业由“十二五”末的52家增至2015年的427家，388项合同能源管理项目获得市财政奖励，节能量19.72万吨标准煤。2017年上海临港再制造产业园区成为唯一一个同时获得国家发展和改革委员会、工信部、环保部（现为生态环境部）、国家质检总局等部委批复支持的国家级再制造示范基地，浦东张江建设了上海国家半导体照明新技术产业化基地。依托虹口、杨浦、宝山等生产性服务业园区，形成了一批以花园坊节能环保园为代表的服务业集聚区。

（三）服务业发展成就

“十三五”期间，上海按照“高端化、集约化、服务化，三二一产业融合发展”的方针，推动服务业快速增长，以服务经济为主的产业结构基本形成。

1. 服务业增长快于全市经济，成为上海发展的主要动力

2020年，全市服务业实现增加值16914.5亿元，“十三五”期间年均

增速达到 9.7%。与 2016 年相比，服务业增加值占全市生产总值的比重从 57.3% 提高到 67.8%，服务业吸引外商直接投资实际到位金额占全市外商直接投资实际到位金额的比重从 79.4% 提高到 86.3%，服务业固定资产投资占全社会固定资产投资比重从 72.7% 提高到 84.8%。同时，服务业从业人员占全社会从业人员比重超过 60%，成为吸纳社会就业的主渠道。

2. 服务业重点领域平稳增长，新兴领域加速成长

金融业、商 贸业占全市服务业增加值比重稳定在 50% 左右，生产性服务业增加值占全市服务业增加值比重从 2016 的 52.8% 提高到 2020 年的 63%。服务业中的新技术、新模式、新业态、新产业发展态势良好，信息服务业增加值年均增速 14%，电子商务 2020 年交易额达到 16452 亿元，同比增长 21.4%。

3. “四个中心”加快建设，城市综合服务功能不断提升

“十三五”新增各类金融机构 429 家，金融市场交易额比“十二五”末增长了 2.5 倍，金融市场非金融企业直接融资占全国社会融资规模的比重达到 18% 左右。上海港集装箱吞吐量连续六年位居全球第一，上海机场货邮吞吐量保持世界第三，国际旅客吞吐量占全国机场的三分之一。率先开展跨境电子商务试点，服务贸易进出口总额占全国服务贸易进出口总额的比重达到 27.6%，大宗商品“上海价格”加快形成。

4. 服务业布局不断优化，集聚发展格局逐步完善

中心城区服务业发展能级和水平进一步提升，郊区各具特色的服务业快速发展。上海国际旅游度假区、世博园区、虹桥商务区等标志性区域的大型功能性项目建设加快推进。现代服务业集聚区、文化创意产业园区、生产性服务业功能区等服务业集聚区蓬勃发展，产业集 聚效应日益凸显。

5. 改革开放力度进一步加大，发展环境持续改善

上海率先开展服务业部分领域营改增试点，全面推进中国（上海）自由贸易试验 区（以下简称“上海自贸试验区”）制度创新，实施金融、航运、商贸、文化、社会、专业服务等六大服务业领域开放措施。深化推进国家和市级服务业综合改革试点，形成了一批可复制、可推广的试点经验。

（四）环境保护与污染治理的成就

在市委、市政府领导下，“十三五”期间，上海市坚持创新驱动发展、经济转型升级，依托环保协调推进机制和环保三年行动计划、清洁空气行动计划、污染减排等工作平台，按照率先引领和底线思维的要求，以大气、水污染治理为重点，系统推进环境保护和生态建设，生态环境保护取得明显成效。

1. 重大环境基础设施逐渐完善

青草沙、东风西沙水源地相继建成运行，两江并举水源地格局初步形成。污水厂网建设和提标改造有序推进，完成白龙港二期等 14 座城镇污水处理厂的新改扩建，城镇污水处理率提高 10.9 个百分点，达到 92.8%。全市 16 家燃煤电厂脱硫、脱硝和高效除尘实现全覆盖。“一主多点”的生活垃圾无害化处置体系基本形成，运行、在建生活垃圾（含餐厨垃圾）末端处理能力达到 27000 吨 / 天，危险废物、医疗废物基本得到安全处置。大力推进郊区林地和中心城区公共绿地建设，全市绿林地面积不断增加，人均公园绿地面积达到 7.6 平方米，森林覆盖率达到 15.03%。

2. 环境治理和污染减排取得积极进展

基本完成建成区直排污染源截污纳管，持续推进河道综合整治，主要河道环境面貌持续改善。全面完成中小燃煤锅炉清洁能源替代、黄标车淘汰等治理工作，扬尘、挥发性有机物（VOCs）污染控制等取得重大进展。完成产业结构调整重点项目 4200 余项，吴泾、南大、桃浦等工业区转型升级取得重大进展，金山、合庆、青东农场等重点区域生态环境综合治理全面启动并取得阶段成效，区域环境矛盾得到有效缓解。农村环境整治由点及面逐步推进，启动实施国家现代农业示范区建设，完成规模化畜禽养殖场污染减排 88 家，累计 500 多个行政村开展村庄改造，受益农户近 33 万户。桃浦、南大等地区土壤调查评估和修复治理试点顺利启动。

3. 环境法规政策体系进一步完善

出台《上海市大气污染防治条例》等 2 项地方性法规和 10 余项配套文件，制订《锅炉大气污染物排放标准》等 12 项地方标准规范，落实生态补偿、环保电价、超量减排奖励等一系列政策，区域大气污染协作机制、环境污染第三方治理、综合执法、行政执法和刑事司法相衔接等治理机制逐步完善，环境监测、监管和执法体系逐步加强。

4. 城市环境质量总体稳步改善

“十三五”期间，在人口、经济、能源消耗持续增加的同时，主要污染物削减明显，生态环境质量总体持续改善。2020 年，全市化学需氧量、氨氮、二氧化硫、氮氧化物等 4 个主要污染物排放量较 2016 年分别削减 25.1%、18.4%、33.1% 和 32.1%，超额完成“十三五”国家减排目标。地表水主要水体水质稳步改善。2020 年，全市饮用水水源地水质达标率较 2016 年提高 10.0%，水环境考核断面化学需氧量、氨氮浓度比 2016 年分别下降 9%、19%，劣Ⅴ类水体比例减少 7.8%。大气环境主要指标呈改善趋势。2020 年，二氧化硫、二氧化氮、可吸入颗粒物浓度分别比 2016 年下降 41.4%、8.0% 和 12.7%，PM2.5 浓度较 2013 年下降 14.5%。

第三节　上海市绿色发展的战略意义

破污染之源，立生态之旗，上海作为长江经济带上最发达、配置资源能力最强的国际化大都市，肩负着绿色发展“新龙头”的责任与使命。

一、上海市对长江经济带发展的促进作用

上海作为长江黄金水道的龙头，是我国最发达的地区之一，从浦东开发开放到自贸区建设，始终充当我国改革的先锋、开放的门户，集聚着“四个中心”、科创中心和自贸试验区等改革开放的创新功能载体。

（一）上海运用国际国内联通的综合立体交通网络助力长江经济带建设

上海地处长江口，拥有稀缺的深水岸线资源，承接国家“两纵两横”运输通道。据统计数据，2020 年，上海市各种运输方式完成货物运输量 139226.01 万吨，比上年下降 7.2%。旅客发送量 11973.18 万人次，增长 46.2%。其中，上海港口货物吞吐量达到 71669.95 万吨，比上年下降 0.5%；集装箱吞吐量 4350.34 万国际标准箱，增长 0.5%。上海浦东、虹桥两大国际机场全年共起降航班 54.51 万架次，增长 30.5%；进出港旅客达到 6164.21

万人次，下降49.4%。其中，国内航线进出港旅客5644.24万人次，增长29.3%；国际及地区航线进出港旅客519.97万人次，增长87.6%。上海等长江沿江省市一直都在协力推进长江黄金水道建设，并按照《"十二五"期长江黄金水道建设总体推进方案》逐步落实。《长江经济带综合立体交通走廊规划（2014—2020年）》中提到，长江经济带是我国重要的人口密集区和产业承载区，随着经济社会快速发展，土地、能源、岸线等资源日益紧缺，生态环境压力持续增大。加强资源节约和环境保护，要求加快转变交通发展方式，节约集约利用交通运输资源，优化综合交通网络结构，发挥水运和铁路的节能环保优势，实现交通绿色低碳发展。在推进长江经济带建设过程中，上海以航运和航空为重点，打造国际国内联通的综合立体交通网络，国际航运中心枢纽能级更上一层，集疏运效率持续提升，对内对外两个扇面的集散能力进一步放大。上海利用自身的区位优势构建立体交通网络，为长江经济带的建设和绿色发展做出贡献。

（二）上海市发挥资本与技术优势助推长江经济带产业转型升级

在资本方面，上海出台了《上海市国内合作交流专项资金资助企业投资项目实施细则》，给予上海企业到对口支援地区和西部地区投资的有关项目资助。上海可依托强大的制造业，对内辐射到周边，带动长三角的产业升级和跨越式发展，建立上中下游一体化的生产链和产业集群。

在技术方面，上海市利用沿江中心城市在高新技术领域的开发力量和产业基础，共同开发高新技术成果，加快高新技术产业化和规模化进程，促进高新技术产业技术开发和产业扩张，同时促进沿江省市高新技术产业的成长壮大，升级长江经济带的产业结构。2017年长江经济带"绿色技术银行"落地，促进了绿色技术转让和产业对接。借助长江经济带绿色发展基金，寻找、发现适合地区社会经济条件和自然地理环境的资源开发利用技术、环境污染治理技术、生态环境修复的技术等，构建绿色技术分享机制，降低技术转让交易成本，促进长江经济带绿色技术转让和产业对接。2018年上海嘉定区与江苏苏州、浙江温州决定，整合各自创新资源要素，打造长三角科技"双创券"服务平台。2020年，上海市产业转型升级（生产性服务业和服务型制造发展）专项资金拟支持项目公布，共64个企业获得专项资金的支持。长江经济带上，一个引领高质量发展的重要动力源正在形成。

（三）上海市助力长江经济带发展开放型经济

2013年9月29日，中国（上海）自由贸易试验区正式成立。在长江经济带战略驱动下，上海积极实施更加主动的开放战略，自贸试验区成为上海“大胆闯、大胆试、自主改”，服务长江经济带制度创新和对外开放最重要的“试验田”，上海推动长江经济带“大通关”体制改革取得突破，形成了更加开放透明的、可复制可推广的投资管理制度和开放政策，不断产生更多创新成果在长江经济带率先推广和共享，带动长江流域向开放型经济发展。

二、上海市在长江经济带绿色发展中的引领作用

上海是中国最大的经济中心，也是国际著名的港口城市。这里人才集聚、科技发达，而且有国家相关政策支持，在制度创新方面有很大的优势，这为对接推进长江经济带生态共同体建设提供了重要支撑，因此，上海在长江经济带的绿色发展中具有极其重要战略意义。

（一）上海市为整个长江经济带的绿色发展提供了示范作用

2016年，上海市第十四届人民代表大会第四次会议审议通过了上海市人民政府提出的《上海市国民经济和社会发展第十三个五年规划纲要》，提出了“推进绿色发展，共建生态宜居家园”的发展任务，并明确了提升水环境质量、有效改善空气质量、增加绿色生态空间、深入推进节能低碳和应对气候变化、着力推进循环经济和资源节约利用、加强重点区域环境整治、强化生态环境治理机制7项目标。该规划纲要紧密结合上海经济社会发展实际，确定了坚持以生态文明为统领、以绿色发展为引领、以改善环境质量为核心、以解决突出环境问题为重点的工作思路，为建设令人向往的创新之城、人文之城、生态之城提供有力支撑。上海市向着构建绿色健康和谐的空间格局、形成绿色生态产业链、提高生态环境质量和建设生态宜居智慧城市出发。

以崇明岛为例，上海始终坚持生态立岛、绿色发展，着力保护长江口生态环境，开展长江经济带绿色发展试点示范，在打造“五美社区”，推进“开心农场”建设、“生态惠民保险”以及推行“环长制”方面做了许多实践探

索，并在围绕饮用水安全保障、环境基础设施、污染治理等重点领域，切实加强水环境综合整治与水生态保护，加强近海岸污染防治，加快推进海绵城市建设，持续推进崇明世界级生态岛建设，承担保护长江流域的生态环境和生态安全的责任，带动长江经济带成为中国乃至世界环境改善最佳的经济带，为经济转型、绿色发展做好引领示范。

（二）上海市是长江经济带绿色发展制度建设的先行者

上海市积极探索生态文明体制改革，进一步强化和创新最严格水资源管理制度考核、河湖健康评估制度，推进饮用水水源地管理机制、环境综合整治与河道综合整治模式创新等。

在工业生态建设方面，上海市制定《上海市工业绿色发展"十三五"规划》，一是从源头预防，推进供给侧结构性调整。出台国内首份《产业结构调整负面清单及能效指南（2014 版）》，制订差别化电价实施办法，以强制性、约束性标准限制高耗能高污染企业的生存空间。二是过程控制，实施节能减排重点工程。"十二五"期间，组织实施重点节能技术改造项目 398 项，项目投资 57.8 亿元，节能量 99.43 万吨标准煤，主要用能产品能效全面提高。建立上海市工业能效监控平台，建立温室气体排放报告上报制度，完成 420 家工业重点用能单位能源审计，挖掘节能潜力 98 万吨标准煤。累计制定产品能耗限额标准 70 项、产品能效等级标准 17 项、管理类标准 58 项。三是培育能力，大力发展节能环保产业。"十二五"期间，认定环境保护、节能节水项目 29 项，项目投资额 3.14 亿元，认定使用环境保护、节能节水设备企业 224 家，设备投资 31.36 亿元。2020 年，上海市生态环境局批复上海临港奉贤园区为上海市生态工业园区，临港奉贤园区坚持生态优先、绿色发展，园区主要污染物浓度持续下降，环境空气质量保持良好态势，满足所在区域环境空气质量功能二类区要求，PM2.5、PM10 和臭氧浓度低于长三角区域水平的 2/3。

在农业生态建设方面，制定《上海市都市现代绿色农业发展三年行动计划（2018—2020 年）》，通过三年努力，上海市全面建立以绿色生态为导向的制度体系，加快形成与资源环境承载力相匹配、生产生活生态相协调的绿色农业发展新格局。内容有四个方面，分别是优化功能布局发展绿色产业、保护生态资源守住美丽田园、提升农产品质量满足市场需求和强化创新驱动支撑绿色发展。

在城市生态建设方面，《上海市生活垃圾管理条例》是上海市人大制定的地方性法规，自 2019 年 7 月 1 日起施行。2020 年末，上海新建绿地面积 1202 万平方米，其中公园绿地面积 655 万平方米；完成绿道 212 千米，立体绿化 43.1 万平方米。上海相继建成延安中路绿地等一批大型开放式生态景观绿地。上海市园科院正在跟进城市绿地服务功能智慧管控平台的建设，为上海市绿地的高质量、高效率、精准化的管控搭建起智能化平台。

上海的制度创新有利于将绿色供应链管理的模式和经验推广至长江经济带城市，提高整个长江地区的绿色发展理念，上海将成为长江经济带生态文明体制机制创新的策源地、排头兵和推动者。

（三）上海市是长江经济带区域绿色协调发展的引导者

上海既是长江经济带的龙头，也是长江三角洲城市群的核心、门户和枢纽城市，在长江经济带发展中发挥带头作用。上海凭借其龙头城市作用，引领长江经济带产业转型和沿岸省市产业合理分工和优化布局，推动创新型要素向内地转移，带动长江经济带整体共享绿色发展利益，实现区域间共生共利共荣。

2016 年，上海松江区率先提出，沿 G60 高速公路构建“科创走廊”。短短两年多的时间，“G60 科创走廊”从上海松江延伸到浙江杭州、江苏苏州、安徽合肥等九个区市，成为长江经济带下游重要的交通、人才、技术、资本、信息等创新要素自由流通、重组和优化配置的大通道。“G60 走廊”正以聚集规划对接、战略协同、专题合作、市场统一、机制完善“五个着力点”，成为长江经济带高质量一体化发展的重要引擎。目前长三角区域已经形成一体化发展的基本态势，在《长江三角洲地区区域规划》总体指导下，长三角三省一市立足于自身发展基础与区位特色，围绕打造“世界级城市群”建设目标，统筹联动，共同推进区域一体化发展；坚持上中下游协同，依托长三角区域生态环境建设，推动整个长江经济带的发展，加强生态保护修复和综合交通运输体系建设，打造高质量的绿色发展经济带。

（四）上海市为长江经济带绿色创新发展提供了科技支撑

上海市是全国重要的经济中心，在创新驱动发展上最有话语权。2017年“绿色技术银行”在上海建成，传统银行里交易主体的是钱，而“绿色技术银行”里交易主体的是绿色技术。作为中国落实2030年可持续发展议程和气候变化巴黎协定的重要举措，“绿色技术银行”按照“政府引导、社会参与、公益性服务、市场化运作”的机制，完善绿色技术转移转化机制的创新实践。“绿色技术银行”的建成有利于发挥上海在绿色金融创新中的先驱作用，促进长江经济带绿色经济的发展，推动我国实体经济和金融体系的绿色转型。

为了更好地促进科技成果资本化、产业化，支撑经济转型升级和产业结构调整，上海市制定了《上海市促进科技成果转移转化行动方案（2017—2020）》，重点围绕科技成果转移转化的关键问题和薄弱环节，加强系统部署，抓好措施落实，聚焦科技成果转移转化要素功能提升、科技成果转移转化生态环境营造，集聚高端人才、前沿知识、核心技术、创新企业和金融资本等创新资源，推动上海成为全球科技创新网络、技术交易网络的重要节点。该方案明确提出2020年，上海要基本建成国际经济、金融、贸易、航运中心，并推进全面创新改革试验，巩固企业创新主体地位，健全市场化技术交易服务体系，完善多元化科技成果转移转化投入渠道，优化科技成果转移转化制度环境，增强科技成果对外辐射带动作用，基本建设成为全球技术转移网络的重要枢纽。可以看出上海市正致力于建设一个全球科创中心，希望更好地发挥辐射和带动作用，在创新发展中带动长江经济带产业绿色转型发展和可持续发展。

三、上海市绿色发展对可持续发展的推动作用

（一）上海市绿色发展对经济的作用

1. 推进产业能效提升，优化产业结构与布局

在资源环境紧约束的条件下，上海积极提高要素资源配置效率，实现“向存量要空间、以质量求发展”。围绕2018年底上海市政府印发的《关于上海市促进资源高效率配置推动产业高质量发展的若干意见》，构建了涵盖各

类资源要素的利用效率评价制度，作为产业准入、技术改造、环保等方面差别化政策指导的基础。2019 年 1 月，新版《上海产业能效指南》的发布，是落实经济高质量发展理念的关键环节，既为“以能耗论英雄”提供了技术支撑，也是制造业绿色发展的重要标尺。“十二五”以来，全市工业在提升单位要素产出、控制能源消费总量方面取得了一定成绩。与 2011 年相比，2018 年规上工业单位增加值能耗累计下降了 34.9%，单位能源消费的经济产出提升了 53.6%。上海市发电、集成电路块、乘用车、啤酒、铜及铜合金管材等产品单耗处于国际先进水平，乙烯、甲醇、MDI、醋酸等产品单耗处于国内先进水平。2020 年，上海市经信委从开展能效对标、探索智慧节能、创建绿色制造标杆、培育发展节能环保产业、推进节能标准化建设等方面着手，细化措施，切实推动产业高质量绿色发展。

2. 提升城市在全球的综合竞争力

在“全球城市竞争力”评价体系中，上海综合排名由 2012 年的第 35 位上升至 2015 年的第 7 位，部分分项竞争力已超过东京或巴黎，但当地需求和硬件环境分项仍远落后于纽约、伦敦。全球城市竞争力报告（Global Urban Competitiveness Report，GUCP）是中国社会科学院和联合国人居署进行的一项合作研究，重点关注城市竞争力、城市土地和市政金融。它从 2015 年起已先后成功出版 5 部报告，其中《全球城市竞争力报告（2018–2019）》于第 74 届联合国大会期间于联合国纽约总部发布，《全球城市竞争力报告（2019–2020）》于第 10 届世界城市论坛（WUF10）期间于阿布扎比发布。最新一期的《全球城市竞争力报告（2020—2021）：全球城市价值链——穿透人类文明的时空》选取经济活力、环境韧性、社会包容、科技创新、全球联系 5 个指标，测度了全球 1006 个城市的可持续竞争力指数。2020 年全球城市经济竞争力指数二十强包括东京、新加坡市、纽约、香港、伦敦、巴黎、旧金山、巴塞罗那、深圳、大阪、芝加哥、莫斯科、首尔、斯德哥尔摩、马德里、法兰克福、斯图加特、慕尼黑、波士顿、费城。2020 年，上海经济竞争力指数为 0.894，位列第 12 位，比 2018 年上升了 1 位；2020 年的可持续竞争力指数为 0.722，位居第 33 位，而 2018 年是 28 位。整体而言，相较于全球城市，上海的发展短板主要是在环境韧性等可持续发展指标上。

3. 推动循环经济的发展

2018 年 1 月，上海市循环经济协会正式运行，将更积极参与实施上海市制造业绿色改造升级、“城市矿产”资源高效循环利用、工业园区的循环化改造和清洁生产推进、循环经济产业基地建设、发展高端智能再制造等，为打响“上海制造”、建设上海“全球卓越城市”做好每件实事。上海作为一个人口众多、自然资源相对匮乏、环境容量有限的特大型城市，发展循环经济产业，推进资源的综合利用、节约利用、循环利用，意义十分重大。协会将进一步制定战略规划，开展重大专题研究，建立资源循环化信息共享平台，开展行业规范和绿色诚信体系建设，推进完善政策法律和企业营商环境，加快建立长三角等区域产业联动机制，围绕超大型城市发展中的难点、痛点、短板等问题，提出解决方案，整合产业资源，协同各方实施。

（二）上海市绿色发展对社会的作用

绿色发展是上海走生产发展、生活富裕、生态良好的文明发展道路的重要探索。21 世纪，世界正面临着新的环境革命，这是继工业革命以来人类第三次经济社会发展的重大变革，上海将进入以环境保护、生态建设为基础的人和自然和谐发展的阶段。生态资本已成为继物质资本、人力资本之后又一重要财富。建设生态型城市已经成为许多国际大都市未来发展的共同目标。上海要建设成为现代化国际大都市，必须把改善生态环境、提高绿色竞争力作为增强城市综合竞争力的重要方面，把生态化融入上海经济社会发展的各个方面，用生态化提升上海的工业化和城市化，走生产发展、生活富裕、生态良好的文明发展道路。

绿色发展也是提升市民生活质量的重要体现。目前，上海的人均生产总值已突破 2 万美元，达到世界银行划分的上中等收入国家和地区的水平。在这一阶段，市民的物质消费占总支出比重将持续下降，而与环境有关的住房、休闲旅游、娱乐健身等需求将持续上升，市民对饮用水质量、空气质量、绿化水平、开敞活动空间等生态环境的要求越来越高。建设生态型城市正是适应市民消费升级的需要，提升市民生活质量的重要举措，是坚持以人为本为核心的科学发展观的具体实践。

绿色发展有利于缓解当前和今后相当一段时期上海的资源约束和环境压

力。随着我国工业化进程的加快，近年来在全国范围内出现了煤、电、油、运和原材料较为紧张的局面。上海作为一个缺少资源和能源的特大城市，20世纪90年代以来在资源节约和环境保护方面取得了长足进步，在国内处于领先水平。2021年UNIDO–UNEP绿色产业平台中国办公室发布《2021中国城市绿色竞争力指数报告》，在全国289个城市中，上海排第三位，仅次于深圳和北京之后。绿色产业平台由2012年联合国工业发展组织和联合国环境规划署联合倡议成立，其中国办公室已连续4年发布"中国城市绿色竞争力指数报告"，其中上海一直稳居在前十强。在迈向全球城市的进程中，上海在许多方面的潜力有待挖掘，包括大幅降低经济发展的能耗、碳排放、水耗强度，改善空气质量，发展郊区快速公共交通网络等。在今后相当长的一段时间内，上海经济社会发展对土地、水资源和原材料的需求还将增加，资源对经济社会发展的约束还将长期存在。推进绿色发展，通过发展清洁生产和循环经济，通过自然资源的保护和能源原材料的节约，将有效缓解经济发展所带来的资源和环境压力。

第四节　上海市绿色发展的政策体系

一、绿色发展的政策体系

2011年至2019年上半年，从国家到上海市出台了诸多与生态环境、绿色发展相关的规划与配套政策。规划政策基于上海市的生态特征，以水资源保护、大气污染防治和土壤污染防治三位一体统筹推进，兼顾城乡环境治理等内容。主要任务有：严守红线，推进用地与产业同步调整；加大投入，推动生态环保与绿色发展；多措并举，打好环境治理攻坚战；加强法规标准约束引导；改革创新，不断完善环境治理机制，健全长效机制。在生态环境治理体系和治理能力现代化取得重大进展，为长江经济带发展做出上海的更大贡献。典型性规划政策详见表1–1。

表 1–1　上海市绿色发展的相关政策

年份	典型性规划政策
2007	《上海市环境保护与生态建设“十一五”规划》
2012	《上海市环境保护与生态建设“十二五”规划》
2016	《上海市环境保护和生态建设“十三五”规划》
	《上海市生态环境监测网络建设实施方案》
	《上海市环境保护条例》
	《长江经济带发展规划纲要》
2017	《上海市贯彻落实中央生态环保督察反馈意见整改方案》
	《长江经济带生态环境保护规划》
2018	《上海市生态环境监测质量监督检查三年行动计划（2018–2020 年）》
	《上海市 2018–2020 年环境保护和建设三年行动计划》
	《上海市生态保护红线》
	《上海市城市总体规划（2017–2035 年）》
2019	《上海市环境影响评价制度改革实施意见》
	《加强规划环境影响评价与建设项目环境影响评价联动的实施意见（试行）》
2020	《上海市生态环境行政处罚裁量基准规定》
2021	《上海市城市管理综合行政执法条例》
	《上海市自然资源利用和保护“十四五”规划》

二、绿色发展的相关政策

（一）《长江经济带发展规划纲要》

《长江经济带发展规划纲要》由中共中央政治局于 2016 年 3 月 25 日审议通过，该纲要从规划背景、总体要求、大力保护长江生态环境、加快构建综合立体交通走廊、创新驱动产业转型升级、积极推进新型城镇化、努力构建全方位开放新格局、创新区域协调发展体制机制、保障措施等方面描绘了长江经济带发展的宏伟蓝图，是推动长江经济带发展的重大国家战略性、纲领性文件。《纲要》确立了长江经济带“一轴、两翼、三极、多点”的发展新格局。“一轴”是以长江黄金水道为依托，发挥上海、武汉、重庆的核心作用，“两翼”分别指沪瑞和沪蓉南北两大运输通道，“三极”指的是长江三角洲、长江中游和成渝三个城市群，“多点”是指发挥三大城市群以外地级城市的支撑作用。

（二）《长江经济带生态环境保护规划》

2017 年 7 月 13 日，环保部（现为生态环境部）、国家发展和改革委员会、水利部联合印发《长江经济带生态环境保护规划》，以保护一江清水为主线，水资源、水生态、水环境三位一体统筹推进，兼顾城乡环境治理、大气污染防治和土壤污染防治等内容，严控环境风险，强化共抓大保护的联防联控机制建设。计划到 2020 年，生态环境明显改善，生态系统稳定性全面提升，河湖、湿地生态功能基本恢复，生态环境保护体制机制进一步完善。到 2030 年，干支流生态水量充足，水环境质量、空气质量和水生态质量全面改善，生态系统服务功能显著增强，生态环境更加美好。

在规划中确立了 6 个方面的重点任务：确立水资源利用上线，妥善处理江河湖库关系；划定生态保护红线，实施生态保护与修复；坚守环境质量底线，推进流域水污染统防统治；全面推进环境污染治理，建设宜居城乡环境；强化突发环境事件预防应对，严格管控环境风险；创新大保护的生态环保机制政策，推动区域协同联动。

针对上海等下游地区，规划指出其生态空间破碎化严重，环境容量偏紧，饮用水水源环境风险大。要重点修复太湖等退化水生态系统，强化饮用水水源保护，严格控制城镇周边生态空间占用，深化河网地区水污染治理及长三角城市群大气污染治理。在用水总量上，上海用水总量控制在 129.35 亿立方米以内，到 2030 年，用水总量控制在 133.52 亿立方米以内，限制上海钢铁行业规模，严格控制老石化基地工业用水总量；在生态保护红线和质量底线上，严守生态保护红线，加强生物多样性维护，坚守环境质量底线，推进流域水污染统防统治；在突发环境事件预防上，严格环境风险源头防控，加强环境应急协调联动，遏制重点领域重大环境风险；在区域协同生态保护上，依托上海国际金融服务中心，大力推进绿色金融创新，发展绿色金融产品，与上中下游地区共抓大保护。

（三）《上海市环境保护和生态建设“十三五”规划》

2016 年 10 月 19 日，上海市为推进市环境保护和生态建设，根据《上海市国民经济和社会发展第十三个五年规划纲要》，制定《上海市环境保护和生态建设“十三五”规划》。规划强调要加大环境治理力度，在提升生态环境质量方面，分别从水环境、大气环境、土壤环境和重点区域环境等方面提出改善和治理方案；强化产业污染防治，推动绿色转型发展；实施生态空间管控，增加绿色生态空间方面，落实主体功能区规划，优化生态空间格局；强化环境风险防范，完善风险防控与应急管理体系、强化其他环境风险防控。

（四）《上海市生态保护红线》

2017 年 2 月，中办、国办印发《关于划定并严守生态保护红线的若干意见》，对划定和严守生态保护红线工作做出全面部署，上海市生态保护红线划定工作和相关制度建设正式启动。2017 底，编制完成《上海市生态保护红线》并上报国家审批。2018 年 2 月，国务院批准同意《上海市生态保护红线》。按照生态环境部以及国家发展和改革委员会的工作部署，于 2018 年 6 月 28 日发布《上海市生态保护红线》。

生态保护红线划定的目标：基于上海市生态特征，形成“陆海统筹”的生态保护红线制度，确保重要生态空间得到有效保护，进一步促进城市生态格局优化，保持生态格局、功能、质量稳定，守住上海市生态安全底线，为国家生态安全格局构建做出贡献，履行全球生物多样性保护责任。

（五）《上海市城市总体规划（2017—2035 年）》

2018 年，上海市人民政府发布《上海市城市总体规划（2017—2035 年）》报告。发展目标：在 2050 年，全面建成卓越的全球城市，令人向往的创新之城、人文之城、生态之城和具有世界影响力的社会主义现代化国际大都市。各项发展指标全面达到国际领先水平，为我国建成富强民主文明和谐美丽的社会主义现代化强国、实现中华民族伟大复兴中国梦谱写更美好的上海篇章。

突出上海区域引领责任，发挥上海在“一带一路”建设和长江经济带发展中的先导作用。强化上海对于长三角城市群的引领作用，以都市圈承载国家战略和要求。强化区域生态环境共保共治，共同维护区域生态基底，加强区域廊道、绿道衔接，推动区域、流域环境联防联治。加强区域交通设施的互联互通，着力提升上海枢纽的国际和区域连接度，统筹区域性重大交通基础设施，实现上海与长三角区域乃至长江经济带的联动发展。促进区域市政基础设施的共建共享，加强区域文化的共融共通。

（六）《上海市 2018—2020 年环境保护和建设三年行动计划》

2018 年 3 月 29 日，上海市印发《上海市 2018—2020 年环境保护和建设三年行动计划》。到 2020 年，上海市生态环境质量、生态空间规模、资源利用效率显著提升，环境风险得到有效防控，绿色生产和绿色生活水平明显提升，生态环境治理体系和治理能力现代化取得重大进展，为建设社会主义现代化国际大都市奠定良好的环境基础，为市民提供更多优质的生态环境产品。针对水环境保护、大气环境保护、土壤环境保护、工业污染防治与绿色转型、农业与农村环境保护等方面，计划将三年的行动细化，成为环境保护切实可行的“进度表”。

第二章 上海市生态环境保护与绿色发展现状

绿水青山就是金山银山，在处理经济和生态的关系上，上海市摈弃了过去“先污染，后自理”的老路，走绿色经济可持续发展道路，并取得了卓越成效。在经济方面，2020 年上海市完成生产总值 38700.58 亿元，比 2019 年同期增长 1.7%。总体上，上海市经济体量的增长趋于平缓，不再出现大规模增长现象，未来发展更注重高质量和可持续性，生态环境质量持续改善。上海市出台打好污染防治攻坚战实施意见和 11 个专项行动实施方案，全面实施第七轮环保三年行动计划，启动新一轮清洁空气行动计划，加强生活垃圾全程分类体系建设。

第一节 上海市经济社会发展概况

一、经济增长情况

2020 年上海市地区生产总值 38700.58 亿元，人均地区生产总值为 15.58 万元。受新冠肺炎疫情的影响，生产总值的增长率只有为 1.7%。上海市历年地区生产总值见图 2–1。

从图 2–1 可知，上海市从 1991 年到 2020 年地区生产总值总体上是呈递增趋势。但生产总值增长率波动较大，自 2010 年后呈下降趋势。

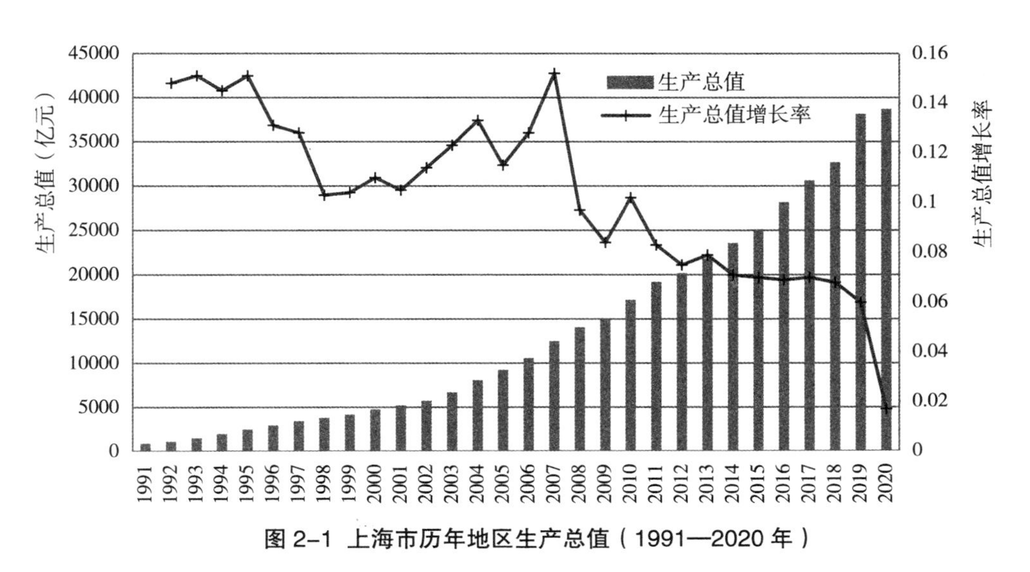

图 2–1 上海市历年地区生产总值（1991—2020 年）

数据来源：《上海市统计年鉴》。

二、产业发展水平

2020 年上海市第一产业生产总值达到 103.57 亿元，第二产业生产总值为 10289.47 亿元，第三产业生产总值为 28307.54 亿元，同时，第三产业占国内生产总值的比重为 73.1%。表 2–1 为上海市 2014 年至 2020 年经济发展状况。

表 2–1　　上海市三大产业发展状况

年份	生产总值（亿元）			
	总值	第一产业	第二产业	第三产业
2014	24068.20	131.59	8434.97	15501.64
2015	25659.18	125.53	8259.03	17274.62
2016	28183.51	114.34	8406.28	19662.89
2017	30632.99	110.78	9330.67	21191.54
2018	32679.87	104.37	9732.54	22842.96
2019	38155.32	103.88	10299.16	27752.28
2020	38700.58	103.57	10289.47	28307.54

从表中可以看出，从 2014 年到 2020 年上海市生产总值在不断增长，但增速有所放缓。其中，第一产业生产总值逐年减少，从 2014 年的 131.59 亿元，下降到 2020 年的 103.57 亿元；第二产业上升明显，虽在 2015 年出现短暂下

滑趋势，但在 2016 年又开始上涨；第三产业增长趋势最为明显，从 2014 年的 15501.644 亿元上升到 2020 年的 28307.54 亿元，一直都保持较快增长趋势。

上海市产业结构不断优化，三次产业结构之比更趋合理，大体上呈现出“三二一”的态势，这与全球经济发展规律相适应。1990 年至 2020 年，第一产业占比逐渐减少，由 1990 年的 4.4% 减少到 2020 年的 0.3%，第三产业所占比重在不断增加，1990 年的 30.9% 增加到 2020 年的 73.1%（见图 2–2）。

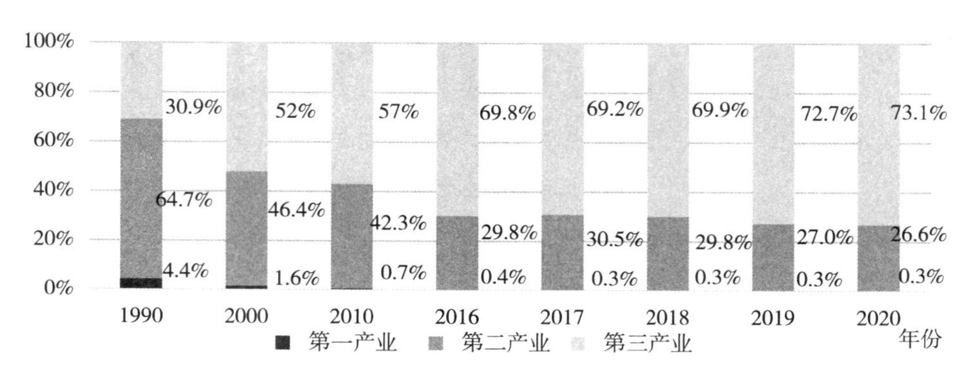

图 2–2 上海市历年生产总值产业结构（1990—2020 年）

三、投资与财政

上海市全社会固定资产投资额始终保持平稳上涨的态势（见图 2–3），从 2014 年的 6016.43 亿元，增长至 2019 年的 8012.21 亿元，尤其是在 2020 年，全社会固定资产投资额达到 8837.5 亿元，比 2019 年增长 10.3%，是 2014 年以来增长速度最快的一次。

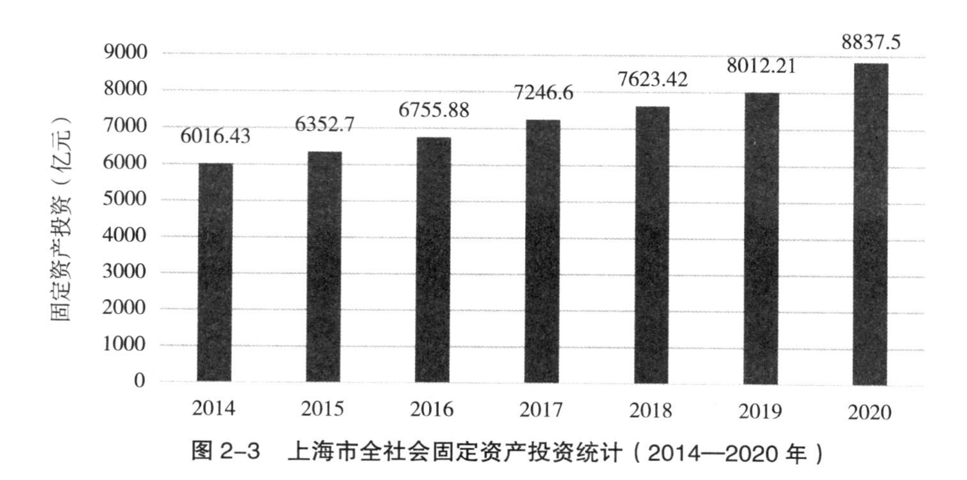

图 2–3 上海市全社会固定资产投资统计（2014—2020 年）

由表 2–2 可以看出，2020 年第一产业、第二产业、第三产业的固定资产投资额都呈上升趋势。其中，第一产业固定资产投资额比 2019 年增长 109.8%，第二产业固定资产投资总额增长了 16.5%，第三产业固定资产投资总额增速最慢，为 9%。细分行业来看，工业固定资产投资总额增长了 15.9%，交通运输、仓储和邮政业固定资产投资总额下降了 27.4%，金融业固定资产投资总额下降了 29.9%，教育行业固定资产投资总额增长 0.5%，卫生和社工作行业的固定资产投资总额增长了 10.3%。

表 2–2　　上海市 2020 年全社会固定资产投资增长速度

全社会固定资产投资总额		比 2019 年增长（%）
按产业分	第一产业	109.8
	第二产业	16.5
	第三产业	9
按行业分	工业	15.9
	交通运输、仓储和邮政业	–27.4
	金融业	–29.9
	教育	0.5
	卫生和社会工作	10.3
总额		10.3

数据来源：《2020 年上海市国民经济和社会发展统计公报》。

根据图 2–4 可以看出，2013 年至 2018 年上海市税收总收入、一般公共预算收入、税收收入都呈现出逐年递增的趋势。但受新冠肺炎疫情的影响，2020 年相比于 2019 年三项收入均呈下降趋势。

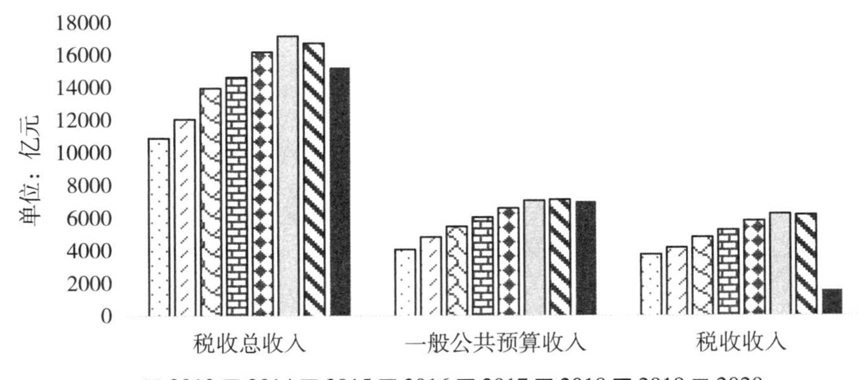

图 2–4　上海市财政收入统计（2013—2020 年）

2020 年上海市税收总收入为 15280 亿元，比 2019 年下降 8.84%；地方一般公共预算收入 7046.3 亿元，比 2019 年下降 1.66%；税务部门组织的税收收入完成 1596.48 亿元（不含关税及海关代征税），比 2019 年下降 74.32%。

四、居民收入

从图 2–5 可以看出，2014 年至 2019 年上海市经济运行平稳，人均地区生产总值始终保持上升趋势，从 2014 年的 9.74 万元增加到 2019 年的 15.73 万元，增速保持稳定。受疫情影响，2020 年上海市人均生产总值下降到 15.58 万元。

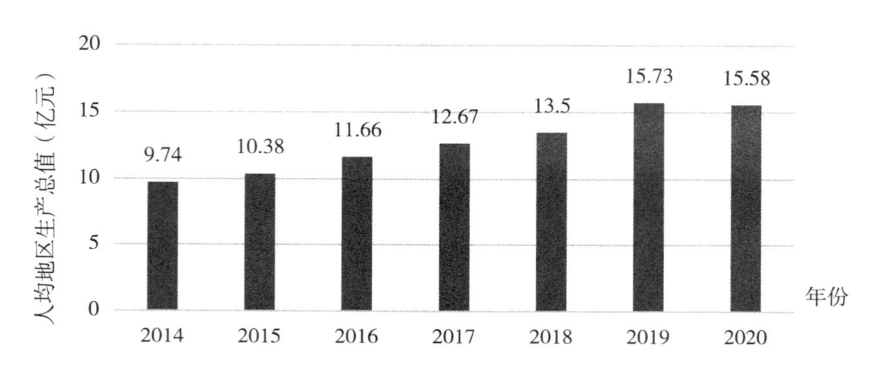

图 2–5　上海市人均地区生产总值（2014—2020 年）

根据图 2–6 可以看出，2014 年至 2020 年上海市居民人均可支配收入呈上升趋势。2020 年城镇居民可支配收入为 76437 元，比 2019 年增长 3.8%；农村居民人均可支配收入为 34911 元，比 2019 年增长 5.2%。不管是城镇居民还是农村居民，他们的生活水平都得到了提升，人均可支配收入在逐年上涨。当然，城市居民人均可支配收入要远远高于农村居民人均可支配收入，农村居民可支配收入在 2017 年以前一直未超过 3 万元，而城市居民人均可支配收入在 2010 年就已经超过 2 万元，到 2014 年就已经达到 48841.4 元，总体上来看，城镇居民的人均可支配收入是农村人均可支配收入的两倍左右，这和农村相对落后的基础设施、教育、工业水平都离不开关系。

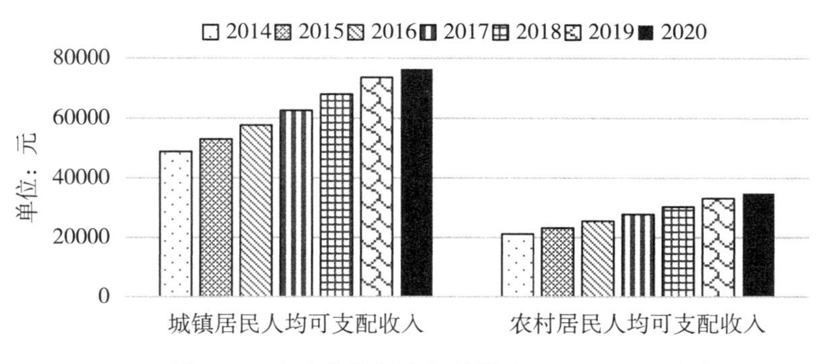

图 2-6　上海市居民收入统计（2014—2020 年）

从图 2-7 可以看出，尽管从总体上来看，1998 年至 2020 年上海市居民消费价格指数呈现出上下波动的现象，尤其是在 2008 年、2009 年、2010 年这三年里，价格指数出现比较大的波动。但是总体而言，上海市的消费价格指数趋向于稳定，都在指数 100 左右徘徊。

2020 年全年居民消费价格指数为 101.7，其中，食品烟酒类价格指数为 105.3，居住类价格指数为 100.8，医疗保健类价格指数为 101.2。

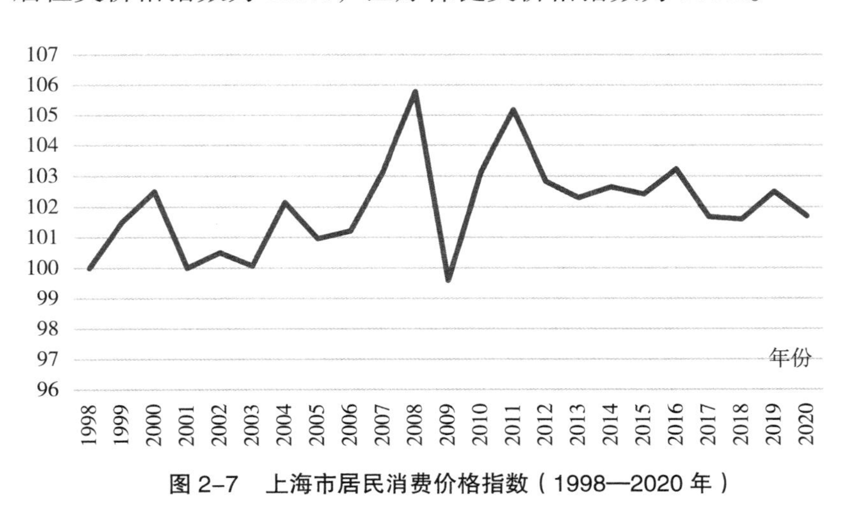

图 2-7　上海市居民消费价格指数（1998—2020 年）

五、对外经济

2020 上海市货物进出口总额 34828.47 亿元，比上年增长 2.3%。其中，进口 21103.11 亿元，增长 3.8%；出口 13725.36 亿元，与上年持平，高新技术产品出口占全市比重为 42.1%。按市场分，对欧盟进口 4898.39 亿元，增长 7.8%；出口 2081.71 亿元，增长 2.3%；对美国进口 1836.99 亿元，增长 5.8%；出口

2980.31 亿元，增长 6.6%；对东盟进口 3150.37 亿元，增长 8.9%；出口 1690.70 亿元，下降 6.5%；对日本进口 2555.60 亿元，增长 8.7%；出口 1256.44 亿元，下降 7.5%，与“一带一路”沿线国家和重要节点城市货物贸易额占全市比重达到 22.5%。

2020 年全年新设外商直接投资项目 5751 项，比上年增长 15.7%；合同金额 202.33 亿美元，增长 6.2%；全年外商直接投资实际到位金额 10.94 亿美元，下降 36.1%。全年制造业外商直接投资实际到位金额 10.94 亿美元，下降 36.1%，占全市实际利用外资比重为 5.4%；第三产业外商直接投资实际到位金额 191.12 亿美元，增长 10.6%，占比为 94.5%。

六、教育与科技

至 2020 学年末，全市共有普通高等学校 63 所，普通中等学校 929 所，普通小学 684 所，特殊教育学校 31 所。普通高等学校和中等职业学校在校生数及毕业生数有所增加。全市共有 49 家机构培养研究生，全年招收全日制研究生 6.33 万人，在校全日制研究生 17.81 万人，毕业全日制研究生 4.58 万人。

至 2020 学年末，全市共有民办普通高校 19 所，在校学生 12.59 万人；民办普通中学 131 所，在校学生 8.87 万人；民办小学 78 所，在校学生 10.56 万人。全市共有成人中高等学历教育学校 24 所，成人职业技术培训机构 807 所，老年教育机构 286 所。

根据表 2–3，我们可以看出，伴随着经济的快速发展，上海市的教育水平也在不断提升，教育的投资力度不断加强，普通高等学校专任教师数从 2013 年的 4.03 万人，增加到 2020 年的 4.77 万人，普通中学和小学专任教师数也呈增加趋势。在校生人数的变化不是特别明显。

根据表 2–4，2012 年至 2020 年的专利申请量、专利授权量都是不断上升的，这足以说明在经济进步的同时，上海市也注重科学技术的发展以及对重要技术的保护。

2020 年上海市专利申请量约为 21.46 万件，比 2019 年增长 23.6%。其中，发明专利 8.28 万件，增长 16.0%；实用新型专利 10.70 万件，增长 32.8%；

外观设计专利2.47万件，增长14.6%。2020年全年专利授权量约为13.98万件，比2019年增长39.0%。其中，发明专利2.42万件，增长6.5%；实用新型专利9.22万件，增长49.5%;外观设计专利2.33万件，增长43.9%。全年经认定登记的各类技术交易合同26811件，比上年减少26.2%；合同金额1815.27亿元，增长19.3%。

表2–3　上海市教育发展情况（2013—2020年）　（单位：万人）

教育		2013	2014	2015	2016	2017	2018	2019	2020
专任教师数	普通高等学校	4.03	4.06	4.16	4.23	4.35	4.46	4.63	4.77
	普通中学	6.11	6.26	6.36	6.43	6.56	6.74	7.01	7.19
	小学	4.98	5.15	5.23	5.34	5.47	5.68	5.95	6.15
在校学生数	普通高等学校	50.48	50.66	51.16	51.47	51.49	51.78	52.65	54.07
	普通中学	72.63	69.67	67.39	66.76	66.22	67.93	69.76	72.51
	小学	79.25	80.30	79.87	78.97	78.49	80.02	82.63	86.10

数据来源：《上海市统计年鉴》。

表2–4　上海市专利申请、授权与有效量情况统计（2012—2020年）　（单位：件）

指标	2012	2013	2014	2015	2016	2017	2018	2019	2020
专利申请量	71196	86450	81664	100006	119937	131746	150233	173586	214601
专利授权量	48215	48680	50488	60623	64230	72806	92460	100587	139780

数据来源：《上海市统计年鉴》。

七、公共服务

2020年，全市自来水供水能力为1221万立方米/日，与上年下降2.4%。全年供水总量为28.86亿立方米，比上年下降3.1%;售水总量为23.59亿立方米，下降1.7%。其中，工业用水量、生活用水量分别为3.89亿立方米、18.32亿立方米，分别下降3.8%和1.6%。全年全市用电量1575.96亿千瓦时，增长0.5%。至2020年末，全市家庭液化气用户222万户，增长3.3%;家庭天然气用户753万户，增长2.7%。

至2020年末，全市公交专用道路长度471千米（不含有轨电车长度）；轨道交通运营线路18条，长度达到729.2千米，运营车站430个；公交运营线路达1585条，线网长度9116千米。全年公共交通客运总量42.35亿人次，日均 1157.1 万人次，比上年下降 29.6%。其中，轨道交通客运量 28.32 亿人次，下降 27.1%；公共汽电车客运量 13.65 亿人次，下降 34.5%。

第二节 上海市生态环境保护现状

一、城市绿化

2020 年城市基础设施建设投资比 2019 年下降 3.6%。其中，电力建设投资下降 0.4%；交通运输投资下降 27.0%；公用事业投资下降 8.6%；邮电通信投资下降 12.7%；市政建设投资增长 33.9%。

根据表 2–5，上海市市政建设的成效是显著的。对比 2020 年与 2010 年的指标，可以发现，道路长度、道路面积、城市桥梁、防洪堤长度、城市排水管道长度这五项指标均在不断增加，污水处理厂污水处理能力从 2010 年的 684 万吨 / 日增加到 2020 年的 840 万吨 / 日，城镇污水处理率从 2010 年的 81.9% 增加到 2020 年的 96.7%。

表 2–5 主要年份市政工程设施情况

指标	2010	2015	2019	2020
道路长度（千米）	16 687	18 184	18 539	18 453
道路面积（万平方米）	25 607	28 567	30 839	31 012
城市桥梁（座）	11 849	13 677	14 274	14 332
防洪堤长度（千米）	1 009	1 159	1 146	1 146
城市排水管道长度（千米）	11 483	23 339	28 233	29 053
污水处理厂污水处理能力（万吨 / 日）	684	795	834	840
城镇污水处理率（%）	81.9	92.8	96.3	96.7

上海市比较注重城市绿化的建设，从表 2–6 可以看出，绿地面积和城市公园个数逐年增加，前者从 2014 年的 125741 公顷增加到 2020 年的 164611 公顷，后者从 161 个增加到 406 个。

2020 年，上海市新建公园绿地 655 公顷；完成造林 9 万亩；新建绿道 212 千米；新建立体绿化 43.1 万平方米。全面推进 17 条（片）市级重点生态廊道建设，重点生态廊道面积达到 10.3 万亩。至 2020 年末，全市森林面积达 175.8 万亩，森林覆盖率达 18.5%，人均公园绿地面积 8.6 平方米，城市公园数达 406 座，湿地保有量 46.55 万公顷，保护率达到 50.4%。

表 2–6　　　　上海市绿化建设情况（2014—2020 年）

年份	2014	2015	2016	2017	2018	2019	2020
绿地面积（公顷）	125 741	127 332	131 681	136 327	139 427	157 785	164 611
公园数量（个）	161	165	217	243	300	352	406
游园人数（万人次）	22 286	22 208	21 797	26 019	25 743	23 893	14 652
新建绿地面积（公顷）	1 105	1 190	1 221	1 361	1 307	1 321	1 202

二、环境保护

从表 2–7 中可以看出，上海市在环境保护方面投入的财力在不断增加，环境保护投资的金额逐年增加，2014 年只有 699.89 亿元，到 2020 年时已达到 1087.86 亿元。伴随着政府资金的投入，工业“三废”排放量在逐年递减。细分指标来看，工业废水排放量从 2014 年的 4.39 亿吨减少到 2020 年的 3.12 亿吨，工业二氧化硫排放量从 2014 年的 15.54 万吨下降到 2020 年的 0.52 万吨，工业烟尘排放量从 2014 年的 13.14 万吨下降到 2020 年的 0.79 万吨，工业固体废弃物产生量从 2014 年的 1924.79 万吨减少到 2020 年的 1808.75 万吨。工业废弃物综合利用率在 2014 年达到高峰值 97.51%，之后便开始下降，2020 年为 93.75%。

表 2–7　　　　上海市环境保护情况（2014—2020 年）

项目	2014	2015	2016	2017	2018	2019	2020
一．“三废”排放情况							
（一）废水排放及处理情况							
废水排放总量（亿吨）	22.12	22.41	22.08	21.20	20.98	21.42	19.81
工业废水排放量（亿吨）	4.39	4.69	3.66	3.16	2.91	3.14	3.12
（二）工业废气排放总量（亿标立方米）	13007	12802	12669	13867	13780	15016	15715
二氧化硫排放量（万吨）	18.81	17.08	7.42	1.85	0.99	0.76	0.54
工业二氧化硫排放量（万吨）	15.54	10.49	6.74	1.27	0.91	0.66	0.52
烟尘排放放量（万吨）	14.17	12.07	7.95	4.70	2.81	1.48	1.05
工业烟尘排放量（万吨）	13.14	11.14	7.28	3.03	1.62	1.33	0.79

续表

项目	2014	2015	2016	2017	2018	2019	2020
（三）工业固体废弃物产生量（万吨）	1924.79	1868.07	1680.10	1630.48	1668.77	1825.98	1808.75
工业固体废弃物综合利用量（万吨）	1876.86	1796.18	1607.51	1532.71	1552.84	1673.47	1701.82
工业固体废弃物综合利用率（%）	97.51	96.15	95.68	94.00	93.05	91.65	93.75
二．环保投入							
环境保护投资（亿元）	699.89	708.83	823.57	923.53	989.19	1079.25	1087.86

在环境空气方面，2020年上海市环境空气质量（AQI）优良天数为318天，优良率为87.2%，比2019年上升2.5个百分点；二氧化硫年日均值6微克每立方米，同比下降14.3%；可吸入颗粒物（PM10）年日均值41微克每立方米，同比下降8.9%；细颗粒物（PM2.5）年日均值32微克每立方米，同比下降8.6%；二氧化氮年日均值37微克每立方米，同比下降11.9%；一氧化碳年日均值0.7毫克每立方米，与上年持平；臭氧日最大8小时滑动平均值达标率92.6%，同比下降0.3个百分点。

根据图2–8可以看出，上海市在2010年忽略了对环境的保护，造成酸雨发生频率较高，已经达到73.9%。但在近十多年来上海市注重环境保护，酸雨频率逐年下降，在2020年酸雨发生频率降低到40.2%，虽然和2000年相比，酸雨发生频率还是相对较高，但是根据监测数据显示，上海市未来酸雨发生频率会逐渐变低。

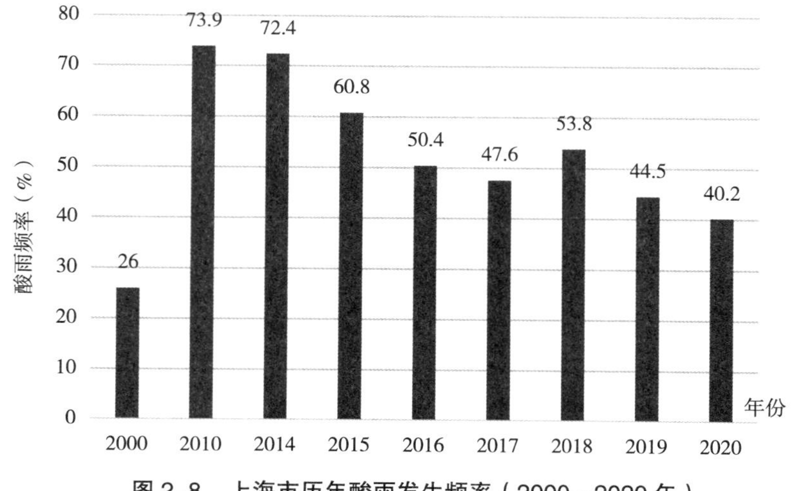

图2–8　上海市历年酸雨发生频率（2000—2020年）

在声环境及治理方面，根据表 2–8，从 2000 年到 2020 年的声环境发展情况来看，昼间时段区域环境噪声平均等效声级在逐步下降，由 2000 年的 56.6 分贝下降到 2020 年的 54.2 分贝，夜间时段区域噪声平均等效声级从 2000 年的 49.2 分贝下降到 2020 年的 47.8 分贝。交通环境噪声平均等效声级的昼间时段从 2000 年的 70.5 分贝下降到 2020 年的 68.2 分贝，夜间时段等效声级从 2000 年的 64.1 分贝下降到 2020 年的 63.4 分贝。

表 2–8 上海市声环境发展状况（2000—2020 年） （单位：分贝）

	区域环境噪声平均等效声级		交通环境噪声平均等效声级	
	昼间时段	夜间时段	昼间时段	夜间时段
2000	56.6	49.2	70.5	64.1
2010	55.8	48.3	69.8	64.3
2015	56.2	47.9	69.8	65.5
2016	56.0	48.5	69.5	65.0
2017	55.7	48.8	69.8	65.0
2018	54.6	48.3	69.3	64.9
2019	54.9	47.7	68.3	63.9
2020	54.2	47.8	68.2	63.4

当经济发展与环境压力呈现脱钩趋势时，政府的政策措施能够有效地减少污染，即政策法规能够促进绿色发展。但同时，经济持续增长依旧会给环境带来持续压力，会进一步影响绿色发展的进程。因此，需要时刻关注绿色发展的动态趋势，处理好经济与环境的权衡问题。

第三节 上海市绿色发展状况

一、绿色发展的现状

（一）工业化绿色发展

上海市积极围绕城市功能定位和产业发展战略，推进工业绿色、低碳、循环发展，促进制造业绿色转型升级，以末端治理向过程控制、源头预防为主线，健全节能标准体系、实施重点能效提升工程、加大淘汰力度、优化用能结构、扩大清洁生产覆盖面、提高资源综合利用水平、完善节能管理方式、推进节能环保产业发展，并取得显著成效。2019 年，节能环保、新一代信息技术、生物、高端装备、新能源、新能源汽车、新材料等工业战略性新兴产业完成工业总产值 11163.86 亿元，比 2018 年增长 3.3%，占全市规模以上工业总产值比重达 32.4%。2020 年工业战略性新兴产业完成工业总产值 13930.66 亿元，比 2019 年增长 8.9%，占全市规模以上工业总产值比重达到 40.0%。

（二）环境绿色发展

上海将环境可持续发展摆在重要位置，更是在 2019 年 7 月强制实行了垃圾分类，倡导个人和单位履行生活垃圾分类减量的任务，共同维护城市良好环境，鼓励研发推广清洁生产技术，使用清洁能源和原料，采取改善管理和综合利用等措施，促进上海市资源可循环利用。

从图 2-9 上海市历年废气排放情况来看，在 2014 年烟尘排放量有较大的上升，从 2013 年的 8.09 万吨上升到 2014 年的 14.17 万吨，但通过环境治理，从 2014 年以后，烟尘排放量一直下降，下降到 2020 年的 1.05 万吨。二氧化硫排放总量一直呈现递减趋势，尤其是在 2016 年，降幅达到最大，由 2015 年的 17.08 万吨，下降到 2016 年的 7.42 万吨，也是在 2016 年，二氧化硫的排放量开始低于烟尘排放总量。

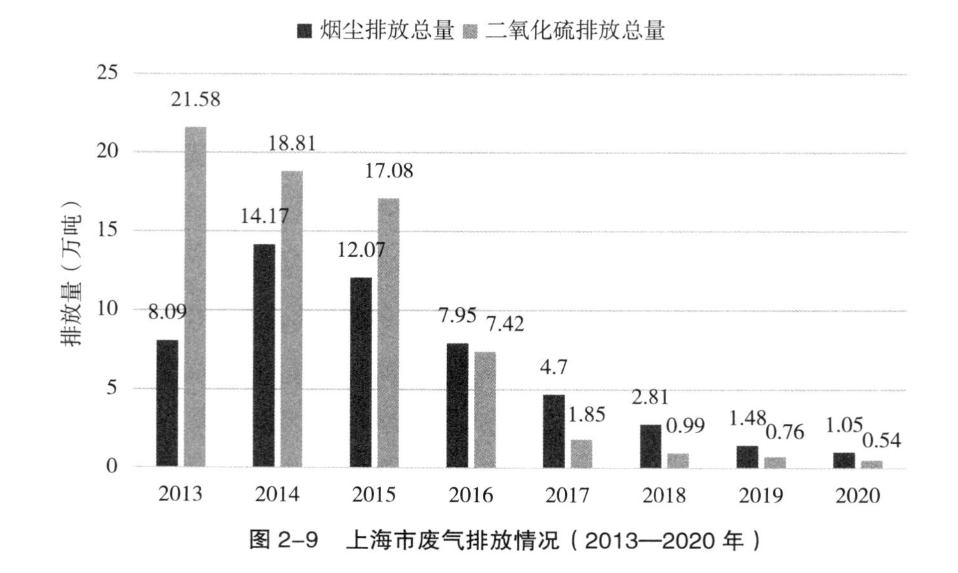

图 2-9 上海市废气排放情况（2013—2020 年）

（三）农业绿色发展

上海的农业现代化始终与城市化和工业化相伴而生，多年来的发展实践表明，上海农业在国内最有基础和条件实现绿色发展，在功能上实现生产、生态、生活等集成功能，在模式上发展高效生态农业，在经营上推进组织化、规模化和市场化。通过各方的努力，上海市农业资源利用更加节约高效，生产环境更加清洁有效，主要农作物化肥、农药使用量在不断减少，秸秆综合利用率呈现递增趋势，农产品质量安全水平和品牌农产品占比明显提升。

（四）金融业绿色发展

近年来，上海绿色金融业务取得了积极进展。在绿色信贷方面，据零壹财经等机构发布的《“双碳”目标下的绿色金融发展报告（2021）》数据 显示，2020 年，北京以 46.48% 的占比位列全国第一，而上海以 11.85% 的占比位列全国第三位。

在绿色债券方面，早在 2016 年，金砖国家新开发银行就在上海发行了 30 亿绿色金融债券，这是国际金融组织首次在上海发行债券，此外，2017 年上海证券交易所和中证指数推出了上证绿色公司债券指数和上证绿色债券指数。《“双碳”目标下的绿色金融发展报告（2021）》指出，2018—2020 年，全国累计发行数量达 1097 只。其中，广东省累计发行量占全国的比重为 15.5%，位列第 1 位；上海的比重约为 2%，位列第 18 位。

在碳金融方面，2017 年末上海碳市场各类品种累计交易量达到 8887 万吨，累计成交额 9.1 亿元，二级市场的交易量在全国位居首位。2017 年底全国碳排放交易体系正式启动，上海牵头承办全国碳排放交易系统建设和运维任务，同时把创新、协调、绿色、开放、共享五大理念贯穿于上海金融中心整个全过程，形成绿色金融行业规范，率先构建长三角绿色金融体系，引领全国绿色金融的发展。目前上海碳市场包括三大交易品种，分别为上海碳配额现货、国家核证自愿减排量（CCER）、上海碳配额远期。截至 2021 年 6 月底，上海碳现货各品种累计成交量 1.66 亿吨，累计成交额 18.57 亿元；CCER 成交量占全国 CCER 总成交量约 41%，稳居全国第一；上海碳配额远期是国内唯一的标准化远期产品，自 2017 年上线运行以来累计成交 437 万吨。

二、绿色发展存在的问题

上海市在推行绿色发展的道路上并不是一帆风顺的，在发展过程中也碰到了各种问题。

（一）环境容量处于超载状态

全市陆域面积 6787 平方千米，不到全国国土面积的 0.1%，却承载了全国 1.7% 的人口和 4% 左右的生产总值。水资源相对丰富，但来水水质不够稳定。虽然丰富的过境水（太湖、长江干流）弥补了本地水资源的不足，但黄浦江易受上游和沿岸污染影响，水质不够稳定，长江口受盐水入侵和上游污染的影响程度也在不断加深。环境质量稳中趋好，但环境容量处于超载状态。环境空气质量不断改善，传统污染物指标呈现下降趋势，主要水体水环境质量基本保持稳定，但煤烟型和光化学烟雾型并存的复合型污染逐渐凸现，酸雨频率逐年上升，灰霾污染比较严重，区域性污染趋势明显，全市水体氮磷超标严重，水体富营养化风险较大。生态建设稳步推进，但生态空间总量仍然不足。各类重要生态区域的保护得到加强，基本生态网络初步形成，但生态用地占比与国际大都市一般水平相比差距较大，生态空间总量减少的趋势仍比较明显，且分布也不够均衡。

生态空间偏少，稳定地产农产品供应压力较大。生态空间连通性不够，分布不够均衡，城市建成区和近郊区生态用地比重明显偏低，生态空间建设难度较大。耕地面积有限，保持主要农产品最低保有量生产和供给的压力较大。

（二）城市开发强度高

土地开发条件优越，市域内地势平缓，均质性较强，可供集中连片开发的面积较广，但土地资源总量十分有限，未来可供新增建设用地十分缺乏。城市开发强度较高，中心城呈现蔓延扩张态势。在过去一个时期，全市国土空间开发的规模较大，城市建设用地快速增长，土地开发强度已超过国际大都市一般水平。中心城不断向外扩张蔓延的趋势仍比较明显。

土地利用方式不够集约，提高利用效率仍有空间。单位建设用地产出水平居全国前列，但与国际水平相比仍有较大差距。工业区总量较多、布局较散，闲置土地、违法用地现象仍较突出，农村集体建设用地集约节约利用的潜力较大。

（三）产业转移供给与需求无法有效对接

在当前中国沿海产业向内地转移中，上海及长三角产业转移形势更为迫切。由于土地、环境、能源、劳动力成本等方面的压力，上海的生产、商务成本逐年增长，资源加工型、劳动密集型产业甚至部分资本、技术密集型产业从上海转移出去是必然趋势。供给与需求没有实现有效对接主要表现在两个方面：一方面，在上海产业结构调整过程中而淘汰需要转移出去的产业，也不符合潜在转入地招商引资目录（同样被列为淘汰落后的产能项目），从而无法达成供给与需求的有效对接。另一方面，上海与长江沿岸省市产业转移信息沟通不畅。例如，上海拥有需要转移出去的产业项目，也符合潜在产业转入地招商引资目录，但这一信息并没有被潜在转入地获悉，从而导致产业转移项目难以实现。

（四）城市自身服务能力有待进一步提升

上海正处于转型发展的关键时期，新的驱动力尚未形成，全球科技创新中心和自贸区建设仍在起步建设阶段，这些都影响了上海服务长江经济带建设的综合能力。从产业发展看，长江经济带产业转型已经步入同步转型的阶段。虽然有综合成本优势的产业仍有向中西部转移的空间，但是依托当地产业基础和比较优势，大力引进高技术产业项目成为当前中上游部地区产业转型发展的迫切需求。从提升长江黄金水道功能所涉及的硬件方面来看，上海首先面临如何进一步完善辖区内的航道开发、整治和扩大现有港口运能、提高港口效率的问题；面临如何服务长江船型标准化，如何为标准化船型研发、建造等提供技术支撑的问题；面临如何组织上海本地企业参与到长江其他地区航道疏浚、港口建设中去的问题。总之，上海作为长江经济带的龙头城市，在长江黄金水道功能提升的各个方面，都需要不断提高自身的服务能力。

由于上述问题的存在，很大程度上抑制了上海市规模效应的发展，使上海市在推行绿色发展的道路上充满崎岖。如果上述问题得不到彻底解决，不仅影响到上海市绿色发展道路进程，还会产生联动效应，影响上海市各方面的健康持续发展。

第三章　上海市绿色发展生态环境约束

在习近平新时代中国特色社会主义思想的指导下，上海市按照党中央、国务院的统一部署，深入推进生态文明建设、积极深化生态文明体制改革，严格落实长江经济带“共抓大保护、不搞大开发”以及“长三角一体化发展”的要求，认真落实上海市主体功能区的空间管控和生态保护红线工作。

通过主体功能区划空间管控和建立生态保护红线制度，进一步促进城市空间格局优化、严守生态安全底线，推进生态保护红线划定、环境功能区划与主体功能区建设相融合，加强环境分区管治，充分发挥环境保护政策的导向作用。划定并严守生态红线已上升为一项重要的生态保护战略，是改革生态保护管理体制、推进生态文明的重要举措，体现了我国以强制性手段实施严格生态保护的政策导向，为构建国家生态安全格局、履行全球生物多样性保护责任做出贡献。

第一节　主体功能区划空间管控

一、国家主体功能区划

2011 年 6 月 8 日，《全国主体功能区规划》正式发布。《规划》将我国国土空间分为以下主体功能区：按开发方式，分为优化开发区域、重点开发区域、限制开发区域和禁止开发区域；按开发内容，分为城市化地区、农产品主产区和重点生态功能区；按层级，分为国家和省级两个层面。

优化开发区域、重点开发区域、限制开发区域和禁止开发区域，是基于不同区域的资源环境承载能力、现有开发强度和未来发展潜力，以是否适宜或如何进行大规模高强度工业化城镇化开发为基准划分的。优化开发区域是经济比较发达、人口比较密集、开发强度较高、资源环境问题更加突出，从而应该优化进行工业化、城镇化开发的城市化地区。重点开发区域是有一定经济基础、资源环境承载能力较强、发展潜力较大、集聚人口和经济条件较好，从而应该重点进行工业化、城镇化开发的城市化地区。限制开发区域分为两类：农产品主产区和重点生态功能区，都属于限制进行大规模高强度工业化城镇化开发的地区。禁止开发区域是依法设立的各级各类自然文化资源保护区域，以及其他禁止进行工业化城镇化开发、需要特殊保护的重点生态功能区。

长江三角洲地区包括上海市和江苏省、浙江省的部分地区，均属于国家级优化开发区域。该区域的功能定位是：长江流域对外开放的门户、我国参与经济全球化的主体区域、有全球影响力的先进制造业基地和现代服务业基地、世界级大城市群、全国科技创新与技术研发基地、全国经济发展的重要引擎、辐射带动长江流域发展的龙头，我国人口集聚最多、创新能力最强、综合实力最强的三大区域之一。

对于上海来说，应优化提升上海核心城市的功能，建设国际经济、金融、贸易、航运中心和国际大都市，加快发展现代服务业和先进制造业，强化创新能力和现代服务功能，率先形成以服务经济为主的产业结构，增强辐射带动长江三角洲其他地区、长江流域和全国发展的能力。

二、上海市主体功能空间划分

2012 年 12 月，上海市编制了《上海市主体功能区规划》，成为上海市国土空间开发的战略性、基础性、约束性的规划，也是科学开发国土空间的行动纲领和远景蓝图。

（一）总体功能区域

在国家将上海整体定位为国家级优化开发区域的基础上，充分考虑各区县资源禀赋、区位条件、发展水平和发展潜力，按照发展导向，将市域国土空间划分为四类功能区域（见图 3-1）。

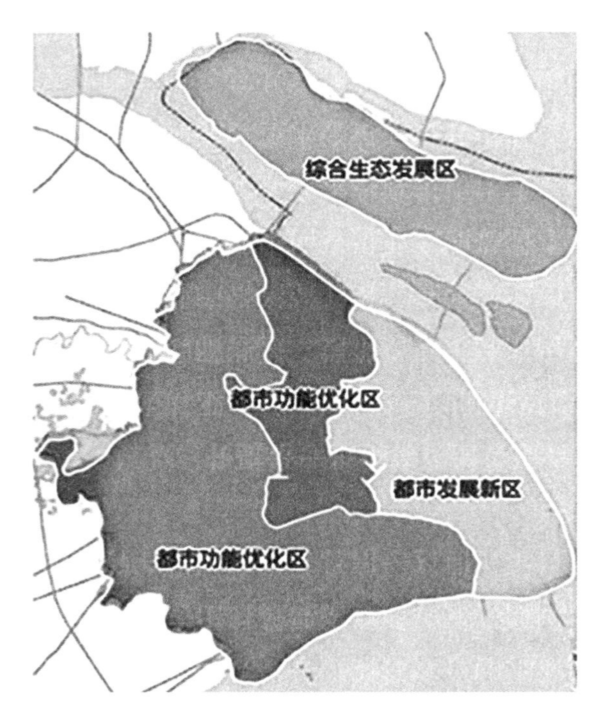

图 3–1 上海市主体功能区划分图

1. 都市功能优化区，包括黄浦区、徐汇区、长宁区、静安区、普陀区、闸北区、虹口区、杨浦区等中心城区及宝山区、闵行区。该区域集中体现了现代化国际大都市的繁荣繁华，历史底蕴深厚，服务经济比较发达。但人口密度较大，资源环境约束突出，中心城区苏州河以北地区发展比较滞后，城乡接合部地区发展基础比较薄弱，需要加强区域内的统筹协调，优化提升综合服务功能，增强高端要素的集聚和辐射能力，严格控制人口规模，进一步改善城区环境和生活品质。

2. 都市发展新区，即浦东新区。该区域随着浦东开发开放，经济社会快速发展，城市功能不断提升，在上海“四个中心”和社会主义现代化国际大都市建设中的地位和作用日益突出。原南汇区划入后，该区域获得了新的发展空间，但发展不平衡问题比较明显，需要优化人口结构和布局，大力推动新一轮区域功能开发，统筹城乡一体化发展，着力提高全球资源配置能力，深入推进改革开放，引领全市转型发展。

3. 新型城市化地区，包括嘉定区、金山区、松江区、青浦区和奉贤区。该区域经济发展有一定基础，城镇建设成效显现，未来发展潜力较大，但常住人口总量增长较快与新城功能相对滞后的矛盾日益突出，公共服务和资源环境压力较大，产业面临转型升级，“产城融合”有待深化，需要赋予各区更大的发展自主权，引导人口向新城和重点小城镇集中，着力推进以集约高效、功能完善、环境友好、社会和谐、城乡一体为特点的新型城市化。

4. 综合生态发展区，即崇明县（现为上海市崇明区）。该区域生态环境品质较高，对提升现代化国际大都市功能具有重要作用，但常住人口已有一定规模，经济社会发展水平相对滞后，其中长兴岛又是落实国家海洋战略的重要载体之一，都需要一定发展空间。长江隧桥和崇启大桥通车后，该区域迎来了发展的新机遇，同时也面临生态环境保护的新考验，需要按照建设国家可持续发展实验区和现代化综合生态岛的要求，加强生态建设和环境保护，引导人口合理分布，促进崇明三岛联动，切实增强可持续发展能力。

5. 限制开发区域，是指具有较强生态保育价值和农业生产价值的区域，需要限制大规模、高强度的工业化、城镇化开发。

6. 禁止开发区域，是指依法设立的各级各类自然资源保护区域及其他需要特殊保护的区域，这些区域对维护城市生态安全至关重要，禁止工业化、城镇化开发。

（二）都市功能优化区

都市功能优化区包括黄浦区、徐汇区、长宁区、静安区、普陀区、闸北区、虹口区、杨浦区、宝山区和闵行区，2019 年常住人口 1146.5 万人，占全市总人口数的 47%，地区生产总值占全市比重的 43.39% 左右。都市功能优化区的功能定位是：传承历史文脉、彰显城市魅力的标志性地区，展现创新活力、发展服务经济的主要载体，集聚高端要素、提升综合服务功能的现代化国际化城区。

1. 发展方向

优化空间结构。促进城市公共中心分工协作和功能多元，着力推动服务业沿城市东西向发展轴、城市南北向发展轴及中环、苏州河等集聚发展，支持宝山、闵行提升城市化和现代化水平。

严格控制人口规模。引导中心城区人口向外疏解，适度降低人口密度，合理控制宝山区、闵行区人口总量，提高大型居住社区的人口服务和管理水平，促进区域内人口均衡分布，努力优化人口年龄结构。至2020年，该区域常住人口占全市常住人口总量的比例预期为45%左右。

提高服务经济发展水平。着力增强现代服务业的辐射力和国际竞争力，推进品牌化、网络化经营，努力打造“上海服务”品牌。积极培育战略性新兴产业，推动科技含量较高的都市产业发展，促进服务业和制造业深度融合。

增强创新发展能力。注重营造环境，激发创新潜能，着力推进制度创新、管理创新和文化创新。充分发挥科研院所和高校资源优势，建设企业为主体的城市创新体系，切实增强自主创新能力，加快重点领域和关键环节技术突破。

推进城区升级改造。提升中心城区高端服务功能，加强历史风貌区、优秀历史建筑和工业遗存保护，继续推进旧区改造和旧住房综合改造，加快推进城中村改造。参照中心城区标准，提高宝山、闵行城市化地区综合服务功能，加强城郊接合部地区基础设施和公共服务配套。

优化城区生态环境。扩大中心城区公共绿地空间，加强绿地和公园保护，加强市容环境综合治理，维护城市整洁、有序。加强宝山、闵行地区生态用地保护，加快工业区转型升级，改善区域环境品质。

2. 主要任务

都市功能优化区应加快转变经济发展方式，调整优化经济结构，着力增强高端要素集聚和辐射功能，切实提升区域创新能力和文化软实力，充分展现现代化国际大都市的形象和魅力。

加强黄浦江沿岸综合开发，深化外滩金融集聚带与陆家嘴金融城的联动发展，加快吸引总部型、功能型、创新型金融机构；显著提高北外滩地区国际航运服务功能和航运资源配置能力，推动金融与航运融合发展；实施世博地区后续开发，促进与周边地区的协调发展；加快徐汇滨江地区建设，打造具有综合功能的高端服务经济集聚区；加快推进杨浦滨江地区发展，打造历史文化与现代时尚相融合的现代服务业功能带；加快宝山滨江发展带的整体开发，大力发展邮轮产业；引导闵行滨江两岸适度发展，推进功能转型和结构调整。加强苏州河整体开发统筹，支持长风、苏河湾等苏州河沿岸重点地区提升区域综合功能，促进两岸地区协调发展。

优化城市副中心辐射能力，提升徐家汇知识文化综合商务区功能，发展高端商务与商业；依托杨浦国家创新型试点城区建设，增强江湾—五角场地区科教创新优势，基本建成区域性商业商贸中心；完善真如地区综合服务功能，加快产业结构调整和转型升级。支持宝山区、闵行区中具备条件的区域提升综合服务功能，发挥更大集聚辐射作用。

支持南京路、淮海路、四川北路和环人民广场、中山公园、静安寺、豫园等重点区域进一步提升高端商业商务功能，大力发展总部经济，充分挖掘城市文化底蕴，体现大都市繁荣繁华。

加快虹桥商务区建设，依托综合交通枢纽，与虹桥经济技术开发区等周边现代服务业集聚区联动，增强服务长三角、辐射全国的能力，着力打造上海国际贸易中心的新平台。

推进紫竹高新技术产业开发区、闵行经济技术开发区、漕河泾新兴技术开发区、市北高新技术服务业园区建设，加大宝山精品钢铁基地改造提升力度。推进传统工业区转型发展，深化吴淞地区和吴泾地区产业结构调整。

加快浦江镇、罗店镇等国家小城镇发展改革试点镇发展，强化产业支撑，增强公共服务能力，促进城乡统筹。积极推进大型居住社区建设，注重规划引领，加强基础设施和公共服务配套，提升社会管理水平。

基本建成外环绿带，推动市域环形绿带建设，加快完善基本生态网络，形成农田林网复合的生态空间。转变农业发展方式，积极发展都市农业。加大长江陈行水库、黄浦江上游水源地保护力度。加强南大地区环境综合整治。

（三）都市发展新区

都市发展新区即浦东新区，2019 年常住人口 556.7 万人，占全市总人口数的 22.9%，地区生产总值占全市比重的 33% 左右。其功能定位是：“四个中心”的核心功能区，战略性新兴产业的主导区，国家改革示范区。

1. 发展方向

推进形成“一轴三带”空间布局。推进建设陆家嘴—浦东空港发展轴，优化提升以小陆家嘴和世博地区为核心的沿黄浦江高端服务业发展带，加快建设以外高桥港区、浦东空港和洋山深水港为核心的滨江沿海“发展带”，打造以若干产业园区为主体的“中部发展带”。

优化人口结构和布局。聚焦金融、航运、贸易、战略性新兴产业等重点领域，依托国际人才创新试验区建设，大力吸引高端人才和紧缺人才。引导人口向浦东南汇新城、川沙新镇等重点小城镇集聚，加快完善大型居住社区配套功能。至 2020 年，该区域常住人口占全市常住人口总量的比例预期为 23% 左右。

提升资源配置能力。集聚金融机构，推进金融创新，加快建设陆家嘴金融城。完善现代航运服务体系，拓展高端服务功能，形成“三港”“三区”联动发展格局。大力吸引高能级贸易主体，推动内外贸联动，促进贸易与金融融合发展，积极推动外高桥国际贸易示范区建设。

增强产业创新发展活力。以推进张江国家自主创新示范区建设为契机，完善技术创新、科技金融和人才等政策体系，营造良好的创新环境。依托重大产业项目、重大产业基地，优化调整产业结构，不断增强战略性新兴产业的创新引领作用。

率先实现农业现代化。加快转变农业发展方式，积极发展都市高效生态农业，扩大与国内外农业合作，加快农业与二、三产业融合，在农业科技引领、农产品品牌培育、农机装备现代化、农产品质量安全控制和监管等方面走在全市前列。

促进绿色低碳发展。按照率先转型的要求，积极推进低碳试点，着力提升循环经济发展水平，推进水、大气等环境综合治理。加强生态建设，保护重要生态功能区，形成良好的人居生态环境，努力成为可持续发展的生态文明示范地区。

推动改革先行先试。深入推进浦东综合配套改革试点，率先转变经济发展方式，在政府管理体制、科技体制、服务业体制、城乡统筹制度等重点领域和关键环节改革取得率先突破，发挥好示范带动作用。

2. 主要任务

都市发展新区要高举浦东开发开放旗帜，着力提升全球资源配置能力和区域创新能力，大力发展现代服务业和战略性新兴产业，加快推进城乡一体化发展，不断增强综合服务功能和国际竞争力。

推进陆家嘴地区深度开发和扩容，加强陆家嘴金融贸易区建设，提高金融机构集聚度和影响力，积极推进国家金融创新试点在浦东先行先试，加强与外滩金融集聚带联动发展，成为上海国际金融中心建设的核心区域。

着力推进"三港""三区"联动发展，建设高效统一的管理服务网络和平台，完善保税区和口岸监管模式，加快建设国际航运发展综合试验区和外高桥国际贸易示范区。强化浦东空港的航空枢纽地位，提升外高桥和洋山深水港区功能，完善配套服务功能，促进"三港""三区"和祝桥镇等周边地区协调发展。

加快推进世博地区开发，加强基础设施和公共服务配套，提升高端服务功能，积极打造集文化博览创意、总部商务、高端会展、旅游休闲和生态人居于一体的国际文化交流中心、市民公共活动中心和服务经济集聚区。促进花木城市副中心发展。

提高张江、金桥地区自主创新能力，培育发展战略性新兴产业。强化张江高科技园区的创新功能、产业功能和服务功能，优化人才发展环境，打造国际一流的自主创新示范区和新兴科技城。发挥金桥出口加工区产业融合优势，建设具有国际先进水平的生产性服务业集聚区、先进制造业基地和生态工业示范区。

加快国际旅游度假区和川沙新镇协调发展。推进迪士尼大型主题乐园建设，大力培育旅游休闲、文化创意等产业，完善商业零售、住宿餐饮等服务配套，打造世界级的国际旅游度假区。深化川沙新镇全国小城镇发展改革试点，提升综合功能，切实增强对国际旅游度假区的配套和服务能力，实现共同发展。

加快临港地区发展，着力吸引重大项目集聚，完善产业区生产生活配套，打造代表国家水平、具有国际竞争力的高端装备制造和战略性新兴产业基地；增强浦东南汇新城的城市功能，促进产城融合和人口集聚，建设生态宜居的综合性、现代化滨海新城。

合理规划农业生产布局，大力发展设施农业、生态农业、种源农业和品牌农业，把特色农业与加工开发、贸易服务、乡村旅游等相结合，提升农业整体功能，高起点建设浦东新区国家现代农业示范区。

优化生态空间结构，充分发挥耕地、绿地、林地、园地、湿地的生态效益，加大九段沙湿地、南汇东滩湿地、滨江森林公园、滨海森林公园等重要生态地区的保护力度，构筑生态安全网络。大力建设临港地区、世博地区等低碳发展实践区，推进高桥石化等地区产业结构调整和环境综合整治。

（四）新型城市化地区

新型城市化地区包括嘉定区、金山区、松江区、青浦区和奉贤区，2019年常住人口656.58万人，占全市总人口数的27%，地区生产总值占全市比重的20%左右。

1. 功能定位

新型城市化地区的功能定位是：具有全球竞争力的先进制造业基地和重要的战略性新兴产业基地，统筹城乡、区域协调发展的主要载体，支撑创新驱动、转型发展的战略空间和新增长极。

2. 发展方向

统筹规划国土空间。适度扩大城镇居住空间，减少农村居民点。推动工业园区转型升级，保障战略性新兴产业用地，加大规划产业区块外产业结构调整力度，引导企业向园区转移。完善基本农田保护制度，促进基本农田集中连片。加强文化遗产、历史风貌区和优秀建筑保护。

完善城镇体系。按照长三角城市群重要组成部分的定位，建成若干功能完善、产城融合、用地集约、生态良好的新城。优化小城镇布局，实施有重点、有层次、有步骤的小城镇发展战略。扎实推进新农村建设，全面提高农村发展水平。

促进人口集聚。加强新城、重点小城镇、大型居住社区的基础设施建设、基本公共服务配套和基层社会管理力量，稳步推进农民宅基地置换，引导人口向新城和重点小城镇集中，努力实现本地就业、本地居住。至2020年，该区域常住人口占全市常住人口总量的比例为29%左右。

优化提升产业能级。依托重点工业区和产业基地，优化提升先进制造业，培育发展战略性新兴产业，形成若干具有较强国际竞争力的产业集群。加快建设一批现代服务业集聚区，推动有条件的开发区发展生产性服务业，大力发展与新城功能相匹配的生活性服务业。

增强农业综合生产能力。稳定以粮食、蔬菜为主的农业生产，积极推进水产养殖和水生经济作物生产，合理配套畜禽养殖。加大农业投入力度，加强农业基础设施建设和农业科技创新，提升农机装备现代化应用水平，着力提升农业组织化程度，鼓励发展休闲农业，推动农业与二、三产业融合发展。

推动绿色低碳发展。优先支持新城开展低碳发展试点，加大对新城绿化建设的支持力度。积极推动产业基地、工业区按照循环经济的理念进行园区建设和产业链布局，提高能源资源利用效率，实施清洁生产，确保发展的质量和效益。

提升生态环境质量。加大生态建设和环境保护投入力度，推进生态绿地建设和保护，加强区域水环境治理，加大重点地区环境保护、工业区综合整治和农业面源污染防治力度。统筹海洋环境保护与陆域污染防治，保护海岸线资源。

3. 主要任务

新型城市化地区要着力推进产业结构优化升级，加快新城和重点小城镇发展，扎实推进新农村建设，加强生态建设和环境保护，加快形成城乡一体化发展的新格局。

支持嘉定新城、松江新城增强综合服务功能，建设长三角地区综合性节点城市。支持奉贤南桥新城加快发展，建设杭州湾北岸综合性服务型核心城市。支持青浦新城加快发展现代服务业，增强城市综合集聚辐射能力。支持金山新城优化调整产业结构，增强对周边地区发展的服务带动作用。

支持南翔镇、江桥镇、徐泾镇、赵巷镇、九亭镇等主动对接虹桥商务区，着力发展商贸服务业和文化创意产业。支持枫泾镇按照中小城市标准，适度超前配置基础设施和公共服务设施。支持安亭镇、小昆山镇、金泽镇、练塘镇、廊下镇、青村镇等全国小城镇发展改革试点镇加大改革力度，提升经济社会发展水平。

扎实推进新农村建设，优化中心村布局，推进村庄改造、归并和自然村落保护。优先安排与农民生产生活相关的农田水利、供水和污水处理、抗灾防灾、信息等基础设施建设，加快推进农村道路、危桥和电网改造和燃气服务站点建设。加强农村基本公共服务，建立农民增收长效机制，深化农村改革。

发挥国家新型工业化产业示范基地带动作用，提升国际汽车城产业能级，促进上海化学工业经济技术开发区与周边地区协调发展，支持松江出口加工区等工业园区、开发区转型升级，打造若干战略性新兴产业示范区和生产性服务业集聚区。

发挥佘山国家旅游度假区、淀山湖地区历史文化和山水资源优势，以重大功能性项目为载体，完善基础设施配套，加强生态建设和环境保护，进一步放大国家旅游度假区效应，推动区域资源整合、联动发展，打造西部山水游憩与休闲度假旅游区。

促进杭州湾北岸地区的粮菜和瓜果等特色农业发展，推进国家级基本农田保护示范区建设。强化黄浦江上游地区农业基地化和设施化建设，促进水稻种植、水产养殖和水生经济作物生产。稳定沪北远郊水稻和蔬菜生产，种养结合促进生态循环农业发展。支持有条件的地区开发特色农业旅游。

加大黄浦江上游水源地保护力度，加强水源涵养区的水环境整治，推进水源涵养林建设和保护，切实减少农业面源污染和生活污染，加强太浦河等黄浦江上游河道两岸地区及船舶污染控制，确保黄浦江上游开放性水源安全。

加强生态环境建设，严格保护生态用地，提高绿化覆盖率，维护金山三岛自然植被和生态功能，建设沿海防护林带。加强杭州湾北岸化工集中区环境综合整治，建设防污染绿化隔离带。保护嘉定、松江、青浦江南水乡风貌，提升奉贤、金山地区滨海环境品质。

（五）综合生态发展区

综合生态发展区即崇明县（现为上海市崇明区），包括崇明岛、长兴岛和横沙岛，2019 年该区域常住人口 68.4 万人，占全市总人口数的 2.8%，地区生产总值占全市比重不足 2%。

1. 功能定位

综合生态发展区的功能定位是：国家可持续发展实验区，现代化综合生态岛，上海可持续发展的重要战略空间。

2. 发展方向

优化完善功能布局。将崇明岛崇中分区建设成为以森林度假、信息数据、休闲居住为主的中央森林区。将崇东分区建设成为以生态居住、休闲运动、国际教育为主的科教研创区和门户景观区。将崇南分区建设成为人口集聚的田园式新城和新市镇区。将崇北分区建设成为以生态农业为主的规模农业区和战略储备区。将崇西分区建设成为以国际会议、滨湖度假为特色的景湖会展区。将长兴岛建设成为以船舶和海洋工程装备为主的海洋装备岛。将横沙岛作为支撑综合生态岛建设和全市未来可持续发展的战略储备空间。

引导人口合理分布。根据功能定位和产业布局，在三岛范围内统筹就业和居住，提高陈家镇、城桥新城和长兴岛基础设施和公共服务水平，促进人口集聚。严格控制常住人口增长，引导外来从业人员有序流动。

加强生态环境保护。立足建设现代化综合生态岛，加强水资源、水环境、水生生物资源保护和绿化林业建设，完善环境基础设施体系，发展绿色经济和循环经济，着力提高生态环境品质，打造市民群众休闲度假的生态后花园。

发展高效生态农业。加强基本农田保护，提高农业基础设施建设和农机装备配备标准，创建国家级生态农业标准化综合示范县。保持粮食生产适度规模，扩大特色农产品生产，提高崇明农产品知名度，打造崇明特色农产品品牌。优化农业结构，培育发展种源农业，加快发展绿色食品加工业，促进生态型休闲观光农业发展。

3. 主要任务

综合生态发展区要加强生态建设和环境保护，积极探索低碳发展模式，因地制宜地发展与主体功能相适应的产业，稳步提高基本公共服务水平，推进经济社会可持续发展。

发展崇明特色农业，加快崇明岛特色农副产品基地建设，发展北部现代高效生态农业实验区，稳步提高无公害、绿色、有机农产品种植面积。扶持农民专业合作社和农业龙头企业，鼓励农产品加工企业向现代农业园区集中，完善农产品市场流通体系。

加强绿化林业建设，培育一批生态公益林、水源涵养林，推进公共绿地和公园建设。科学开发利用滩涂资源，实施湿地动态保护。加强野生动植物及栖息地保护，推进各级自然保护区建设。加大水源地建设和保护力度，充分发挥青草沙水源地功能，建设东风西沙水源地。

推进重点城镇建设，支持陈家镇加快功能性项目引进，促进现代服务业集聚区发展，提高城镇服务能力，建设低碳生态示范社区；支持城桥新城建设，增强对周边地区发展的服务带动作用，成为上海北翼生态宜居的现代化田园滨江城市。加强农村基础设施建设，推进道路、危桥改造，能源、污水和垃圾等基础设施建设，提高基本公共服务水平。

加快发展现代服务业，依托生态环境优势，重点发展生态旅游、会议度假、康体疗养、休闲运动等产业，积极发展信息服务业，拓展和丰富现代商贸业态，培育中高端养老产业，积极引入各类优质教育和培训资源，促进具有区域特色的现代服务业发展。

促进长兴海洋装备岛发展，依托国家新型工业化产业示范基地建设，优先发展船舶与海洋工程装备及配套产品，拓展产业链，提升产业附加值，加快长兴生产性服务业功能区建设。推进长兴岛基础设施和功能性项目建设，完善社会服务功能。

进一步优化横沙岛功能定位，在保持优良自然环境的基础上，增强基础设施的服务保障能力，加强环境治理，提升整体环境质量。

三、限制开发区域管控

（一）限制开发区域

限制开发区域主要包括生态保育区、生态走廊和生态间隔带，这些区域具有较强的生态保育价值和农业生产价值，需要限制大规模、高强度的工业化、城镇化开发。

1. 功能定位

限制开发区域的功能定位是：保障农产品供给安全的重要区域，城市生态功能的维护区，防止城市无序蔓延的关键屏障，改善城市环境品质和满足市民游憩需求的主要基地。

2. 开发和保护原则

扩大绿色空间。有序推进生态建设，合理确定生态用地比例，逐步提高林木覆盖率，保持农业生产空间，促进基本农田集中连片建设。

加强农业生产。实施最严格的耕地保护制度，划定一定蔬菜、养殖基地，稳定粮食、蔬菜生产，完善农业基础设施建设，改善农业生产条件，提高农业综合生产能力。

提高生态效益。强化生态环境保护，促进绿地、林园地、耕地、湿地、水面等各类生态要素有机整合，形成功能复合的生态网络体系，发挥生态空间最大效益。

引导人口转移。严格控制人口规模，按照自主、自愿的原则，引导人口逐步向限制开发区域外转移，有序引导远郊农民转移就业，减少农村居民点。

3. 主要任务

限制开发区域要加强基本农田保护，保障全市农产品有效供给，加快基本生态网络建设，保障城市生态安全，加大对农村地区的支持力度，促进区域协调、可持续发展。

探索建立数量质量并重的耕地保护机制，加强基本农田集中区耕地整理，加大农业投入力度，提高技术装备水平，支持高效生态农业和特色农业发展。适度开展农田林网建设，切实减少农业污染，充分发挥基本农田的基础生态功能。

加快建设中心城外环绿带、市域环形绿带、生态间隔绿带和“生态走廊”，加强生态片林建设。合理利用郊区生态资源，选择部分具备条件的生态公益林改造为郊野公园，扩大市民群众游览休闲的生态空间。

加大饮用水水源二级保护区和准保护区保护力度，加强区域内污染源风险防控，推进污水收集管网建设，提升水源地安全保障能力。实施湿地动态保护，加强野生动植物及栖息地保护。

支持有条件的乡镇因地制宜发展农产品精深加工、农业观光、生态旅游等产业，切实提高工业园区循环经济水平。加大对农业为主和生态建设任务较重的乡镇的支持力度，重点加强与农民生产生活相关的基础设施建设，完善农村基本公共服务配套。稳步开展农民宅基地置换工作，有序推进分散农村居民点的适度集中。

（二）禁止开发区域

根据法律法规和有关规定，上海市禁止开发区域分为国家和市级两级，包括各级自然保护区、国家森林公园、国家地质公园、国家湿地公园、一级水源保护区，以及市政府确定的其他禁止开发区域。功能定位是：保护自然文化资源的重要区域，珍稀动植物基因资源的保护地，确保生态安全和水源安全的重要空间。

1. 禁止开发区域的区域范围

自然保护区，包括九段沙湿地国家级自然保护区、崇明东滩鸟类国家级自然保护区、长江口中华鲟自然保护区和金山三岛海洋生态自然保护区。

国家森林公园，包括佘山国家森林公园、东平国家森林公园、海湾国家森林公园和共青国家森林公园。

国家地质公园，即崇明岛国家地质公园。

国家湿地公园，即崇明西沙国家湿地公园。

饮用水水源一级保护区，包括黄浦江上游饮用水水源一级保护区、青草沙饮用水水源一级保护区、陈行饮用水水源一级保护区和东风西沙饮用水水源一级保护区。

今后新设立的自然文化资源保护区、世界文化自然遗产、风景名胜区、国家森林公园、国家地质公园、国家湿地公园、国际重要湿地、国家重要湿地和一级水源保护区等各级各类禁止开发区域，自动列为上海市禁止开发区域。

2. 管制原则

禁止开发区域要依据法律法规和相关规划，实施强制性保护，严格控制人为因素对自然生态和文化自然遗产原真性、完整性的干扰，严禁不符合主体功能定位的各类开发活动。

各级自然保护区。要依据《中华人民共和国自然保护区条例》《全国主体功能区规划》和《上海市主体功能区规划》确定的原则、上海市自然保护区相关管理办法及规划进行管理。构建核心区、缓冲区和实验区三层管理机制。严禁在核心区开展任何生产建设活动；除必要的科学实验外，严禁在缓冲区开展其他任何生产建设活动；除必要的科学实验以及符合自然保护区规划的旅游等活动外，严禁在实验区开展其他生产建设活动。慎重开展自然保护区内交通、通信、电网设施建设，能避则避，必须穿越自然保护区的，要符合相关管理办法及规划，并开展对保护区影响的专题评价。

国家森林公园。要依据《中华人民共和国森林法》《中华人民共和国森林法实施条例》《中华人民共和国野生动植物保护条例》《森林公园管理办法》《全国主体功能区规划》和《上海市主体功能区规划》确定的原则及森林公园规划进行管理。除必要的保护设施和附属设施外，禁止从事与资源保护无关的任何生产建设活动。在森林公园内以及可能对森林公园造成影响的周边地区，禁止进行采石、取土、开矿、放牧以及非抚育和更新性采伐等活动。建设旅游设施及其他基础设施等必须符合森林公园建设规划，逐步拆除违反规划建设的设施。根据资源状况和环境容量，对旅游规模进行有效控制，不得对森林及其他野生动植物资源等造成损害。不得随意占用、征用和转让林地。

国家地质公园。要依据《世界地质公园网络工作指南》《全国主体功能区规划》和《上海市主体功能区规划》确定的原则进行管理。除必要的保护设施和附属设施外，禁止其他生产建设活动。在地质公园及可能对地质公园造成影响的周边地区，禁止进行采石、取土、开矿、放牧、砍伐以及其他对保护对象有损害的活动。未经管理机构批准，不得在地质公园范围内采集标本和化石。

国家湿地公园。要依据《国家湿地公园管理办法》《全国主体功能区规划》和《上海市主体功能区规划》确定的原则进行管理。国家湿地公园可分为湿地保育区、恢复重建区、宣教展示区、合理利用区和管理服务区，实行分区管理。湿地保育区不得进行任何与湿地生态系统保护和管理无关的活动；恢复重建区仅能开展培育和恢复湿地的相关活动；宣教展示区可开展以生态展示、科普教育为主的活动；合理利用区可开展不损害湿地生态系统功能的生态旅游等活动；管理服务区可开展管理、接待和服务等活动。

禁止擅自占用、征用国家湿地公园的土地。禁止在国家湿地公园内开（围）垦湿地、采石、取土、修坟、开矿、商品性采伐林木、放牧、猎捕鸟类等；禁止从事房地产、度假村、高尔夫球场等任何不符合主体功能定位的建设项目和开发活动。

一级水源保护区。要依据《中华人民共和国水污染防治法》《上海市饮用水水源保护条例》和《上海市主体功能区规划》确定的原则以及水源保护区相关规划进行管控。除黄浦江上游水源外，对一级水源保护区实行封闭式管理。在黄浦江上游一级水源保护区内，除符合相关规定的船舶可以通行外，禁止船舶停泊、装卸以及其他与保护饮用水水源无关的活动。禁止新建、改建、扩建与供水设施和保护水源无关的建设项目，已经建成的与供水设施和保护水源无关的建设项目必须拆除或者关闭。禁止从事网箱养殖、旅游、游泳、垂钓和其他可能污染水源的一切活动。

3. 近期任务

完善划定禁止开发区域范围的相关规定和标准，对各类禁止开发区域进一步界定范围、核定面积（见表 3–1）。界定范围后，原则上今后不再进行单个区域范围的调整。

表 3–1 上海市禁止开发区域一览表

类型	名 称	面积范围（平方千米）	位 置	级别
自然保护区	九段沙湿地国家级自然保护区	420.2	浦东新区	国家级
	崇明东滩鸟类国家级自然保护区	241.55	崇明县（现为上海市崇明区）	国家级
	长江口中华鲟自然保护区	695.6	崇明县（现为上海市崇明区）	市级
	金山三岛海洋生态自然保护区	10.2	金山区	市级
国家森林公园	佘山国家森林公园	4.01	松江区佘山镇	国家级
	东平国家森林公园	3.55	崇明县（现为上海市崇明区）东平林场	国家级
	海湾国家森林公园	10.65	奉贤区海湾镇	国家级
	共青国家森林公园	1.31	杨浦区殷行街道	国家级

续表

类型	名 称	面积范围（平方千米）	位 置	级别
国家地质公园	崇明岛国家地质公园	145	崇明县（现为上海市崇明区）	国家级
国家湿地公园	崇明西沙国家湿地公园	3.63	崇明县（现为上海市崇明区）	市级
一级水源保护区	黄浦江上游一级水源保护区	4.2	闵行区马桥镇；松江区车墩镇、石湖荡镇、叶榭镇；青浦区练塘镇	市级
	长江青草沙一级水源保护区	79	崇明县（现为上海市崇明区）长兴乡	市级
一级水源保护区	长江陈行一级水源保护区	6.9	宝山区罗泾镇	市级
	崇明东风西沙一级水源保护区	待水库建成后另行划定	崇明县（现为上海市崇明区）	市级

进一步界定自然保护区中核心区、缓冲区、实验区的范围。对森林公园、地质公园等禁止开发区域，确有必要的，也可划定核心区和缓冲区，并根据划定的范围进行分类管理。

第二节 生态红线限制条件

为加强生态环境保护，构建区域生态安全格局，2011 年《国务院关于加强环境保护重点工作的意见》（国发〔2011〕35 号）中明确提出，在重要生态功能区、陆地和海洋生态敏感区、脆弱区等区域划定生态红线。这是我国首次提出“划定生态红线”这一重要战略任务，生态保护红线也因此成为继“18 亿亩耕地红线”后又一条被提升到国家层面的“生命线”。

2017 年，国务院印发了《关于划定并严守生态保护红线的若干意见》（以下简称《若干意见》），明确指出生态保护红线是指在生态空间范围内具有特殊重要生态功能、必须强制性严格保护的区域，是保障和维护国家生态安全的底线和生命线，通常包括具有重要水源涵养、生物多样性维护、水土保持、防风固沙、海岸生态稳定等功能的生态功能重要区域，以及水土流失、土地沙化、石漠化、盐渍化等生态环境敏感脆弱区域。对生态红线实行严格管控，一经划定后，只能增加、不能减少，因国家重大基础设施、重大民生保障项目建设等需要调整的，由省级政府组织论证，提出调整方案，经环境保护部（现为生态环境部）、国家发展和改革委员会同有关部门提出审核意见后，报国务院批准。

一、上海市生态红线的划定

（一）生态红线的类型

2018 年 2 月，国务院批复同意了《上海市生态保护红线》，其目标是“形成‘陆海统筹’的生态保护红线制度，确保重要生态空间得到有效保护，进一步促进城市生态格局优化，保持生态格局、功能、质量稳定，守住上海市生态安全底线，为国家生态安全格局构建做出贡献，履行全球生物多样性保护责任”。

在《规划》中，上海市生态保护红线共包含：生物多样性维护红线、水源涵养红线、特别保护海岛红线、重要滨海湿地红线、重要渔业资源红线和自然岸线 6 种类型，总面积 2082.69 平方千米，占比 11.84%。其中，陆域面积 89.11 平方千米，生态空间内占比为 10.23%，陆域边界范围内占比为 1.30%；长江河口及海域面积 1993.58 平方千米。自然岸线包含：大陆自然岸线和海岛自然岸线两种类型，总长度 142 千米，占岸线总长度的 22.6%。

（二）生态红线的特点

一是坚持生态保护红线与城市生态环境建设和保护并重。严格按照《若干意见》的要求，在生态空间内划定生态保护红线，主要分布于长江口、杭州湾、崇明岛和青浦西部等区域。位于上海市城镇空间、农业空间内大量具有生态保护功能和生态服务价值，且更加贴近广大市民日常生活的区域，如城市公园、郊野公园、楔形绿地和河湖水网等，虽未纳入生态保护红线范围，相关部门将按照《上海市城市总体规划（2017—2035 年）》要求，对上述生态用地进行规划建设并实施分级分类保护和管理，以满足广大市民的基本生态服务需求。

二是坚持生态保护红线划定与严守并重。在划定生态保护红线的过程中，依据各红线区块的性质明确具体管控要求，将责任落实到区政府和具体部门，并明确各区政府和相关单位的行政主要领导是第一责任人，对各生态保护红线区块的保护和管理负总责。

（三）生态保护红线的管理要求

生态保护红线原则上按禁止开发区域的要求进行管理，禁止城镇化和工业化活动，严禁不符合主体功能定位的各类开发活动。具体来说，对于红线范围内的人类活动，按照现有法律法规进行管理，例如国家森林公园，游客是可以进入核心景观区游览，但生态保育区是禁止游客进入的。对于红线范围内的各类建设项目，除现有法律法规相关规定外，还将根据各红线区块的主体功能，通过制定清单进行管理。

上海市将“严守生态保护红线”作为工作重点，按照国家有关技术规范开展生态保护红线勘界定标，并建立健全责任体系、监测评估、监督考核、政策激励、动态增加等工作机制；进一步加大生态保护红线宣传教育，保护生态环境成为政府、企业和市民的自觉行动；同时，充分发挥社会舆论和公众的监督作用，确保生态保护红线“生态功能不降低、面积不减少、性质不改变”，有效维护国家、区域和城市生态安全。

二、“四线”管控体系

除《上海市生态保护红线》外，在《上海市城市总体规划（2017—2035年）》（以下简称《规划》）中，也对生态保护红线进行过约束。《规划》指出，按照市域空间结构上海将形成以“三大空间、四条红线”为基本框架的空间分区管制体系，统筹各类规划的空间要求，强化土地用途管制和空间管制。统筹优化市域生态、农业和城镇“三大空间”，促进空间复合利用，建立生态保护红线、永久基本农田保护红线、城市开发边界和文化保护控制线“四线”管控体系。生态空间内严守生态保护红线，积极推进生态保护和生态建设。农业空间内坚持永久基本农田保护，促进永久基本农田集中成片，支撑现代农业发展。以城市开发边界锁定城镇空间，推进城镇紧凑集约发展。在市域划定文化保护控制线，保护文化战略资源，提升城市文化内涵。

（一）锚固生态空间，划定生态保护红线

1. 完善生态空间的管控体系

生态空间是为保障城市生态安全、提升城市生态环境、维护生物多样性所必须严格保护的空间。至2035年，全市生态空间不小于5465平方千米（规划范围内3739平方千米），其中长江口及近海海域面积2432平方千米（规划范围内706平方千米）、陆域面积3033平方千米。按照各类管理主体与事权相对应的原则，建立健全生态空间分类管控、建设引导、生态补偿和动态调整机制。

2. 强化生态保护红线的刚性管控

以改善生态环境质量为核心，以保障和维护生态功能为主线，划定并严守生态保护红线。一类和二类生态空间为禁止建设区，禁止影响生态功能的开发建设活动。一类生态空间包括崇明东滩鸟类国家级自然保护区、九段沙湿地国家级自然保护区的核心范围，总面积约626平方千米（均为长江口及近海海域面积，其中规划范围内256平方千米）；二类生态空间包括国家级自然保护区非核心范围、市级自然保护区、饮用水水源一级保护区、森林公园核心区、地质公园核心区、山体和重要湿地，总面积约639平方千米（其中规划范围内长江口及近海海域面积约155平方千米、陆域面积约71平方千米）。将其中具有特殊重要生态功能、必须强制性严格保护的区域，包括生态功能重要区域和生态环境敏感脆弱区域划入生态保护红线，实现一条红线管控重要生态空间。

3. 严格保护市域结构性生态空间

将城市开发边界外除一类、二类生态空间外的其他重要结构性生态空间划定为三类生态空间，包括永久基本农田、林地、湿地、湖泊河道、野生动物栖息地等生态保护区域和饮用水水源二级保护区、近郊绿环、生态间隔带、生态走廊等生态修复区域，总面积不小于4096平方千米（其中规划范围内长江口及近海海域面积295平方千米、陆域面积2858平方千米）。将三类生态空间划入限制建设区予以管控，禁止对主导生态功能产生影响的开发建设活动，控制线性工程、市政、水利基础设施和独立型特殊建设项目用地。将城市开发边界内结构性生态空间划定为四类生

态空间，包括外环绿带、城市公园绿地、水系、楔形绿地等，面积不小于104平方千米（陆域面积），严格保护并提升生态功能。

（二）优化农业空间，划定永久基本农田保护红线

1. 划定永久基本农田保护红线

立足于保障主要农产品供给和城市生态安全，率先实现农业现代化的战略目标，将布局集中、用途稳定、具有良好水利和水土保持设施的高产、稳产、优质耕地纳入永久基本农田保护红线。优先划入城市周边易被占用的优质耕地，并将生态间隔带、近郊绿环及生态走廊内具有重要生态功能的耕地划入永久基本农田，充分发挥耕地的生态保育功能，倒逼城镇紧凑发展。2020年，全市规划永久基本农田保护任务为249万亩。2035年，全市规划永久基本农田保护任务为150万亩。将永久基本农田保护红线纳入三类生态空间，并作为限制建设区予以管控。

对划定的永久基本农田实行管控性保护、建设性保护和激励性保护。任何单位、个人不得擅自占用永久基本农田或改变用途，并通过土地综合整治、高标准永久基本农田建设和耕作层土壤剥离再利用等措施，实现永久基本农田“数量、质量、生态”三位一体提升。在划定2020年永久基本农田保护任务的基础上，进一步多划定一定规模数量的耕地按照永久基本农田实施管理。对位于城市开发边界外的区域性交通市政基础设施，在线型优化过程中确实无法避让的，在多划定的规模数量范围内，通过机动指标核销方式视为符合规划。

2. 促进永久基本农田集中成片

按照市—区—镇三级，建立永久基本农田集中区—保护区—保护地块管理体系，促进永久基本农田集中成片，逐层落实耕地保护任务，实现永久基本农田精细化管理和刚性管控。全市层面，将永久基本农田分布集中度较高、永久基本农田所占比例较大、需要重点保护和整治的区域划定为永久基本农田集中区，共划定15片，区内永久基本农田保护面积不低于全市总量的60%，加强农田林网、农业生产基础设施和配套设施建设，加大中低产田改造力度，逐步提高农业综合生产能力。区级层面，划定永久基本农田保护区，作为永久基本农田特殊保护和管理的区域，区内永久基本农田保护面积不低于全市总量的80%，加强土地综合整治和高标准永久基本农田建设的集中投入，有序引导永久基本农田集中成片，探索保护区内永久基本农田增加与保护区外永久基本农田调整的挂钩联动机制。永久基本农田保护区内，通过土地整理复垦形成的新增耕地，要及时补充并按照永久基本农田实施管理。永久基本农田保护区外，对于交通市政及特殊用地、农村民生项目、旷地型旅游设施用地等建设，在补充的规模数量范围内，通过机动指标核销方式视为符合规划。镇乡级层面，划定永久基本农田保护地块，完善永久基本农田保护责任机制。

3. 大力发展多功能都市现代农业

完善都市现代农业的多元化功能。稳固生产功能、凸显生态功能、丰富生活文化功能，推进都市现代农业与二、三产业融合发展。大力发展绿色农业、品牌农业、服务农业和智慧农业，建立市场导向的农业科技创新体制机制，促进互联网与传统农业融合发展，探索农业新业态、新模式，提升农业科技创新能力。大力提高农业现代化水平，坚持主要农产品最低保有量制度，保障城市蔬菜自给率，确保供应安全。以崇明三岛、黄浦江上游、杭州湾北岸和城市周边地区为主体，兼顾市域内外，优化农业生产布局。在划定永久基本农田的基础上，建设80万亩粮食生产功能区，控制重要农产品生产保护区，成为高效、生态都市现代农业示范基地，区内建设集中连片、稳定高产、生态友好的高标准农田。农业生产基本实现全过程机械化，加强农业空间复合利用，推广立体种养模式。全面加强农业面源污染防控，加强生态技术研发和应用，推进农业可持续发展。建立全程可追溯、互联共享的农产品质量信息平台，加强农产品质量安全分类分级管理。

推进农村环境综合治理，全面完善农村骨干基础设施和公共服务设施，改善农村人居环境和生态环境。构建乡村新型功能体系，保护传承农村传统文化。

（三）锁定城镇空间，划定城市开发边界

1. 遏制建设用地无序蔓延和保障引导功能发展并重，科学划定城镇空间

在优先划定生态空间和永久基本农田保护红线的基础上，以规划建设用

地总量锁定为前提，根据全市城乡空间格局划定城市开发边界，促进城镇空间集约高效、紧凑布局。城市开发边界范围涵盖建成区和规划期内拟拓展的建设用地，具体包括主城区、新城、新市镇镇区、集镇社区、产业园区和特定大型公共设施等规划城市集中建设区。在全市层面，规划城市开发边界范围面积控制在2800平方千米以内（其中建设用地约2600平方千米）；在各区、镇（乡）层面，深化城市开发边界，落实规划建设用地规模控制，优化建设用地布局，明确管控要求。

2. 促进城市开发边界内空间紧凑集约

城市开发边界内强化城镇建设集中布局引导，推行集约紧凑式发展，提高土地综合利用效率。规划城市开发边界内建设用地规模达到全市规划建设用地总规模的80%以上。

3. 推进城市开发边界外的建设用地减量

加强城市开发边界外郊野地区空间优化和土地节约集约利用引导，运用土地综合整治平台，逐步完善生态和生活功能，重点推进低效工业用地和农村建设用地减量，规划城市开发边界外建设用地由现状868平方千米减少到600平方千米，至2035年，累计减量化规模达到268平方千米。开发边界外严格限制除市政、交通基础设施以外的其他建设用地。

（四）保护文化战略资源，划定文化保护控制线

1. 划定文化战略资源保护范围

为保障文化发展，针对历史文化遗产、自然（文化）景观和重大文化体育设施集聚区，逐级分类划定文化保护控制线。历史文化遗产保护控制线是历史城区、历史城镇、历史村落和历史文化街区（历史文化风貌区）、文物和优秀历史建筑、风貌保护道路（街巷）和风貌保护河道等各类历史文化要素保护控制线的集合，重点保护历史文化遗产和环境，科学引导、积极推动历史遗产的更新与活化利用。自然（文化）景观保护控制线涵盖历史公园、古树名木保护范围等承载上海城乡文化发展、体现城乡历史变迁并与历史文化遗存紧密关联的、带有人文要素的自然环境要素，重点保护自然地形地貌、景观环境、生态系统和文化遗存，保护承载历史信息环境的临场感和体验感。公共文化服务设施保护控制线涵盖城市中公共文化体育设施较为集聚、对城市文化发展具有重要作用的区域及战略留白空间，确保以公共文化服务为主导功能，不得擅自改变用地性质，严格控制文体功能空间规模占比下限。

2. 实施最严格的文化保护制度

严格按照相关法律法规，对文化保护控制线实施分级管控，将历史文化遗产保护控制线的保护范围划入紫线，实施最严格的文化保护制度。建立文化保护控制线的定期评估与更新机制，根据文化发展要求，逐步增补保护对象，拓展文化保护范围。

第三节 “三线一单”管控要求

2016年7月15日，环境保护部（现为生态环境部）在印发的《“十三五”环境影响评价改革实施方案》（环环评〔2016〕95号）中要求以生态保护红线、环境质量底线、资源利用上线和环境准入负面清单（以下简称“三线一单”）为手段，强化空间、总量、准入环境管理，划框子、定规则、查落实、强基础，其根本目的在于协调好发展与底线关系，确保发展不超载、底线不突破。2018年1月5日，环境保护部（现为生态环境部）办公厅关于印发《“生态保护红线、环境质量底线、资源利用上线和环境准入负面清单”编制技术指南（试行）》的通知（环办环评〔2017〕99号）。

一、“三线一单”的介绍

“三线一单”是以改善环境质量为核心，以生态保护红线、环境质量底线、资源利用上线为基础，将行政区域划分为若干环境管控单元，在一张图上落实生态保护、环境质量目标管理、资源利用管控要求，按照环境管控单元编制环境准入负面清单，构建分区管控体系。上海市资源环境生态线体系构成图见图3-2。

生态空间，是指具有自然属性、以提供生态服务或生态产品为主体功能的国土空间（包括森林、草原、湿地、河流、湖泊、滩涂、岸线、海洋、荒地、荒漠、戈壁、冰川、高山冻原、无居民海岛等区域），是保障区域生态系统稳定性、完整性，提供生态服务功能的主要区域。

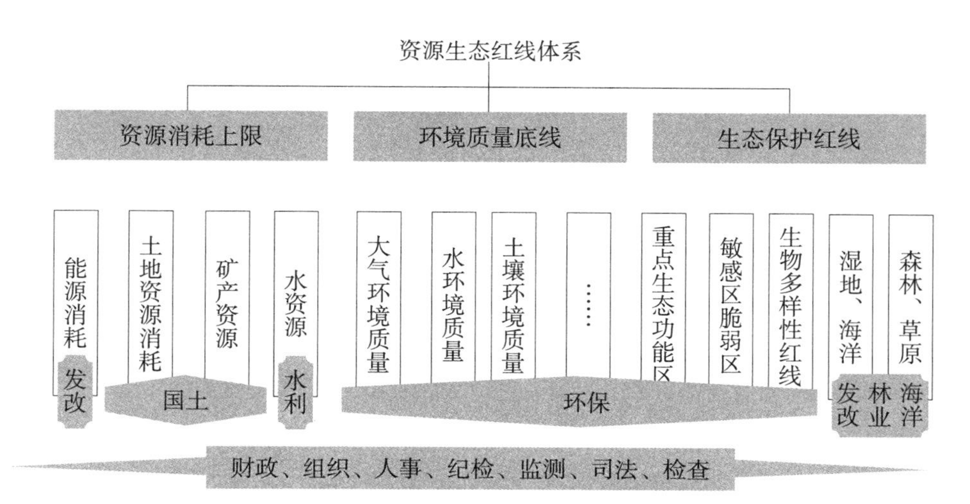

图 3-2　上海市资源环境生态红线体系构成图

生态保护红线，是指在生态空间范围内具有特殊重要生态功能、必须强制性严格保护的区域，是保障和维护国家生态安全的底线和生命线（包括具有重要水源涵养、生物多样性维护、水土保持、防风固沙等功能的生态功能重要区域，以及水土流失、土地沙化、石漠化、盐渍化等生态环境敏感脆弱区域）。按照“生态功能不降低、面积不减少、性质不改变”基本要求，实施严格管控。

环境质量底线，是指按照水、大气、土壤环境质量不断优化的原则，科学评估环境质量改善潜力，衔接环境质量改善要求，确定的分区域分阶段环境质量目标及相应的环境管控和污染物排放总量限值要求。（按现状和分阶段环境目标，建立源和环境质量的响应关系，估算区域环境容量和允许排放量，按允许排放量设置排污管控要求）

资源利用上线，是指按照自然资源资产“只能增值、不能贬值”的原则，以保障生态安全和改善环境质量为目的，参考自然资源资产负债表，结合自然资源开发利用效率，提出的分区域分阶段的资源开发利用总量、强度、效率等上线管控要求。

环境管控单元，是指集成生态保护红线及生态空间、环境质量底线、资源利用上线的管控区域，衔接行政边界（乡镇、街道），划定的分区分类环境管控的空间单元。

环境准入负面清单，是指基于环境管控单元，统筹考虑生态保护红线、环境质量底线、资源利用上线的管控要求，提出的空间布局、污染物排放、资源开发利用等禁止和限制的环境准入情形。

二、上海市“三线一单”的编制

围绕上海提出的建设“生态之城”总目标和2020—2035年的环境质量管控目标，2019年上海市“三线一单”编制工作已经形成了三方面主要成果：一是全市共划分了优先、重点、一般三大类306个环境管控单元；二是从空间布局约束、污染物排放控制、环境风险管控和资源利用效率四个维度，在全市层面上编制了优先、重点、一般三大类统一的环境准入清单；三是建设了“三线一单”数据管理系统，为下一步与国家系统对接、城市深化应用打好基础。

2020年5月30日，上海市政府印发了《关于上海市“三线一单”生态环境分区管控的实施意见》，明确指出，将以生态环境质量改善为目标，通过划分环境管控单元，制定生态环境准入清单，把生态环境管控要求落实到具体区域的管控单元。到2020年，初步建立覆盖全市的“三线一单”生态环境分区管控体系，实现成果共享共用。到2025年，完善“三线一单”生态环境分区管控体系，建立“三线一单”政策管理体系和数据共享应用机制，形成以“三线一单”成果为基础的区域生态环境评价制度。

（一）划分环境管控单元

全市划分优先保护、重点管控、一般管控三大类共293个环境管控单元。其中，优先保护单元44个，包括长江口水域生态保护红线、饮用水水源保护区、崇明大气一类区等生态功能重要区和生态环境敏感区；重点管控单元123个，包括主要产业园区、重要港区以及中心城区；一般管控单元126个，为优先保护单元、重点管控单元以外的区域。

（二）制定生态环境准入清单

根据划定的环境管控单元特征，有针对性地制定生态环境准入清单（总体要求）。

1. 优先保护单元

以生态环境保护优先为原则，执行相关法律、法规要求，依法禁止或限制大规模、高强度的工业和城镇建设，严守城市生态环境底线，确保生态环境功能不降低。

2. 重点管控单元

重点管控单元既是产业高质量发展的承载区，也是环境污染治理和风险防范的重点区域。其中，产业园区要优化空间布局，促进产业转型升级，加强污染排放控制和环境风险防控，不断提升资源利用效率。港区要加强船舶污染控制，推进岸电及清洁能源替代工作。中心城区要发展高端生产性服务业和高附加值都市型工业，重点深化生活、交通等领域污染减排。

3. 一般管控单元

以促进生活、生态、生产功能的协调融合为导向，落实生态环境保护相关要求，重点加强农业、生活等领域污染治理。

第四章　上海市绿色发展战略举措

绿色发展是城市发展的总体目标，作为国际性大都市的上海，也在努力推进绿色低碳发展。制定正确的绿色发展战略是上海实现转型发展的重要前提，把握精准的绿色发展方向，调整、优化产业结构，在保护中发展、在发展中保护，将上海打造为宜居的绿色生态城市。

第一节　总体战略

一、城市发展的总体目标

上海是中国的直辖市之一，长江三角洲世界级城市群的核心城市，是国际经济、金融、贸易、航运、科技创新中心和文化大都市，国家历史文化名城，并将建设成为卓越的全球城市、具有世界影响力的社会主义现代化国际大都市。

《上海市城市总体规划（2017—2035 年）》中描绘了以下愿景。

立足 2020 年，上海市计划建成具有全球影响力的科技创新中心基本框架，基本建成国际经济、金融、贸易、航运中心和社会主义现代化国际大都市。

展望 2035 年，上海市基本建成卓越的全球城市，令人向往的创新之城、人文之城、生态之城，具有世界影响力的社会主义现代化国际大都市。重要发展指标达到国际领先水平，在我国基本实现社会主义现代化的进程中，始终当好新时代改革开放排头兵、创新发展先行者。

梦圆 2050 年，上海市全面建成卓越的全球城市，令人向往的创新之城、人文之城、生态之城，具有世界影响力的社会主义现代化国际大都市。各项发展指标全面达到国际领先水平，为我国建成富强民主文明和谐美丽的社会主义现代化强国、实现中华民族伟大复兴中国梦谱写更美好的上海篇章。

二、推进绿色低碳发展

（一）全面降低碳排放

推进资源全面节约和循环利用，倡导简约适度、绿色低碳的生活方式。促进城市集约发展，优化能源结构，降低建筑和产业能耗，发展绿色交通，保护和建设碳汇空间，逐步实现低碳发展。实现全市碳排放总量与人均碳排放量在 2025 年前达到峰值，至 2035 年，控制碳排放总量较峰值减少 5%，万元地区生产总值（GDP）能耗控制在 0.22 吨标准煤以下。

（二）合理优化能源结构

构建清洁低碳、安全高效的能源体系，推进天然气等清洁能源替代煤、油等能源，大幅度提高清洁能源占能源消费的比例。大力发展太阳能、风能、潮汐能、浅层地温能等可再生能源，加快推进长江口、杭州湾等水域风电开发，探索深远海域风电开发，在南汇、奉贤、金山等地区有序拓展陆上风电规模，推进城市废弃物的能源化利用，在崇明、松江、宝山、嘉定、奉贤、老港等地区建设与固废综合利用相结合的生物质发电项目。进一步提高可再生能源占一次能源供应的比例。

（三）降低产业和建筑能耗

核定工业碳排放阶段减排目标，严格控制高耗能、高排放的产业发展。通过科技创新建构低碳化、高附加值的新型产业体系，推行城市管理引领建设的低影响开发（Low Impact Development，以下简称 LID）理念，创建绿色生态示范城区，降低城市的综合碳排放。依托绿色生态示范城区推进绿色建筑规模化高星级发展，全面推广绿色建筑，推广装配式建筑和市政基础设施的技术应用，计划至 2035 年，符合条件实施装配式建筑覆盖率达到 100%，新建民用建筑的绿色建筑达标率达到 100%（重点地区公共建筑按照绿色建筑二星以上标准，其他建筑按照绿色建筑一星以上标准）。推动节能改造，提高能源使用效率。

（四）发展绿色交通

推动轨道交通引导的轴向发展，形成复合廊道，形成集约紧凑空间发展模式，促进职住平衡，缩短居民出行距离。鼓励公共交通、自行车等绿色交通出行，加强交通需求管理。计划至2035年，实现包括公共交通、非机动车、步行、清洁能源小汽车等在内的绿色出行占全方式出行比例达到85%左右。全面建设以提高效能、降低排放、保护生态为核心的绿色交通基础设施体系、运输装备体系和运输组织体系。

（五）推动“海绵城市”建设

贯彻低影响开发LID理念，建设“海绵城市”，完善城乡雨水排水体系，加强对强降雨的预警应急。保护河流、湖泊等天然“海绵体”，增加下凹式绿地、屋顶绿化等人工“海绵体”，充分发挥建筑、道路、绿地和水系等对雨水的吸纳、蓄渗和缓释作用，实现“增渗减排”和源头径流量控制，形成完善的排水防涝体系和初期雨水污染治理体系。鼓励开展雨水资源综合循环利用。到2035年，城市建成区80%以上的面积达到海绵城市建设目标要求。

三、环境保护和生态建设规划

在《上海市环境保护和生态建设“十四五”规划》中，明确到2025年，生态环境质量稳定向好，生态服务功能稳定恢复，节约资源和保护环境的空间格局、产业结构、生产方式、生活方式初步形成，生态环境治理体系和治理能力现代化初步实现，让绿色成为上海城市发展最动人的底色，成为人民城市最温暖的亮色，为早日建成令人向往的生态之城和天蓝地绿水清的美丽上海奠定扎实基础。主要指标主要体现在：

（一）环境质量方面

到2025年，大气六项常规污染物全面稳定达到国家二级标准，部分指标优于国家一级标准。其中，PM2.5年均浓度稳定控制在35微克每立方米以下；AQI优良率稳定在85%左右，全面消除重污染天气；集中式饮用水水源地水质稳定达到或好于Ⅲ类，地表水达到或好于Ⅲ类水体比例达到60%以上，重要江河湖泊水功能区基本达标，河湖水生态系统功能逐步恢复；土壤和地下水环境质量保持稳定；近岸海域水质优良率稳定在14%左右。

（二）环境治理方面

到 2025 年，城镇污水处理率达到 99%，农村生活污水处理率达到 90% 以上，生活垃圾回收利用率达到 45% 以上；受污染耕地安全利用率和污染地块安全利用率达到 95% 以上；森林覆盖率达到 19.5% 以上，人均公园绿地面积达到 9.5 平方米以上；湿地保护率维持 50% 以上，生态系统功能逐步恢复。

（三）绿色低碳发展方面

主要污染物减排完成国家相关要求，碳排放总量提前实现达峰，单位生产总值二氧化碳排放、单位生产总值能源消耗、万元生产总值用水量持续下降并完成国家要求，农田化肥施用量和农药使用量分别下降 9% 和 10%。

第二节　绿色产业转型与发展的政策措施

目前，绿色产业的定义还没有一个统一的认识，不同的研究机构和学者从不同的角度给其定义，但是各个定义的核心内涵基本上是一致的，即产品和服务用于防治环境污染、改善生态环境、保护自然资源有利于优化人类生存环境的新兴产业。与其他产业相比，绿色产业最突出的特征就是其对于环境和人体健康的有利性。具体特征包括：采用对生态环境具有亲和力的绿色技术，生产全过程对人体、环境无损害或损害很小，消费中及消费后的循环化。

一、上海市产业结构特征

（一）产业结构特征

上海市第一、二、三产业增加值自 1995 年开始，其中第三产业增加值增加幅度最为明显，由 1995 年的 1020.2 亿元增加到 2020 年 28307.54 亿元，尤其是 2008 年到 2009 年增幅最大，达到 1580.42 亿元。

从图 4–1 可以发现，第一产业增加值占 GDP 比重呈下降趋势，而第三产业增加值占 GDP 比重逐年增加，2020 年上海市第三产业增加值占 GDP 比重达 73.15%。第一和第三产业增加值占 GDP 比重的趋势差异化明显，第三产业比重随经济发展水平不断提高，不仅是产业结构优化的必然结果，更是经济发展总量和质量进一步提高的必要条件。随着人民生活富裕程度的增加，第三产业在经济中的地位逐步提高，对经济的贡献越来越大。第二产业增加值占 GDP 比重在 30% 左右波动，变化不大。

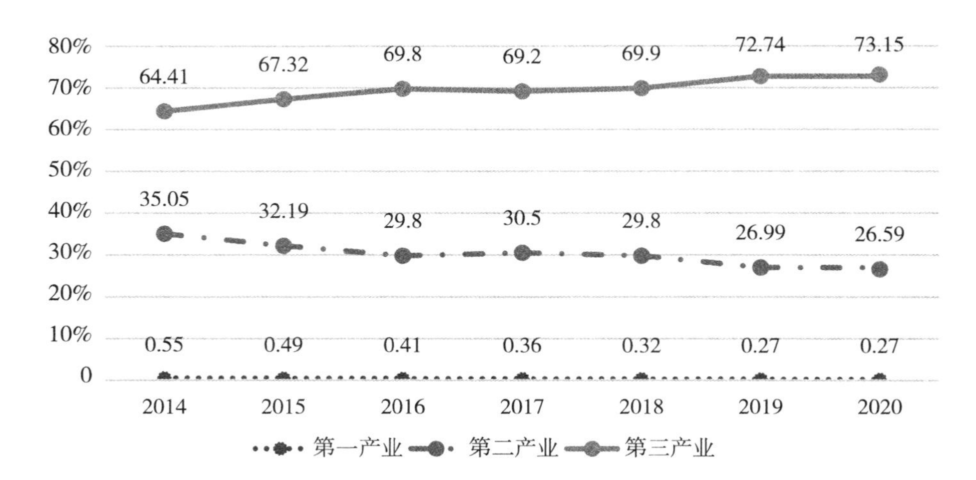

图 4–1 上海市三大产业占 GDP 比重统计图（2014—2019 年）

数据来源：2019 年数据来源于《上海市 2019 年国民经济和社会发展统计公报》，其他数据来源于《上海市统计年鉴》。

（二）工业结构特征

2020 年，上海市工业生产呈现总体平稳、稳中有变的发展态势。全年规模以上工业增加值比 2019 年增长 1.4%，实现工业总产值 37052.59 亿元，增长 1.6%。多数工业行业实现增长。分行业看，上海市工业行业总体保持增长态势。新经济新动能对上海市工业的拉动作用进一步发挥，工业战略性新兴产业完成总产值 13930.66 亿元，比 2019 年增长 8.9%，占全市规模以上工业总产值比重达到 40%。

根据表 4–1，六个重点行业实现平稳增长，2020 年六个重点行业实现工业总产值为 23784.22 亿元。其中，生物医药制造业得益于各项政策利好，生产形势良好。

2020 年全年规模以上工业产品销售率为 99.4%。全年新能源汽车产量 23.86 万辆，增长 1.9 倍；3D 打印设备产量 961 台，增长 23.2%；集成电路产量 288.67 亿块，增长 21.7%。全年规模以上工业企业实现利润总额 2831.81 亿元，比上年下降 2.3%；实现税金总额 1754.00 亿元，下降 0.6%。

规模以上工业企业亏损面为 21.6%。

表 4–1 上海市六个重要行业工业总产值 （单位：亿元）

指标	总产值	电子信息产品制造业	汽车制造业	石油化工及精细化工制造业	精品钢材制造业	成套设备制造业	生物医药制造业
2016	21001.28	6045.08	5781.58	3259.33	1060.17	3896.48	958.63
2017	23405.5	6505.04	6774.33	3798.68	1281.4	3978.73	1067.32
2018	23870	6450.23	6832.07	4006.76	1233.42	4171.7	1176.6
2019	23279.15	6140.93	6409.57	3923.83	1169.87	4315.06	1319.88
2020	23784.22	6466.23	6735.07	3488.97	1120.4	4556.95	1416.61

二、上海市产业能耗与污染排放

（一）单位 GDP 能耗

2020 年，上海市单位生产总值能耗进一步下降。其中，工业能源终端消费 5395.59 万吨标准煤，原煤消耗 422.24 万吨，焦炭消耗 623.90 万吨，燃料油消耗 3.20 万吨（见表 4–2）。自 2014 年开始，原煤、焦炭、燃料油的消费量都有所下降。

表 4–2 2012—2020 年上海市工业能源终端消费量统计表

年份	工业能源终端消费量（万吨标准煤）	原煤（万吨）	焦炭（万吨）	燃料油（万吨）	电力（亿千瓦 / 小时）
2012	5979.74	730.71	673.17	40.23	714.46
2013	6089.11	800.15	640.30	35.36	723.07
2014	5983.21	862.92	654.84	21.22	710.70
2015	5897.69	709.70	630.75	11.86	711.54
2016	5810.35	635.79	596.95	10.50	718.45
2017	5591.59	468.97	571.62	7.90	716.29
2018	5434.91	484.97	607.79	4.59	704.94
2019	5668.05	510.16	621.82	5.31	715.35
2020	5395.59	422.24	623.90	3.20	707.17

上海市 2017 年深入推进用能结构调整优化，强化负面清单管理，聚焦钢铁、化工、建材等高耗能行业，持续提升重点领域能效水平。统筹推进工业、

交通、建筑、公共机构等领域节能工作，着力实现绿色制造、绿色出行、绿色建设、绿色生活。2020年，上海单位生产总值（GDP）综合能耗比2019年下降0.5%左右，能源消费增量控制在450万吨标准煤以内。

（二）单位GDP电耗

近年来随着中国经济的大力发展，我国工业以及实体制造业得到了全面大力发展。国家对未来提出建设创新型国家的目标，使得工业及实体制造业的升级是一种必然的趋势，在这个过程中会不断淘汰掉一些高功耗低效率的机器，取而代之的是加大投入高效率低功耗的产业，从而不断地进行产业升级。

以上海的发展为例，近年来上海每年的电耗在不断地增加，但所带来的经济发展是成倍数地增加。从2006年开始，上海市的用电量就在稳步快速增加，到2020年用电量达到了1575.96亿千瓦时，虽然用电量的增长速度有所放缓，但总体仍处于一个稳步的增加过程。2018年，上海政府组织实施100余项工业节能改造项目，对164家重点用能企业开展落后机电设备、单耗限额等专项监察；推广应用新能源汽车61354辆，保有量突破16万辆，新能源汽车分时租赁上线网点超过3800个，建成港口岸电设备累计达到11套；完成既有建筑节能改造面积230万平方米，绿色建筑占新建建筑比重达到100%；推动建设45家全国节约型公共机构示范单位，市级机关及重点用能事业单位全年单位建筑面积能耗下降2.8%，将实现能源消费增量控制在240万吨标准煤以内，单位生产总值（GDP）综合能耗下降3.6%左右的目标。其中，工业领域力争实现能耗减量50万吨标准煤以上，规上工业单位增加值能耗下降3%左右，从而在降低能耗的同时保证了经济的发展。

（三）规模以上工业企业增加值能耗

2018年上海市发布的《上海市产业结构调整负面清单》，提高了钢铁、化工、建材、机械、纺织、轻工等15个行业的调整筛选标准。在“十三五”期间，上海市坚决淘汰“三高”落后产能，累计完成市级产业结构调整项目5908项，产业结构成片调整重点区域51个，实现铁合金、平板玻璃、皮革鞣制全行业退出；严控煤炭消费总量，煤炭消费总量占一次能源比重从37%下降到31%左右，非化石能源占比达到17.6%；推广新能源汽车42.4万辆，集装箱铁海联运达到 26.79 万标准箱。

这些措施使得上海能效水平稳步提升，“十三五”节能目标超额完成。2020 年规上工业用能总量同比减少 1.16%，同比下降 59.2 万吨标准煤，单位增加值能耗同比下降 2.8%；“十三五”用能总量累计下降 356 万吨标准煤，单位增加值能耗累计下降 17%，圆满完成总量下降 180 万吨标准煤、强度下降 15% 的“十三五”工业节能目标。

根据表 4–3，从上海市规模以上工业企业看，黑色金属冶炼和压延加工业、石油煤炭及其他燃料加工业、化学原料和化学制品制造业产值能耗量最大。

“十三五”期间，上海市重点推进石化化工、汽车及零部件制造、家具制造、木制品加工、包装印刷、涂料和油墨生产、船舶制造等行业 VOCs 治理，重点行业排放总量较 2015 年削减 50% 以上。

表 4–3　　上海市 2020 年规上工业分行业能耗情况

行业大类	综合能源消费量（万吨标准煤）	工业总产值（万元）	产值能耗（吨标准煤 / 万元）
黑色金属冶炼和压延加工业	1227.15	1120.40	10952.78
石油、煤炭及其他燃料加工业	974.47	1095.86	8892.29
化学原料和化学制品制造业	1411.67	2958.07	4772.27
化学纤维制造业	4.39	16.91	2596.10
非金属矿物制品业	75.93	702.81	1080.38
橡胶和塑料制品业	91.37	856.62	1066.63
其他制造业	4.77	46.72	1020.98
造纸和纸制品业	20.86	232.00	899.14
有色金属冶炼和压延加工业	26.19	338.34	774.07
纺织业	13.12	181.53	722.75
金属制品业	65.36	907.51	720.21
印刷和记录媒介复制业	13.32	185.53	717.94
农副食品加工业	22.36	327.18	683.42
木材加工和木、竹、藤、棕、草制品业	2.67	41.76	639.37
食品制造业	42.93	724.00	592.96
医药制造业	48.19	1000.35	481.73

续表

行业大类	综合能源消费量（万吨标准煤）	工业总产值（万元）	产值能耗（吨标准煤/万元）
铁路、船舶、航空航天和其他运输设备制造业	38.97	811.10	480.46
金属制品、机械和设备修理业	10.31	248.10	415.56
计算机、通信和其他电子设备制造业	225.47	5477.27	411.65
通用设备制造业	79.03	2951.69	267.74
电气机械和器材制造业	58.96	2226.11	264.86
汽车制造业	173.45	6735.07	257.53
纺织服装、服饰业	5.90	237.67	248.24
专用设备制造业	33.36	1385.01	240.86
家具制造业	5.83	276.92	210.53

三、上海市产业绿色转型的方向

按照“生态优先，绿色发展”总要求，立足工业节能和绿色发展主战场，加快产业结构升级，大力推进工业节能降碳，全面提高资源利用效率，积极推行清洁生产改造，提升绿色低碳技术、绿色产品、服务供给能力，着力构建高效、清洁、低碳、循环的绿色制造体系，支撑碳达峰碳中和目标如期实现。

（一）农业的绿色转型发展方向

围绕推进农业绿色发展，贯彻落实“人民城市人民建，人民城市为人民”重要理念，努力实现“五高”（高品质生产、高科技装备、高水平经营、高值化利用、高效益产出）。

1. 农业产业结构不断优化。地产农产品产量基本稳定，品种结构进一步优化，高效特色农业占比达到 85% 以上。

2. 绿色农产品比重显著提升。扩大绿色生产基地建设规模，地产绿色优质农产品占比达到 70%。地产农产品品牌覆盖率显著提升，打造 3~5 个具有市场影响力的区域公用品牌。

3. 科技装备处于国内领先。进一步提升农机装备质量水平，设施菜田绿叶菜生产机械化水平达到 60%。农业科技进步贡献率达到 80%。农业信息化覆盖率达到 80%。

4. 生态循环发展深入推进。大力推广绿色高效生产方式，化肥农药使用强度显著下降，耕地质量不断提升，农业废弃物综合利用率达到 99%。

5. 基本形成生态宜居的美丽乡村人居环境。农村生态环境质量明显改善，美丽乡村建设扎实推进，郊野自然风貌和乡土景观特色加快修复，崇明世界级生态岛建设加快推进，江南水乡文脉与上海传统农居风格进一步融合，城乡互联互通的基础设施条件进一步完善，农民居住条件得到进一步改善，农村环境更加宜居宜业宜游。

（二）工业的绿色转型发展方向

产业绿色发展体制机制进一步完善，绿色制造核心竞争力持续加强，绿色生产方式广泛形成，绿色低碳发展走在全国前列。制定 2025 年绿色发展目标。

1. 能源效率稳步提升。深入挖掘节能潜力，工业、通信业能源消费总量合理控制；相比 2020 年，规模以上工业单位增加值能耗下降 13.5%（以市政府下达目标为准）；持续推进重点行业对标管理体系建设，对标国际先进水平，供电煤耗、集成电路块电耗、乘用车单耗等处于国际先进水平。

2. 碳排放强度持续下降。规模以上工业单位增加值二氧化碳排放降低 15%（以市政府下达目标为准），钢铁、石化化工等重点行业碳排放总量控制取得阶段性成果。

3. 产业绿色发展能级提升。创建 200 家以上绿色制造示范单位，打造一批国家级示范，创建 10 家绿色设计示范企业，开展零碳工厂、零碳园区、零碳供应链建设试点；推动长三角生态绿色一体化示范区、自贸区临港新片区新建企业绿色工厂全覆盖，全市重点用能企业绿色创建占比达 25% 以上。

4. 污染物排放强度持续下降。有害物质源头管控能力持续加强，清洁生产水平显著提高，重点行业主要污染物排放强度持续下降。

5. 工业资源利用水平国内领先。一般工业固体废弃物综合利用率保持在 95% 以上，大宗工业固废综合利用率保持在 99% 以上。万元工业增加值用水量持续下降，节水型企业和园区建设取得显著成效。

四、上海市绿色产业发展的主要措施

（一）绿色农业的发展措施

绿色是农业永续发展的必要条件，必须促进农业资源利用方式由高强度利用向节约高效利用转变，注重农业资源在不同产业、不同群体和不同时段的合理配置，形成农业可持续发展体系。

1. 推进现代农业高质量发展

（1）推行绿色生产方式。积极推进国家农业绿色发展先行区创建，地产农产品产量基本稳定，品种结构进一步优化。到 2025 年，实现以下目标。开展农产品绿色生产基地建设，绿色生产基地覆盖率达到 60%，绿色农产品认证率达到 30% 以上。开展化肥农药减量增效行动，推进 10 万亩蔬菜绿色防控集成示范基地和 2 万亩蔬菜水肥一体化项目建设。建设 12 家美丽生态牧场。建设 100 家国家级水产健康养殖示范场，水产绿色健康养殖比重达到 80%。实施农业光伏专项工程，结合设施农业项目建设农光互补、渔光互补项目。

（2）推进生态循环农业发展。到 2025 年集中打造 2 个生态循环农业示范区、10 个示范镇、100 个示范基地。加强农药包装废弃物和农业薄膜回收处置，基本实现全量回收。畜禽养殖废弃物和粮油作物秸秆资源化利用实现全覆盖。市域内 80% 规划保留规模化水产养殖场完成尾水处理设施建设。加强地产农产品生产价格监测，建立完善产销信息共享机制。推进横沙东滩现代农业园区建设。

2. 全面提升农村人居环境

（1）提升村容村貌。实施村庄改造全覆盖，以镇为单位，兼顾村庄内外，深入开展“四清、两美、三有”村庄清洁行动计划。着力整治村域公共空间环境卫生，引导和支持农民美化庭院环境。开展“四好农村路”建设和示范镇、示范路创建工作，推进农村公路提档升级、改造、安全隐患整治年度计划落实落地。

（2）推进农村水环境整治。开展农村河道小流域治理。持续加大水环境治理力度，强化农村地区入河排污口的排查整治，开展生态清洁小流域建设，建设45个生态清洁小流域。加快农村生活污水治理，推进农村生活污水处理设施建设，农村生活污水处理率达到90%以上，强化对设施运行和出水水质的监督检查，逐步推进老旧设施提标改造。推进农业面源污染和农村水环境协同治理。进一步完善农业农村生态环境监测体系，重点加强对乡村振兴示范村周边环境质量的监测，开展农业面源污染排放对水环境影响的监测评估。

（3）提升农村垃圾治理水平。不断完善农村环卫基础设施建设，深化农村垃圾分类和收集模式，分类收集、分类运输、分类处置，保持100%农村生活垃圾有效收集。持续推进农村生活垃圾减量和资源化利用，到2025年，推动全市95%农村生活垃圾分类实现创建达标，生活垃圾回收利用率达到45%以上。

3. 加强乡村生态建设

（1）扎实推进农业面源污染防治。进一步完善农业农村生态环境监测体系建设。继续实施耕地轮作休耕制度，优化施肥结构，推广病虫害绿色防控技术，提高化肥农药利用率。继续推进受污染耕地安全利用，加强耕地土壤污染防治，建立拟开垦耕地的土壤污染管理机制，确保新增耕地的环境质量和安全利用。推进农业废弃物资源化利用，无法实现资源化利用的按要求规范处置。优化水产养殖空间布局，合理控制养殖规模和密度，严格水产养殖投入品管理，80%的规划保留水产养殖场完成尾水处理设施建设和改造，促进尾水循环利用。

（2）继续推进乡村绿化造林和郊野公园建设。推进生态廊道、农田林网和“四旁林”建设，落实造林计划。在符合耕地保护要求的前提下，推进开放林地建设，实施村庄绿化。持续推进郊野公园建设，优化完善已开园运营郊野公园的配套设施，统筹推进郊野公园建设管理，进一步发挥郊野公园在乡村振兴、生态建设、产业发展等方面的作用，加强景观设计和配套设施建设，在增强野趣和风貌的同时，因地制宜满足市民游憩体验和休闲服务需求，不断提升郊野公园“造血能力”。

（3）加快建设崇明世界级生态岛。坚持生态立岛，丰富生态服务功能，提升生态产品供给能力，塑造崇明特色的乡村风貌。以花博会为契机，着力打造崇明“海上森林花岛”，构建“绿化、彩化、珍贵化、效益化”典范。抓好长江“十年禁渔”工作，加强长江口生态环境修复和保护。

（二）绿色工业的发展措施

1. 应对气候变化，实施工业碳达峰行动

（1）制定工业碳达峰实施方案。加强工业碳达峰碳中和顶层设计和系统谋划，编制工业碳达峰实施方案，提出工业整体和重点行业碳达峰路线，明确实施路径，推进各行业落实碳达峰目标任务，有序推进碳达峰。

（2）推进重点行业降碳。大力推进钢铁生产工艺从长流程向短流程转变，提高废钢回收利用水平；加快推进电炉项目建设，推进高炉加快调整，提高电炉钢比重；推进炼铁工艺和自备电厂清洁能源替代。大力推进石化化工产业升级，提高低碳化原料比例，推动炼油向精细化工及化工新材料延伸，促进产业链上下游协同增效；推进上海化工区、宝武、闵行区、崇明区等创建零碳低碳园区。

2. 优化结构布局，合理配置能源资源

（1）打造先进高端产业集群。以集成电路、生物医药、人工智能三大先导产业为引领，加快发展电子信息、生命健康、汽车、高端装备、先进材料、时尚消费品六大重点产业，构建先进制造体系，带动整个产业绿色低碳发展。推动绿色制造领域产业融合化、集群化、生态化发展，培育一批专精特新“小巨人”企业和制造业单项冠军企业。

（2）推动传统行业低碳升级。抓好煤炭清洁高效利用，推动燃煤发电机组效率持续提升。多措并举加快钢铁、石化化工、装备制造等行业实施绿色化升级改造，优化产业结构，推进南北转型，推动落后产能退出，盘活低效土地资源。落实“两高”项目管理要求，全面排查在建项目，实行项目清单管理、分类处置、动态监控，对新增项目建立市级联合评审机制，提高准入门槛，严格实施节能、环评审查。

3. 推进环保攻坚，全面促进清洁生产

（1）削减污染物排放，实施清洁生产提升。开展源头控制与过程削减协同，针对重点行业、重点污染物排放量大的工艺环节，研发推广减污工艺和设备，开展应用示范。实施清洁生产水平提升工程，削减大气、水、土壤等污染物排放，推进化工、医药、集成电路等行业清洁生产全覆盖；推进1000家企业开展清洁生产审核；围绕长三角生态绿色一体化发展示范区建设目标，重点推进朱家角工业区清洁生产示范园区建设。

（2）开展工业节水专项行动。强化计划用水限额管理，鼓励重点用水企业、园区建立智慧用水管理系统。持续推动工业重点用水企业节水技术改造，优化工艺和循环冷却水利用，加强废水资源化利用，促进企业间水资源共享和水资源梯级利用，提高工业用水重复利用率。大力培育节水服务机构，开展合同节水、智慧节水、非常规水源利用示范试点。积极推动高耗水工业企业水效对标，推进节水型企业和节水型园区建设，打造一批节水型企业。

4. 健全绿色制造体系，激发绿色发展新动能

（1）开展新一轮绿色制造体系建设。持续推进绿色工厂、绿色园区、绿色产品、绿色供应链建设。实施对绿色制造名单的动态管理，强化效果评估，建立有进有出的动态调整机制。在集成电路、生物医药、人工智能产业打造10家国内标杆绿色工厂，在电子信息、生命健康、汽车、高端装备、先进材料、时尚消费品等高端产业，形成10条具有代表性的绿色供应链，在汽车、医药、化工等领域打造一批具有领军作用绿色企业，在电气电子、机械装备、再制造等行业形成10家绿色设计示范企业。推进零碳工厂、零碳园区、零碳供应链试点建设。

（2）完善绿色标准体系建设。构建绿色制造标准体系，加快能耗、水耗、碳排放、节能管理等标准制修订及宣贯应用。结合上海市产业特点，制订市级绿色产品标准，发布市级绿色产品目录；结合上海市特色产业园区、生产性服务园区、精品微园等，制订绿色园区评价标准；结合生产性服务、供应链管理、集团化管理企业，制订绿色供应链管理标准。

（3）提升绿色低碳设计能力。加快工业产品全生命周期资源消耗、能源消耗、污染物排放、人体健康影响等要素的基础数据库建设。推广系统考虑产品全生命周期资源消耗、碳排放的绿色产品设计，推进资源、能源高效利用的绿色工厂设计，强化布局集聚化、结构绿色化、链接生态化的绿色园区设计理念。

（4）强化绿色低碳服务。加强电子商务和信息化、研发设计、检验检测、

物流仓储等生产性服务业绿色低碳升级。加快发展绿色集成综合服务，支持制造业企业整合上下游资源，提供设计、采购、制造、工程施工、运维管理等系统解决方案。围绕节能节水、环境保护、资源循环利用等领域，打造一批各具特色的绿色管家，为企业提供个性化定制服务。发挥上海产业链综合优势，多措并举搭建绿色服务综合平台，促进制造业、服务业务融合。

（三）绿色运输体系的建设

到 2025 年，道路运输结构持续优化，运输服务能力和品质明显增强，绿色出行环境显著改善，信息化引领取得新突破，行业治理能力全面提高，道路运输在综合运输体系中的作用与优势得到充分发挥，初步建成“人本化、智慧化、一体化、清洁化、强监管、重服务”的高品质道路运输体系，为经济社会发展和加快交通强市建设提供有力支撑保障。其中，清洁化的指标见表 4–4。具体措施包括：探索绿色养护材料和技术研发应用，积极推广运输装备升级应用，加快完善充电基础设施建设，强化公众绿色出行理念，挖潜道路运输节能降碳潜力。

表 4–4　道路运输行业的清洁化指标

规划指标	指标值	指标属性
新能源和清洁能源公交车比例	96%	控制性
新增或到期更新的巡游出租汽车中，新能源车辆的使用比例	100%	引导性
市内定制客运新增车辆新能源或清洁能源车辆比例	100%	控制性
新增城市配送车辆新能源比例	100%	引导性

第三节　构建宜居环境的政策措施

应对全球气候变暖、极端气候频发等趋势，针对当前生态空间被逐步蚕食，城市游憩空间相对匮乏、环境质量下降等问题，上海必须坚持节约优先、保护优先、自然恢复为主的方针，致力于转变生产生活方式，推进绿色低碳发展，建设多层次、成网络、功能复合的生态空间体系，构建政府为主导、企业为主体、社会组织和公众共同参与的环境治理体系。加强基础性、功能型、网络化的城市基础设施体系建设，提高市政基础设施对城市运营的保障能力和服务水平，增加城市应对灾害的能力和韧性。

一、绿色生态城区建设

绿色生态城区是指以创新、生态、宜居为发展目标，在具有一定用地规模的新开发城区或城市更新区域内，通过科学统筹规划、低碳有序建设、创新精细管理等诸多手段，实现空间布局合理、公共服务功能完善、生态环境品质提升、资源集约节约利用、运营管理智慧高效、地域文化特色鲜明的人、城市及自然和谐共生的城区。建设绿色生态城区，既是对绿色建筑发展外延和内涵的拓展，也是转变城市发展方式的必然选择，更是建设生态之城的必由之路。

上海将转变城市发展模式，强化底线约束，加强空间、人口、资源、环境、产业的统筹，推进城市发展从规模扩张向精明增长转变。由此，协调好空间、人口、资源、环境和产业之间的关系将成为未来城市发展的重要工作。

（一）建设四大生态区域

一是建设崇明世界级生态岛，锚固生态基底，积极保护东滩、北湖、西沙等长江口近海湿地以及各类生物栖息地，运用生态低碳技术建设低碳宜居城镇，成为国际生态示范区域。二是建设环淀山湖水乡古镇生态区。注重青西湖泊群以及黄浦江上游地区生态保护，加强古镇古村保护，恢复和维护水乡风貌，体现江南水乡文化特征，形成低密度发展的水乡生态示范区。三是保护长江口及东海海域湿地区。保护和管控九段沙湿地、崇明东滩等重要湿地空间，保护国际鸟类迁徙通道。四是建设杭州湾北岸生态湾区，保护金山三岛，构建连续生态岸线，提升沿线城镇生态环境品质和休闲功能，严格控制沿岸大型产业区对城镇和岸线生态环境的影响。

（二）完善市域生态环廊

至 2035 年，确保市域生态用地（含绿化广场用地）占市域陆域面积比例达到 60% 以上，森林覆盖率达到 23% 左右，河湖水面率达到 10.5% 左右。在主城区范围内强化土地用途管制，加大整理复垦力度，通过建设用地减量及林带建设，开展生态修复，在主要节点处推进大型公园建设，形成近郊绿环以及顾村杨行、嘉宝、沪宁铁路、吴淞江、沪渝高速、淀浦河、沪杭铁路、申嘉湖、吴泾、黄浦江、浦闵、外环运河、川杨河、张家浜、赵家沟、滨江 16 条生态间隔带，宽度控制在 100 米以上，防止主城区进一步蔓延。至 2035 年，近郊绿环和生态间隔带内的建设用地占比控制在 20% 以下，森林覆盖率达到 50% 以上。

郊区通过建设用地减量以及水系、林地建设形成嘉宝、嘉青、青松、黄浦江、大治河、金奉、浦奉、金汇港、崇明 9 条市级生态走廊，宽度按照 1000 米以上控制。上海市生态走廊规划建设用地占比及森林覆盖水平控制情况见表 4–5。加大财政投入，整合涉农资金，吸引社会投资，在市域生态走廊内推进土地综合整治，开展高标准农田建设。改善沿河生态环境，建设区级生态走廊。推进重要节点郊野公园（区域公园）建设，保护并修复野生动物栖息地和迁徙走廊。

表 4–5　　生态走廊规划建设用地占比及森林覆盖水平控制一览表

编号	生态走廊名称	现状建设用地占比	规划建设用地占比	规划森林覆盖率
1	崇明生态走廊	9%	≤ 5%	≥ 55%
2	大治河生态走廊	20%	≤ 8%	≥ 50%
3	黄浦江生态走廊	16%	≤ 10%	≥ 45%
4	嘉宝生态走廊	36%	≤ 15%	≥ 50%
5	嘉青生态走廊	32%	≤ 12%	≥ 50%
6	金奉生态走廊	16%	≤ 10%	≥ 55%
7	金汇港生态走廊	24%	≤ 11%	≥ 50%
8	浦奉生态走廊	14%	≤ 8%	≥ 50%
9	青松生态走廊	26%	≤ 15%	≥ 40%
合计		18%	≤ 10%	≥ 50%

（三）建设城乡公园体系

完善由国家公园、郊野公园（区域公园）、城市公园、地区公园、社区公园组成的城乡公园体系。主城区结合楔形绿地、外环绿带以及产业用地转型推进绿地建设，增加若干处 100 万平方米以上的城市公园。郊区结合现有生态资源推进国家公园以及郊野公园（区域公园）建设，建成 1 处以上的国家公园以及 30 处以上郊野公园（区域公园）。在每个新城建成 1 处面积 100 万平方米以上的城市公园，满足市民的休闲游憩需求。建设城市公园、地区公园、社区公园以及街头绿地等公园绿地。至 2035 年，力争实现全市开发边界内 3000 平方米公园绿地 500 米服务半径全覆盖，人均公园绿地面积力争达到 13 平方米以上。

（四）健全生态保护机制

落实国家国土空间开发保护制度和主体功能区配套政策，建立市场化、多元化生态补偿机制。完善生态环境长期跟踪监测和定期评估考核体系。建立生态环境保护社会共同参与制度，积极引导全社会参与生态空间保护、建设和监督。引入高效率、多样化的生态环境管治模式。加强生态空间内建设项目用途管制。建立水、田、林保护与建设的综合生态补偿机制。

二、引导绿色生活方式

以绿色生活方式为引领，促进生活垃圾减量。通过发布绿色生活方式指南等，引导公众在衣食住行等方面践行简约适度、绿色低碳的生活方式。

（一）提高生活垃圾减量化

《上海市生活垃圾管理条例》已由上海市第十五届人民代表大会第二次会议于 2019 年 1 月 31 日通过，从 2019 年 7 月 1 日施行，自此“垃圾分类”成为上海绿色生活方式的重要组成部分。在该管理条例上，将垃圾分类为可回收物、有害垃圾、湿垃圾、干垃圾四类。在干垃圾全面无害化处理和能源回收利用的基础上，扩大生活垃圾分类收集、运输、处理的覆盖区域，不断提高城市生活垃圾可再生资源回收利用效率和湿垃圾资源化利用的标准化、规范化管理水平。

（二）开展建筑垃圾治理

摸清建筑垃圾产生现状和发展趋势，加强建筑垃圾全过程管理。强化规划引导，合理布局建筑垃圾转运调配、消纳处置和资源化利用设施。加快设施建设，形成与城市发展需求相匹配的建筑垃圾处理体系。开展存量治理，对堆放量比较大、比较集中的堆放点，经评估达到安全稳定要求后，开展生态修复。在有条件的地区，推进资源化利用，提高建筑垃圾资源化再生产品质量。

（三）提升再生资源回收利用水平

探索再生资源回收与生活垃圾清运体系的“两网协同”，逐步推进再生资源回收设施与市容环卫设施的规划与建设衔接。优化固废综合利用和循环经济产业园区布局，推进现有企业产业聚集和能级提升。加大建筑废弃物、餐厨废弃物以及农作物秸秆等各类废弃物的资源化利用力度，加快推进资源化利用设施和改造提升。培育再生资源回收主体企业，拓展多元化回收渠道，推进实施再生资源回收示范工程。

三、生态环境监测

在2016年的《上海市生态环境监测网络建设实施方案》中提出，上海到2018年，明确各级各类生态环境监测事权和职责分工，初步建成覆盖全市环境质量、重点污染源、生态状况的生态环境监测网络；生态环境监测配套制度、标准和技术规范体系基本完善。到2020年，建成全市生态环境监测大数据平台，形成符合上海城市特点和发展要求，陆海统筹、天地一体、上下协同、信息共享的高水平生态环境监测网络，监测预报预警、环境风险防范、信息化水平明显提升，监测与监管协同联动、部门会商等工作机制进一步完善，为建成生态宜居的现代化国际大都市提供有力保障。主要任务包括：

（一）建设和完善全市生态环境监测网络

建设涵盖环境空气、地表水、地下水、海洋、土壤、噪声和辐射等要素，布局合理、功能完善的环境质量和污染源监测网络，完善环境监测质量控制体系，按照统一的标准规范，开展监测和评价，客观、准确地反映环境质量和污染物排放状况。

（二）实现全市生态环境监测信息联网共享和统一发布

通过整合现有资源和终端，优化数据采集流程和网络，由市环保局牵头构建全市生态环境监测大数据平台，构建市、区两级生态环境监测数据有效汇聚和互联共享机制，并实现全市生态环境监测信息统一发布。

（三）提升生态环境监测预报预警水平与风险防范能力

加强环境质量监测预报预警，优化上海市复合型大气污染监测预警体系，建设长三角区域空气质量预测预报中心和长三角环境气象预报预警中心，全面提升上海市和长三角区域空气质量预测预报能力和污染预警水平。强化重点监管企业自动监控和重点监管区域的追踪溯源，完善重点排污单位污染排放自动监测与异常报警机制。提升生态环境风险监测评估和风险防控能力，定期开展全市生态状况调查与评估，划定生态保护红线区域，实施分级分类管控，配套实施生态补偿等相关制度，提升区域生态服务功能。

第四节　促进资源可持续利用的政策措施

一、水资源保护

（一）提升水环境质量

提升城乡水体生态功能。进一步提高水系自然连通性，加强水环境生态修复，提高河道水质，强化农村地区中小河道治理。通过截污、扩容、升级等措施完善城镇污水处理系统，提高污水污泥处理效能和资源能源回收利用水平，加强农村生活污水及垃圾处理设施建设，提高城乡污水处理率。

全面恢复水生态系统功能，基本实现水（环境）功能区达标。其中，饮用水水源一级和二级保护区水质达到Ⅱ～Ⅲ类地表水标准，长江口水质达到Ⅱ类标准，黄浦江上游准水源保护区、崇明岛和横沙岛达到Ⅲ类标准，浦东北部地区、青松地区、蕰藻浜以北的嘉宝地区、南汇新城地区和长兴岛达到Ⅳ类标准，浦西中心城区和杭州湾沿岸地区达到Ⅴ类标准。至2035年，全市地表水水质达到水（环境）功能区要求，进一步提升水生态系统功能，保持地下水环境质量稳定并持续改善，逐步提升主城区水环境质量，达到Ⅳ类标准。至2035年，集中式饮用水水源地水质达标率99%。

（二）加强水资源的监测

结合全面推行“河长制”要求，优化和完善各级河道监测断面（点位），加强出入境断面、重要湖泊水质监测；加强从饮用水水源到水龙头的全过程监控，定期监测和检测饮用水水源地、供水厂出水和用户水龙头水质；完善地表水环境自动监测站点布设，结合水务部门省市边界、长江口等水文监测站网建设，由环保部门牵头，构建涵盖省界来水、饮用水水源地和各区考核断面、特定功能区的上海市地表水环境预警监测与评估体系，实现水质、水文数据实时监测共享；结合土壤环境质量监测，以浅层地下水为重点，完善地下水环境质量监测网络，包括规划国土资源、水务部门的区域监测网和环保部门的重点污染源（含大型市政基础设施）专项监测网。

（三）建设节水型城市

针对上海本土水资源承载能力的硬约束和国家对上海市水资源开发利用总量控制的“天花板”约束，实施最严格水资源管理制度，至 2035 年，年用水总量控制在 138 亿立方米。开源与节流并重，提高水资源供应能力，进一步转变水资源利用方式，强化水资源的多源统筹、循环高效使用，不断提高用水效率，优化用水结构，控制取用水总量。万元地区生产总值（GDP）用水量控制在 22.5 立方米以下，万元工业增加值用水量控制在 33 立方米以下。

（四）保障市域水源地安全

完善“两江并举，多源互补”供水格局。进一步开拓黄浦江、长江口水源地。加强对咸潮入侵及海水倒灌的防范管理。提高黄浦江水源地供水安全保障，建立黄浦江上游原水系统应急机制。提高市域水源地供水联动，实现长江、黄浦江多水源互补互备。加强地下水的应急备用能力建设，建立地下水应急备用开采井布局系统。鼓励雨水、再生水利用，提倡水资源的梯级利用，提高水资源利用率，提升供水能力。

二、大气环境保护

（一）改善空气质量

以 PM2.5 和臭氧污染控制为重点，完成燃煤机组超低排放改造和集中供热锅炉清洁能源替代，推进工业企业大气污染物协同控制，加强机动车检测监管和尾气治理，继续推广新能源汽车，推进老旧车辆淘汰，加强船舶、非道路移动机械污染控制，深化扬尘污染、秸秆焚烧、餐饮油烟等污染治理。到 2025 年，环境空气质量（AQI）优良率全面稳定在 8% 左右，消除重污染天气。

（二）大气环境监测

以跟踪评估上海市大气污染防治成效和大气生态环境变化为目标，全面完善以 PM2.5 和臭氧为核心的环境空气质量监测网络，优化环境气象、交通环境空气、产业园区空气特征污染物、扬尘等专项监测网络；以解析复合型大气污染成因和来源为目标，组建以超级站网络和系留气球垂直观测系统为主体的国家级大气科学观测研究平台，建立大气化学组分网，完善大气污染排放清单定期更新机制，逐步提高上海市污染来源追踪与解析能力。

三、土壤环境保护与污染治理

结合工业用地减量化和城市更新开展土壤污染治理修复。严格环境准入，强化新建项目土壤环境影响评价。控制农业面源污染，优先实施耕地和水源保护区土壤保护，改善和提升城乡土壤环境。至 2035 年，受污染耕地安全利用率达到 100%，污染地块安全利用率达到 100%。有效控制住宅、学校、公共设施等环境敏感性用地的水土环境质量风险，加强周边地区土地利用的用途管制和开发建设管理。加强重点工业区以及垃圾焚烧厂、污水处理厂等市政设施周边的土壤环境风险防控。

建立完善资源整合、信息共享的土壤环境质量监测监控体系，探索建立区域土壤污染治理与新增建设用地挂钩机制。开展土壤环境状况监测、调查和评估，明确污染地块名录，划定管控区域，确定开发利用负面清单，加强土地征收、收回、收购及转让、改变用途等环节的监管，土地开发利用必须符合土壤环境质量要求。严格保护耕地，适度进行耕地休耕和轮作。合理进行产业布局，加强工业企业周围、交通干线沿线等地区农田土壤的环境跟踪监测、污染防控和用途调整，保障本地农产品安全。

第五章　上海市区域绿色发展

生产是人类活动与自然生态系统之间联系的主要界面，产业活动是人类发展与生态环境最敏感的结合点。各区域的绿色发展直接关乎整个上海市绿色发展的进程，综合考虑人文、社会环境等因素，下文将上海绿色发展规划分为典型区域、产业园区和流域三个区域。本章将从这三个区域分开展现上海市生态文明和绿色发展的历程、现状和未来的规划，并根据各区域的不同发展特色，如旅游资源丰富的崇明生态岛、高新技术发达的张江高科技园区、水资源富饶的淀山湖区域，构建不同的发展蓝图。

第一节　典型区域绿色规划

一、崇明世界级生态岛

崇明位于长江入海口，东同江苏省启东隔水相邻，东南濒东海，西南与浦东新区、宝山区和江苏省太仓市隔江相望，北同江苏省海门市一水之隔，是中国第三大岛、世界上最大的河口冲积岛，其面积有1200.68平方千米，占上海陆域面积近五分之一。崇明岛作为上海重要的生态屏障，对长三角、长江流域乃至全国的生态环境和生态安全具有重要的意义。

（一）区域概况

崇明岛地处咸淡水交汇处，水产资源丰富，鱼类繁多。岛内河湖水系形成了丰富的河道、湖泊、湿地资源，环岛滩涂资源丰富，其中东区滩和北区黄瓜沙最为集中。崇明岛具有丰富的生态资源、独特的人文资源以及特有的土特产资源，其中生态旅游资源有地文景观、生物景观、水域风光、生物景观、天象与气候景观。

2021 年，崇明区全区实现增加值 409.72 亿元，按可比价格计算，比 2020 年增长 4%，比 2016 年的 295.29 亿元增加 114.43 亿元，五年年均增长 5%。其中，第一产业增加值 23.44 亿元，比 2020 年下降 2.4%；第二产业增加值 107.35 亿元，比 2020 年增长 5.3%；第三产业增加值 278.93 亿元，比上年增长 4%。三次产业结构比为 5.7 ∶ 26.2 ∶ 68.1，与 2020 年相比，第一产业占比下降 0.2 个百分点，第二、三产业占比均提高 0.1 个百分点。

至 2021 年末，全区共有户籍人口 67.29 万人，比上年减少 0.29 万人。全年户籍人口出生 2018 人，出生率 2.99‰；死亡 7271 人，死亡率 10.78‰；人口自然增长率为 –7.79‰。

人口分布与区域自然条件和社会经济条件的差异基本一致，主要分布在沿长江南支一侧，而北部地区与东部地区人口密度较低。

（二）区域绿色发展现状

上海市委、市政府坚持从全市大局出发，以战略眼光推进崇明生态岛建设，坚持三岛联动，积极探索生态发展新模式，生态立岛理念深入人心，生态岛的基础和轮廓基本形成，经济社会发展取得长足进步，国内外影响力不断上升，为未来发展奠定了坚实基础。

1. 在全市生态格局中的重要性日益突出

在采取严格保护的背景下，崇明建设用地迄今占比仅为 17.4%，本岛湿地与农田生态系统占比均超 30%，为全市提供了约 40% 的生态资源和 50% 的生态服务功能。崇明环境质量明显优于全市平均水平，地表水主要水体水质稳定改善，青草沙水库成为全市最重要的饮用水水源地，全市达到功能区目标的河道 80% 位于崇明。

截至 2020 年底，全区森林面积 52.7 万亩，森林覆盖率 30.05%，活立木总蓄积 202 万立方米；公园绿地面积达 537.32 公顷，人均公园绿地面积 8.33 平方米；自然湿地保有量 24.8 万公顷，湿地保护率 59.38%；湿地生物多样性丰富，湿地植被群系占全市近半数；崇明三岛占全球种群数量 1% 以上水鸟物种数增长至 14 种，为全球生物多样性保护作出重要贡献（见表 5–1）。

表 5–1　　崇明区生态空间现状重要指标一览表

序号	指标名称	类　型	现状数值
1	森林覆盖率（按照土地面积 1170 平方千米）	建设指标	30.05%
2	人均公园绿地面积		8.33 平方米
3	湿地保护率	管理指标	59.38%
4	占全球种群数量 1% 以上的水鸟物种数		14 种

2. 经济社会发展呈现新亮点

高效生态农业持续发展，占全市农业产值的比重接近 20%，成为全市重要的“菜篮子”和绿色农副产品的主要供应基地。产业结构调整深入推进，“三高一低”企业关停并转持续深入，落后产能逐步淘汰，长兴岛海洋装备产业初具规模。生态旅游加速与农业、体育、文化等融合发展。运动休闲、健康养老、文化创意、研发商务等新经济正在兴起。社会民生持续改善，教育、卫生、体育、文化等社会事业水平逐步提升，市级三甲医院与崇明中心医院、第二医院、第三医院合作全面展开，农村综合帮扶深入实施，社会保障水平明显提升。崇明的生活垃圾分类减量工作目前也已覆盖全区 18 个乡镇，269 个行政村，129 个居住小区，1628 家机关企事业单位，5282 家沿街商户，34.5 万户居民，基本建成较为完整的分类收集、分类运输和分类处置体系，全面实现生活垃圾分类减量全覆盖。

对照建设生态岛的要求，崇明的发展也面临一些瓶颈和挑战：一是自然生态仍不够稳固，生态环境本底条件比较脆弱，环境质量容易受到气候等各种因素影响，特色和优势不够突出，相对于不断升级的生态需求，优质有效供给仍显不足。二是与生态岛相配套的软硬件支撑体系需要全面构筑。内外交通模式尚不清晰，综合交通等基础设施体系尚未建立；土地集约化程度不高，城镇规划建设水平相对滞后，村庄布局分散；公共服务和社会事业等方面还存在诸多短板。三是生态岛建设的思想认识仍需进一步深化提高，与生态岛建设相关的体制机制需要加快理顺，人才、管理等软环境水平亟待提高。四是促进生态优势向发展优势转化的路径需要加快探索，经济社会发展的内生动力和活力需要进一步增强，生态惠民的力度需要进一步加大。

（三）区域绿色发展规划

崇明作为最为珍贵、不可替代、面向未来的生态战略空间，是上海重要的生态屏障和21世纪实现更高水平、更高质量绿色发展的重要示范基地，是长三角城市群和长江经济带生态环境大保护的标杆和典范，未来要努力建成具有国内外引领示范效应、社会力量多方位共同参与等开放性特征，具备生态环境和谐优美、资源集约节约利用、经济社会协调可持续发展等综合性特点的世界级生态岛。

“十三五”时期是崇明世界级生态岛建设开局起势、稳步推进的关键阶段。崇明作为上海生态文明建设先行者，面对没有先例可循的世界级生态岛建设全新事业，不断探索生态空间品质提升战略及路径，加强生态建设发展与创新实践。聚焦公益林（生态廊道）、公园绿地及湿地等生态空间管理能级提升，同时举全区之力营造全社会植树造林氛围，圆满完成市政府交予的森林覆盖率任务；湿地修复和野生动物栖息地建设如火如荼，先后实施西沙湿地公园生态修复、新村乡麋鹿极小物种栖息地项目；公园绿地建设进入快速发展时期，相继建成颇具规模的公园绿地，防护绿地和附属绿地建设有序推进。

在“十三五”期间，崇明区建成各类生态廊道5.14余万亩，打造三星海棠花溪等一大批高品质新造林项目，完成开放休闲林地建设项目4个；新增立体绿化面积5万平方米，完成绿道建设134千米，形成“通绿脉、织水网、看春花、赏飞鸟”的生态绿道格局；积极探索北沿地区湿地生态修复，实施互花米草治理超3000亩，完成种青复绿1400亩；发挥长江河口生态安全屏障的重要作用，提升中华鲟、江豚等珍稀濒危动物繁育场所和国际候鸟迁徙栖息地生态环境品质。

在2022年《崇明区生态空间“十四五”规划》中指出，崇明区生态发展的主要指标包括：从绿化、森林、湿地建设等方面形成生态空间规划的指标体系，支撑年度监测和指导生态空间的建设。到2025年，新增公园绿地42公顷以上，人均公园绿地面积超过9平方米，骨干绿道总里程数达200千米以上；新增森林面积不少于1.66万亩，森林覆盖率达到31%，建设开放式休闲林地8处以上；自然湿地保有量不少于24.8万公顷，湿地保护率59%以上，崇明三岛占全球种群数量1%以上水鸟物种数保持稳定。崇明区生态空间规划重要指标见表5–2。

表 5-2　　崇明区生态空间规划重要指标一览表

序号	指 标 名 称	属 性	目 标
1	森林覆盖率（按照土地面积 1170 平方千米）	约束性	31%
2	人均公园绿地面积	约束性	9 平方米
3	湿地保护率	预期性	保持稳定
4	占全球种群数量 1% 以上的水鸟物种数	预期性	保持稳定

在“十四五”时期崇明世界级生态岛发展的任务包括：

1. 强化生态底线管控

坚持底线约束、内涵发展，实施全市最高的生态管控标准，促进人口、资源与环境协调发展。

（1）科学管控土地资源。坚持土地管理总量锁定、增量递减、存量优化、流量增效、质量提高“五量调控”模式。划定划实 66.33 万亩耕地及永久基本农田保护任务，确保国家粮食安全。推进郊野区域各类建设用地“留、改、拆、增”，新增建设用地与集中建设区外减量化规模相挂钩。优化耕地、城乡建设用地布局和结构，将盘活的建设用地指标适度向乡村振兴倾斜。实施土地利用全要素、全生命周期管理，持续提高土地利用效率和产出效益。

（2）筑牢生态安全屏障。严守生态红线，按照“三线一单”管控要求，落实四类生态空间分类管控，划定生态空间总面积 1618.58 平方千米，其中陆域面积 1018.63 平方千米。确保长江生态安全，管好守住长江岸线资源，严格落实长江十年“禁渔”。

（3）推行生态产业准入。全面优选生态产业门类和企业，优化完善红榜企业制度、生态产业准入清单和负面清单制度，建立全区统一的生态产业项目准入评审机制。强化投资促进工作机制，加强政策引导和招商统筹，优化生态产业空间布局，提高资源要素配置效率，促进产业绿色高质量发展。

2. 推进更高标准生态建设

推进更高标准生态建设，厚植更多生态优势，形成更多生态产品，深入开展长江经济带绿色发展示范，守好长江口生态门户。

（1）建设幸福河湖。围绕水安全、水清洁、水生态、水资源，推进与世界级生态岛相匹配的水系统建设。完善河湖治理，市、区级河道断面水质稳定在Ⅲ类（含Ⅲ类）以上水体比重达到 100%，启动生态清洁小流域建设，有序实施村沟宅河“拆涵建桥、改小并大、清淤通河”。完善供排水体系，开展高品质饮用水试验示范区建设，建设崇明岛 57 千米原水管线复线工程、20 千米供水管网连通工程，推进 680 千米老旧落后水管更新改造，完成一批污水厂扩容和污水处理站归并入厂，提升农村生活污水处理水平。加强水系岸线治理，采取清淤整坡、生态护坡方式，提高生态护岸比例。全面提升防洪除涝能力，推进 107 千米海塘达标建设，协同启东、海门两地完善区域防洪除涝体系。

（2）打造更优质土壤。有效控制农业面源污染，完善农业生产管理制度，强化农业投入品源头管控。加强农用地、建设用地风险管控，有序开展污染土壤治理和修复，实施优先保护类耕地生态保育工程、安全利用类耕地生态管控工程、严格管控类耕地生态修复工程。以浅层地下水为重点，加强土壤与地下水污染协同防治。充分认识土壤在生态保育、绿色农业中的重要性，开展测土配方施肥等技术应用，持续提升耕地有机质。

（3）建设多彩可及绿色空间。推进林地提档升级，注重骨干道路、重点区域林地的通透性和景观化，抚育林地不少于 10 万亩，建设开放式林地 6000 亩。推进生态廊道建设，按照绿化、彩化、品质化、效益化“四化”要求，开展高标准、高品质林地增量建设。优化公园绿地景观，有效利用城乡可用空间，因地制宜建设城市口袋公园、乡村小微公园；构建四类城乡绿道体系，建设骨干型绿道 100 千米。打造海上花岛，按照“自然生态、田园野趣、四季鲜亮”要求，推进花路、花溪、花宅、花村、花田建设。探索林下经济发展，合理开发林果、林菌、林药等林下种植模式。适时推进国家森林城市建设。

（4）打好蓝天保卫战。强化源头防控，加强扬尘、餐饮油烟、农业源大气污染物、挥发性有机物（VOCs）等污染防治，加大机动车船等移动源排放污染控制，对重点排放源采取设备与场所密闭、工艺改进、废气有效收集等措施。大力推进区域联防联控，依托长三角大气污染协作平台，建立跨区域的规划衔接、信息共享、污染共治、风险联控机制。

（5）精心呵护湿地生态。落实湿地面积总量管控，自然湿地保有量不少于 24.8 万公顷。有序恢复湿地生态秩序，探索实施以北六滧港至北八滧港为重点区域的湿地生态修复，推进东滩互花米草治理和生物多样性优化提升工程。加强湿地精细化管理，完善湿地保护管理网络，推进湿地水质、环境等科研监测，建立湿地资源信息数据库，加大湿地保护宣传力度。

（6）保护生物多样性。打造鸟的天堂、鱼的乐园，整合优化崇明东滩鸟类国家级自然保护区与长江口中华鲟自然保护区，推进黄渤海候鸟栖息地（第二期）世界自然遗产申报，建成长江口中华鲟自然保护区基地二期工程及配套项目，建设北湖自然保护地。强化生物安全监管，加强疫源疫病监测防控，防范外来有害生物入侵。严格实施全域禁猎，对非法捕捞捕猎零容忍。

3. 统筹平衡生态要素

探索人与自然和谐共生新路径坚持尊重自然、顺应自然、保护自然，统筹平衡生态要素，有效提升环境承载力，实现生态、生产、生活的和谐统一。

（1）统筹打造生态系统。遵循“山水林田湖草是生命共同体”的系统思想，研究生态要素发展阈值，提升生态系统质量和稳定性，打造平衡和谐、良性循环的生态系统。促进生态环境保护建设与经济社会发展紧密结合，提升自然资源资产管理能力，探索形成可复制可推广的生态治理模式。

（2）构建绿色节能网络。强化用能管理，严格控制单位 GDP 能耗，完成市下达单位 GDP 二氧化碳排放降低目标。深入推进工业、能源、建筑、交通、公共机构等重点领域和重点用能单位节能，加快实施节能重点工程。试点建设绿色生态城区，推动绿色建筑规模化发展，到 2025 年新建民用绿色建筑二星级及以上标准建设比例达到 70%。落实固定资产投资项目节能审查和验收制度，强化节能降耗源头管理，加强事中事后监管。

（3）加强资源综合利用。遵循减量化、资源化、无害化原则，持续推进垃圾分类提质增效，强化餐厨垃圾、工业固废、建筑垃圾、农林废弃物等方面的资源回收利用和无害化处置，完善相关领域收运、处置、利用体系建设，推进长兴镇固体废弃物资源化利用中心、4 座建筑垃圾分拣中转站、崇明废弃食用油脂初加工工程建设。到 2025 年，主要农作物秸秆综合利用率达到 98%。

（4）探索生态产品价值实现机制。积极探索和打通“两山”转化通道，逐步构建生态产品价值核算评估体系、确立生态产品价值转化路径、完善生态产品价值实现配套措施，将“绿水青山”蕴含的生态系统服务盈余和增量转化为“金山银山”。围绕物质供给类、文化服务类和调节服务类生态产品，扩大绿色农业、休闲旅游、清洁能源、健康养生等领域生态产品供给规模，提升生态产品价值实现效率。

4. 发展生态经济

着力构建“2+3+N”现代化生态产业体系，全面提升产业发展能级和竞争力。其中，“2”为重点聚焦代表世界级生态岛发展水平、参与国际竞争的都市现代绿色农业和海洋装备产业两个主导产业；“3”即围绕上海打造时尚高端的现代消费品产业目标，着力发展高品质旅游业、特色体育产业、健康服务业三个优势产业；“N”即抓住新基建和新经济的发展契机，主动培育若干个适应生态产业发展方向、在崇大有可为的新兴产业和创新业态。

（1）打造世界级水平的都市现代绿色农业。全面推进农业品牌化、集群化、科技化、融合化，努力把崇明建设成为国家农业绿色发展先行示范区、上海绿色生态农业发展引领者，使崇明农产品成为最安全、最生态的代名词和城市高品质生活的新元素。

（2）促进以海洋装备为主导的先进制造业发展。一是开展长兴海洋经济发展示范。推动长兴拥抱新智造、激发新动能、扬帆新起航，将长兴地区打造成为上海制造品牌重要承载地、海洋科技创新重要引领地、高质量发展重要增长极。二是建设更具竞争力的产业园区。优化制造业布局，对规划工业区内、规划工业区外的工业地块实施分类管理，以产业集群集聚为导向，大力推动园区实体产业发展。三是优化重塑传统制造业。以汽车及零部件配套为基础，扩大高附加值零部件制造业规模，提升细分领域配套能力。以金属厨具为基础，鼓励企业提升生产工艺和技术，开发新型高端产品，拓展自主品牌。

（3）培育新消费趋势下的现代服务业。推动传统服务提质升档，促进新兴服务繁荣壮大，重点发展高品质旅游业、特色体育产业和健康服务业。

（4）主动布局新发展机遇中的新兴经济。培育数字经济，发展现代花卉产业、中医药产业，加快形成经济新的增长点。

二、浦东新区的绿色发展

（一）区域概况

浦东新区位于上海市黄浦江东岸，地处中国沿海开放带的中心和长江入海口的交汇处，倚靠蓬勃发展的长三角都市群，面向太平洋。境内地势东高西低，平均海拔 3.87 米。因地层为长江冲积层，地形略呈三角形，海岸线全长 115 千米。

浦东新区区域面积 1210 平方千米，截至 2020 年底，常住人口达 568.60 万人，人口密度达到 4698 人每平方千米。2020 年地区生产总值 1.32 万亿元，是 1990 年 60.24 亿元的 219 倍，浦东以全国 1/8000 的面积创造了 1/80 的国内生产总值、1/15 的货物进出口总额。人均国内生产总值超过 23 万元，折合 3.37 万美元，相当于中上等发达国家水平。

2020 年，浦东经济总量占上海市的比重超过 1/3，第三产业占比达 76.9%，累计吸引实到外资超过 1000 亿美元，集聚 170 个国家和地区的 3.63 万家外资企业、359 家跨国公司地区总部，全球 500 强企业中 346 家在浦东投资兴业。

（二）区域绿色发展的现状

2019 年，浦东新区园林绿地面积 31748.93 万平方米，其中公共绿地 7485.60 万平方米，人均公共绿地 12.90 万平方米，建成区绿化覆盖率 39.6%。全区公园 48 座，公园总面积 803 万平方米；森林覆盖率 18.2%，比 2018 年末提高 1.12%。

浦东城乡环境面貌发生根本性改变。2020 年建成 12 条轨道交通，总里程 250 千米，建成 309 千米高快速路，越江通道达到 19 条。持续推进中小河道整治，基本消除劣 V 类水体。开展美丽庭院建设，有力改善了农村人居环境，为乡村振兴打下坚实底板。加快生活垃圾全程分类体系建设，黎明湿垃圾处置项目二期和建筑垃圾资源化利用中心试运行，全区生活垃圾分类达标率达到 95%。

城市生态环境绿色宜居。推进城市绿化美化，打造陆家嘴金融城“犇腾”等一批城市地标性景观。楔形绿地、生态廊道、郊野公园和城市公园、口袋公园、林荫道错落有致、遍布全区，人均公园绿地面积从 1995 年的 2.85 平方米提高到 12.9 平方米，森林覆盖率达到 18.2%。空气质量持续优化，空气质量指数优良率达到 89.1%。开展工业挥发性有机物综合治理，完成 1250 个中小燃油、燃气锅炉低氮燃烧提标改造，PM2.5 平均浓度从 2015 年的 50 微克每立方米下降到 30 微克每立方米。

（三）区域绿色发展的规划

结合《浦东新区国民经济和社会发展第十四个五年规划和二〇三五年远景目标纲要》和《浦东新区生态建设和环境保护“十四五”规划》，总结浦东在“十四五”期间绿色发展的规划。

1. 发展目标

到 2025 年，力争实现碳排放达峰，生态环境持续改善，生产生活绿色转型成效显著，资源利用效率更加高效，生态安全屏障更加牢固，生态系统服务功能增强，人与自然和谐共生的美丽浦东建设取得积极进展，基本形成“生态宜居、安全高效、功能复合、彰显魅力”的人民城市绿色发展新格局。

（1）生态空间布局方面。到 2025 年，森林覆盖率达到 19.5%；人均公园绿地面积达到 13.5 平方米；河湖水面积增加 0.95 平方千米。

（2）生态环境质量方面。到 2025 年，空气质量优良率达到 85% 及以上，大气常规污染物年均浓度全面稳定达到国家二级标准，部分指标优于国家一级标准；地表水达到或好于Ⅲ类水体比例达到 60% 以上；公众对生态环境质量满意程度达到 80% 左右。

（3）生态环境治理方面。到 2025 年，全区供水水质综合合格率不低于 99%，公共供水管网漏损率不高于 9%；中心城雨水排水能力达 3~5 年一遇面积占比达到 35% 左右；城镇污水处理率达到 99.1%，农村生活污水处理率达到 95.5%；受污染耕地安全利用率达到 100%，污染地块安全利用率达到 100%；全面实现原生生活垃圾“零填埋”，生活垃圾回收利用率达到 45% 以上。

（4）绿色低碳发展方面。到 2025 年，主要污染物减排完成上海市相关要求，单位生产总值能源消耗、单位生产总值二氧化碳排放量降低率完成市下达目标，农田化肥和农药施用量下降率达到 5% 左右。

2. 发展举措

（1）开展碳排放达峰行动

编制浦东新区碳达峰行动方案，明确各重点领域二氧化碳排放达峰目标、路线图和主要任务，同步谋划远期碳中和目标及实施路径。全面加强应对气候变化和生态环境保护相关工作的统筹融合，增加应对气候变化整体合力，建立温室气体排放协同监管制度、控制温室气体排放目标责任制及督查考核办法。引导培育碳资产管理、碳交易咨询、碳金融服务、碳排放评估核算等机构。加强工业过程温室气体排放控制，支持火电、化工等重点行业开展碳捕获、利用与封存示范，加强垃圾填埋场、污水处理厂甲烷收集利用，控制秸秆还田中甲烷的排放，积极拓宽秸秆、畜禽粪便等资源化利用途径，加强林业等碳汇体系建设。开展低碳社区、低碳工业园区、低碳示范机构、零碳建筑等试点工作。

（2）持续优化能源结构

实施能源消费总量和强度双控，禁止新建燃煤设施，严格控制高桥石化的煤炭消费总量，加强现有燃煤企业的燃煤质量监管。严格禁止煤炭、重油、渣油、石油焦等高污染燃料的使用（除电站锅炉和钢铁冶炼窑炉以外），加强社会码头销售和转运煤炭、石油焦等高污染燃料行为管控。加大非化石能源发展力度，进一步发展太阳能、风电等本地非化石能源，提升非化石能源占一次性能源消费比重。提升重点领域节能降碳效率，进一步提高工业能源利用效率和清洁化水平，推进低能耗建筑体系建设，大力推行装配式建筑。

（3）持续推进产业结构转型升级

优化产业空间布局，发挥“生态保护红线、环境质量底线、资源利用上线和环境准入负面清单”约束作用，突出分级分类空间管控指导，加快高桥石化等重点地区转型升级。加快产业结构调整，全面推进“三高一低”企业淘汰转型，加大企业落后工序和设备淘汰力度。推动传统产业绿色升级，引导和激励企业采用先进的技术装备、材料工艺实施清洁生产技术改造，推广船舶、飞机、汽车等大型涂装行业低挥发性产品替代或减量化技术，推进化工、医药、集成电路等行业清洁生产全覆盖，引导创建一批“绿色示范工厂”。通过专项资金等各类政策，推动节能低碳企业加快发展，构建节能低碳环保产业集聚区。

（4）推进绿色农业高质量发展

加大农业绿色生产技术推广力度，建立水稻绿色生产示范基地以及蔬菜绿色生产示范基地。到 2025 年，绿色生产基地覆盖率达到 60%，绿色农产品认证率达到 25% 以上。提高农业废弃物回收和资源利用水平，推进形成秸秆机械化还田和多种离田利用途径并重的多元利用格局，到 2025 年粮油作物秸秆综合利用率达 98% 以上。开展化肥农药减量增效行动，推进生态循环农业发展，打造生态循环农业示范基地。鼓励水产养殖企业及养殖户试点开展生态循环农业种养模式，建设水产绿色健康养殖示范场。

（5）推进绿色交通运输体系建设

打造公交优先、慢行友好的城市客运体系，完善一体化公共交通体系，持续提升公共交通出行比例。支持铁路集装箱中心站、物流园区发展，加强干线铁路、高等级航道、高等级公路与货运枢纽的有效衔接，大力发展“水水中转”、水铁联运等多式联运，建设绿色高效交通运输体系。加大新能源汽车推广力度。到 2025 年，力争全区公交、巡游出租、邮政、环卫、公务用车等新增或更新全部采用新能源车，公交、巡游出租基本实现“新能源”，大型载重货运、环卫、工程车辆等领域新能源汽车比例明显提升，个人新增购置车辆中纯电动汽车占比超过 50%，加大氢能源车的推广力度。

（6）倡导和培育绿色低碳生活方式

开展节约型机关、绿色家庭、绿色学校、绿色社区、绿色出行、绿色商场、绿色建筑等创建行动，广泛宣传推广简约适度、绿色低碳、文明健康的生活理念和生活方式。建立完善绿色生活的相关政策和管理制度，推动绿色消费，促进绿色发展。重点聚焦噪声扰民问题，强化交通噪声污染防治，持续加强工业噪声污染源头控制，加大建筑施工噪声管理，完善社会生活噪声管理，鼓励公众参与噪声污染防控工作，改善声环境质量，营造宁静生活环境。

（7）构建复合高效的绿色空间。以“生态之城”建设目标为引领，推进公园城市、森林城市和湿地城市建设，加快形成“一核双环、三网多点”的生态空间结构。统筹水安全、水资源、水环境、水生态，全面提升防洪除涝能力，提升城乡饮用水品质，持续推进水环境综合治理，加强污水污泥基础设施建设，建设健康幸福生态水系，落实长江大保护。稳步提升环境空气质量，严格控制和预防土壤污染，推进废弃物治理及资源化利用，加快构建统一高效、增效提标的污染防治体系。

第二节 重点流域生态规划

太湖流域属上海市的重点流域，面积为36900平方千米，行政区划包括江苏省苏南大部分地区、浙江省的湖州及嘉兴市和杭州市的一部分以及上海市的大部分。流域内河网密布，湖泊众多，水域面积6134平方千米，水面率达17%，河道和湖泊各占一半。流域共有面积大于10平方千米的湖泊9个，分别是太湖、滆湖、阳澄湖、洮湖、淀山湖（上海）、澄湖、昆承湖、元荡、独墅湖。其中淀山湖是上海的最大湖泊，面积大约为62平方千米；黄浦江是太湖流域通江入海河道中，唯一尚未建闸控制的河道。下文将以淀山湖和黄浦江两岸为例来分析上海市为太湖流域绿色发展所做出的努力。

一、淀山湖生态规划

（一）流域概况

淀山湖跨青浦区和江苏省昆山市，区境内面积为46.7平方千米，总面积62~63平方千米，是上海最大的淡水湖泊。淀山湖上游承接太湖吴江地区来水，经急水港、大朱厍、白石矶等24条河港汊入湖；经拦路港东西泖河、斜塘，下泄入黄浦江。区内有太浦河、大蒸塘、淀浦河、拦路港、吴淞江、泖河、油墩港等主干河道。该地区历史文化悠久，景观资源丰富，有大小河道860条，上海市21个自然湖泊全部坐落于此，水面率高达32.7%，是上海乃至长三角最具水乡特色的区域之一。

湖泊所处的苏沪交界地带，由于水系畅通，历史上就是苏南地区的航运要津、鱼米之乡及商业发达地区。随着长三角城市群的形成，该地区更成为投资、旅游的热点地区。淀山湖地区属于太湖流域，地处黄浦江主要取水口的上游，是上海重要的水源保护地和生态保护区。

淀山湖是弱感潮湖泊，不仅有调节径流的作用，还具有灌溉、养殖、航运、水产、供水和旅游等多种功能。苏申航线经过湖区，是沟通苏南与上海市区的重要水上通道。环湖散落着享誉盛名的朱家角、周庄、锦溪等古镇，上海大观园、东方绿舟、上海太阳岛、陈云纪念馆等 5 个国家 4A 级景区。

湖水属软水类，有害物质含量均低于国家标准。湖区盛产鱼、虾、蟹等，是水产养殖的良好场所，但由于环湖农药化肥及乡镇工业废水等排入，湖水已局部呈现富营养化现象。氰、铬、砷等未发现，汞含量正常。

（二）绿色发展的现状

淀山湖镇坚持提质增效、稳中求进，紧紧围绕“旅游业重点突破，服务业引领发展，制造业内涵提升”的总体思路，促进产业转型升级，加快绿色发展步伐。

淀山湖镇还注重将自然资源优势转化为产业优势，以“乡村生态、休闲度假”为理念，推进产业与旅游融合，加快绿色发展。例如，加速推进民生系列产品平台、七彩田园、六如墩整体改造等功能项目，深化六如墩、度城等村落的乡土文化资源，加快开启乡村民宿游、文化创意游、健康养生游，打造出一系列富有淀山湖特色的精品旅游线路，培育转型升级的新亮点、经济发展的新动力。

多年来，市、区两级政府坚持以科学发展观为指导，认真贯彻执行国家和上海市环境保护要求，加大环境基础设施投入和污染治理力度，统筹城乡一体化发展，不断改善居民生产生活条件，经济社会发展取得了一定成效。同时，该地区发展中面临的问题和挑战也日趋突出：

1. 生态保护力度持续加大，但环保压力尚未得到有效缓解

市、区两级政府认真贯彻落实水源保护条例，加大资金投入力度，建立生态补偿转移支付制度，通过实施多轮环保三年行动计划和太湖流域水环境综合治理，大力推进污水处理厂、污水管网等项目建设，建成 4 万余亩生态片林和水源涵养林，淀山湖地区生态环境整体呈现改善趋势。但由于淀山湖流域上下游之间功能定位和保护标准不统一，以及缺乏规划引导，流域内排污总量仍大于污染处理总量，农业面源污染和生活污染问题长期存在。2012 年，淀山湖地区各水功能区均未达到Ⅱ ~ Ⅲ类水质标准，主要表现在氮磷超标严重，部分水体中度富营养化，环境治理工作任务艰巨。2017 年，青浦区

太浦河源水取水检测时发现，水质仍不达标，超标项目为溶解氧。2021 年淀山湖水质除总氮以外，其余指标均在Ⅳ类以上。

2. 区域自然文化资源丰富，但低水平分散化发展现象严重

淀山湖地区自然资源和历史人文景观资源丰富，拥有朱家角古镇、大观园、东方绿舟、陈云故居和太阳岛国际俱乐部 5 个 4A 级旅游景区，以及金泽古镇、大莲湖湿地、环湖生态带和报国寺等旅游景观资源，虽然各类酒店、培训中心、度假村数量众多，但现有资源之间缺乏有机联系，部分宾馆饭店等旅游服务设施陈旧，能级较低，土地闲置现象较为突出，资源优势未能充分发挥，区域品质未得到有效提升。

3. 区域联动已有探索，但层级和力度有待提升

淀山湖地区位于两省一市交界处，是上海与长三角地区一体化发展的重要节点。近年来，沿湖地区共同推进太湖流域水环境综合治理，探索开展了共同编制环湖概念规划等工作。但区域联动尚处于起步阶段，在总体规划、产业发展、环境治理等方面缺乏有效沟通和协同，亟须整合资源，形成合力，在更高层面以更大力度来推进区域联动。2019 年以来，苏浙沪两省一市持续推动跨界水体联保共治制度创新以及生态岸线修复和功能提升重大项目建设。

（三）绿色发展的规划

淀山湖的核心是处理好保护与发展的关系，要把生态文明建设放在优先位置，探索出一条“三生融合”（生态、生活、生产融合）发展的新路。淀山湖地区发展的前提是，环境保护的标准不能降低而是要有所提高，环境承载能力不能削弱而是要有所增强；保护的结果是，该区域可持续发展的能力没有受到削弱而是得到了增强，未来发展的战略空间没有受到挤压而是得到了拓展。按照“符合城市总体战略、环境保护要求、资源禀赋特点、未来发展导向”的原则，淀山湖地区的功能定位是：上海市重要的水源保护地、生态文明建设的重要载体、与国际大都市功能相适应的著名湖区。按照功能定位，淀山湖地区要建设成为生态优良、生活美好、生产清洁、宜居宜业的著名湖区。到 2020 年淀山湖地区“三生融合发展”主要指标规划情况见表 5–3。

表 5–3　　淀山湖地区“三生”融合发展主要指标目标规划一览表

类别	序号	指标名称	属性	2012 年情况	2020 年目标
生态环境	1	工业源污染物（化学需氧量 / 氨氮 / 氮氧化物 / 二氧化硫）排放量（吨）	约束性	109.4/5.81/95.7/379.42	进一步减少
	2	水功能区水质达标率	约束性	42.9%	78%
	3	化肥施用强度（千克 / 亩）	约束性	28	比 2010 年下降 10%
	4	农村生活污水处理率	约束性	68%	95%
	5	城镇污水处理率	约束性	90%	100%
	6	城乡生活垃圾无害化处理率	约束性	97%	100%
生态环境	7	森林覆盖率	约束性	13.74%	17.1%
	8	自然湿地保有率	约束性	20%	大于 20%
功能效益	9	农村居民人均可支配收入（元）	预期性	14586	32000
	10	年新增本地就业岗位（个）	预期性	7300	5000
功能效益	11	淀山湖贯通的亲水岸线长度（千米）	预期性	6	24
	12	绿道网络长度（千米）	预期性	14	61.5
	13	城乡集约化供水率	约束性	17%	100%
	14	光纤到户覆盖率（城镇居民）（户）	约束性	16376	100%
	15	公共场所无线网络覆盖率	预期性	50 场点 439AP	100%
结构调整	16	建设用地比重	约束性	18.36%	18.83%
	17	全区单位 GDP 综合能耗下降度（吨标准煤 / 万元）	约束性	0.316	完成市、区下达指标
	18	工业企业向园区集中度	约束性	59.4%	90% 以上
	19	农业标准化生产基地面积占比	预期性	35%	70%

1. 完善空间布局

淀山湖地区的发展，要落实总体功能定位，按照“保护为先、生态成片、功能集聚、点线发展”的导向，注重加强区域整体规划，把对环境的影响减至最小。遵循水源保护条例关于饮用水水源一级保护区、二级保护区、准保护区的不同要求，确保饮用水水源地安全。尊重自然环境和发展基础，因地制宜，加大资源整合力度，形成导向明确、功能优化、强度有别的发展格局。

（1）落实分级管理的饮用水水源保护布局

饮用水水源一级保护区。范围为太浦河取水口上下游 1 千米、沿河向陆地纵深 100 米，面积 0.86 平方千米。在该区域内与供水设施和保护水源无关的建设项目均需限期拆除或者关闭。

饮用水水源二级保护区。范围为淀山湖全湖和太浦河沪、苏交界处向下至拦路港等水体，以及沿岸纵深 1 千米，面积 140 平方千米。在该区域内禁止设置排污口，禁止新建、改建、扩建排放污染物的建设项目，不得向水体排放其他各类可能污染水体的物质。

饮用水水源准保护区。范围以黄浦江上游水源保护区现状总体范围扣除相应的一级和二级保护区后的范围计算，面积 182.3 平方千米。在该区域内不得增加污染物排放量，不得向水体排放各类有毒有害物质，不得堆放各种固体废物。

（2）形成“两片两带三组团”的空间布局

①两片：湖区片和水乡片。以 G50 高速公路为界，北部为湖区片，发挥滨湖景观优势，强调公共性和生态性，坚持严格的低碳要求，以景观生态休闲为主要功能，加强区域联动，主动对接周边地区，建设与上海国际大都市功能相适应的知名湖区核心区域。南部为水乡片，发挥水网密布的自然优势，构建和谐水生态环境，将独特的水乡文化融入生态建设之中，打造长三角知名的水乡文化区。

②两带：环淀山湖生态带和金泽—练塘水乡风貌带。两带之间以规划中的青西郊野公园相连接，“两带”沿线以水源保护为前提，布局着若干各具特色、点状分布的“中心”，各“中心”之间建设开放性生态通廊。

——环淀山湖生态带。依托金商公路—318 国道—淀山湖堤形成环湖景观生态通道。生态带沿线选择若干“中心”进行布局：旅游休闲中心，依托大观园景区，争创集旅游度假、休闲娱乐、文化展示等功能为一体的国家级旅游度假区核心区；古镇文化中心，依托朱家角古镇旅游资源，发展古镇旅游、古镇文化、休闲娱乐等板块，开发特色旅游产品；体育休闲中心，依托东方绿舟、体育训练基地以及淀山湖水资源，发展公众参与的水上、陆地运动项目和青少年活动基地；商务会议中心，依托蔡浜半岛的景观资源，发展田园型商务会议度假区；国学文化中心，依托报国寺，打造心灵休憩地以及国学教育、传统文化讲习区。

——金泽—练塘水乡风貌带。依托练西公路—朱枫公路，连接金泽、莲盛、练塘地区，展现江南水乡风貌。风貌带沿线选择若干“中心”进行布局：文化创意中心，依托金泽创意产业园及各类文化项目，打造“水文化”和“古文化”特色鲜明的文化创意区；康体疗养中心，依托大莲湖湿地，建设集湿地公园、郊野康乐、疗养度假为一体的康体疗养中心；水乡文化中心，依托练塘镇的红色旅游资源和水网密布的景观资源，营造具有江南水乡独特气质的综合性文化休闲场所。

③三组团：青浦新城—朱家角组团、练塘新市镇组团、金泽新市镇组团。

——青浦新城—朱家角组团。组团内的朱家角镇区是青浦新城的组成部分，属于新城滨湖片区，要强调生态环境修复和历史风貌保护，充分发挥滨湖和历史文化名镇的景观优势，建设成为集休闲旅游、商务会议、生态居住和都市农业功能于一体的现代化城区。发挥沈巷社区服务园区的作用，积极推动“产城一体”发展。组团内的朱家角工业园区要通过“腾笼换鸟”等手段，加快产业结构调整，积极发展生产性服务业和文化创意产业，培育发展软件和信息服务等有利于提升城镇产业能级的智慧产业。

——练塘新市镇组团。要充分发挥红色旅游的资源优势、水网密布的景观优势和市级现代农业园区的引领优势，建设成为以旅游度假、生态农业为主导的具有江南水乡风貌的生态型镇区。组团内的练塘工业区要提升能级，培育发展资源节约型、环境友好型的先进制造业、战略性新兴产业和生产性服务业。

——金泽新市镇组团。要充分发挥“桥乡”的历史文化特色，和濒临火泽荡、大葑漾等自然湖泊的景观优势，建设成为以文化创意、生态农业为主导的环境优美的生态型镇区。要大力提升改造金泽工业区和商榻工业区，推动文化创意产业发展，加快资源消耗类和传统制造类企业的迁移改造，向生产性服务业转型升级。

2. 推进生态环境保护和基础设施建设

坚持生态环境优先原则，制定严格的污染物总量控制目标，以污染总量减排、环境风险防范、生态质量提升为核心，高起点稳步推进环保、水务、道路交通、市政等基础设施建设，实现生态环境持续优化，使淀山湖地区逐步进入保护与发展相互促进的可持续发展轨道。

（1）实施水环境综合治理

结合太湖流域综合治理和上海市水源地保护要求，加强地区水环境整治和监测，确保饮用水水源地安全。主要从以下方面入手：

保障饮用水安全。推进饮用水水源一级保护区清拆整治，关闭饮用水水源一级保护区内的 14 家污染企业。归并镇级小水厂，取水水源地归并至太浦河水源地，推动区域联网供水工程建设。实施太浦河原水厂四期扩建工程，配套新增相应原水取水设施设备。以有效去除藻类和有机污染物为重点，加快自来水厂深度处理工艺改造，切实保证供水水质。

提高污水收集、处理能力。高标准、高起点规划，适度超前建设污水收集、处理设施。全面完成污水主管网建设，加快工业企业废水和城乡生活污水纳管建设进度，实现建成区直排污染源全纳管。建立和完善污水处理厂进出水在线监控系统，积极推进城镇污水厂处理达到国家一级 A 标准，提升污水处理厂污泥处置能力。

控制农业面源污染和生活污染。按照“源头减量、过程拦截、末端治理”的原则，推广农业面源污染控制与治理技术，控制化学氮素的施用强度。实施化肥减施工程，推广种植绿肥轮休耕作制度，鼓励使用有机肥。实施农药减施工程，推进农作物病虫害统防统治。实施农业废弃物综合利用工程，提高秸秆综合利用率。实施生态拦截工程，建设农田氮磷生态拦截沟渠。进一步完善农村生活污水处理、畜禽养殖整治、垃圾处置体系，改善农业农村生态环境。

加强工业污染治理。实施最严格的工业项目环境准入和管理标准，新建工业项目必须符合国家和市相关规划布局、产业导向和环保要求，严格限制氮、磷排放企业进入本区域。通过排污许可证实施污染物总量控制，对超总量排污企业一律停产整顿。加大执法力度，关闭、搬迁不符合环保要求的企业，对不能达标的企业一律停产限期治理，限期治理仍不能达标排放的，予以关闭。推进工业企业清洁生产，推进各工业园区企业开展废水处理设施改造。

强化环境监测预警。建立健全统一的水环境污染监测预警体系，完善饮用水水源地、省际边界断面、入湖出湖河道断面水环境监测监控网络体系建设。重点工业污染源及城镇污水处理厂全面安装污染在线监控设备。实施蓝藻水华专项监测。加强对危险品船舶等重点船舶的监管，实施太浦河水源地危险品船舶禁航，确保水源安全。

（2）加强生态工程建设

构建多层次、功能复合的生态网络，发挥绿地、林地、耕地、湿地、水面等的综合生态功能，构筑生态屏障，维护生态安全，提升地区生态环境品质，满足市民对生态产品日益增长的需求。

积极推进淀山湖及周边水系生态修复。加强淀山湖地区自然湿地保护，推进野生动物重要栖息地建设，适时启动淀山湖湿地修复工程后续研究。进一步实施环湖生态带建设、河网整治等工程，加大鱼种等水生动物增殖放流力度，逐步恢复淀山湖生物多样性，巩固和扩大淀山湖及周边水系生态修复成果。

推进绿地林地建设和湖岸生态景观整治。因地制宜，稳步推进公益林建设，重点加强绿化和农田林网建设，着力打造布局合理、生态良好、景观优美的生态系统，保障生态安全。融合观光休闲、生态修复、亲水游玩等多功能，建立充分展示滨湖四季宜游功能的立体式生态景观系统，呈现多样性、多层性、季节性景观。

规划建设绿道网络。依托湖岸、河滨、风景道路等自然和人工廊道，建立线形绿色开敞空间，打通朱家角到淀山湖的生态景观通道，将淀山湖地区具有较高自然和历史文化价值的各类风景名胜区、历史古迹等重要节点通过绿道串联起来，设置一定宽度的绿化缓冲区，为广大居民提供更多的生活游憩空间。

（3）建设以低碳绿色为特征的交通运输体系

加快改善交通出行条件，提升运输供给能力，初步建成畅达的内外交通联系、便捷的水陆交通系统、宜人的环湖景观道路。

建立健全综合交通体系。加快轨道交通 17 号线和各等级公路设施建设，引导过境交通离开湖岸。加快朱家角、练塘等公交枢纽建设，设立直通虹桥综合交通枢纽的旅游交通专线，加强与青浦新城、周边区县及市区的联系。进一步推进市政道路、乡村公路建设，打通断头路。合理布局水上旅游设施，规划建设水上旅游线路及客运站点，发展水上巴士、水上旅游等。开展沪湖铁路和环湖有轨电车线路的前期研究工作。

大力推广绿色交通。倡导绿色理念，探索建立以低碳为特征的地区公共交通运输系统，出行方式逐步实现以公共交通为主，推广新能源交通方式，全面实现低碳环保出行。加强慢行交通系统建设，结合湖区景观布局，规划建设以可供行人和骑车者进入的绿道为主体的慢行交通体系，建设公共自行车租赁系统。完善重要景点交通组织，建设“环淀山湖”“朱家角古镇—东方绿舟”“金泽—商榻”大莲湖湿地等慢行交通组团区，将淀山湖地区建成上海市慢行交通绿色出行示范区。

（四）打造生态友好型产业体系

按照特色化、集约化、低碳化的要求，充分发挥生态环境和古文化、水文化优势，深入推动“三二一”产业融合发展，加快构建以现代服务业为主体的生态友好型产业体系。

1. 强化提升休闲旅游产业

依托自然环境和人文资源优势，着力提升淀山湖和水乡旅游品质，将休闲旅游产业发展成为淀山湖地区的支柱性产业。

提升休闲旅游产业发展能级。转变旅游发展方式，从追求旅游行业自身快速发展向打造具有吸引力的品质旅游目的地转变，从观光为主的旅游方式向集休闲度假、会展会务、购物、体验等为一体的旅游方式转变。利用中国历史文化名镇、全国红色旅游重点景区等品牌资源，整合提升5个国家4A级景区资源利用效率，大力发展体育休闲、郊野运动、航空运动、帆船及游艇等水上旅游、房车旅游等特色旅游项目，提升发展古镇观光、生态观光、滨湖休闲度假、乡村旅游、户外游憩、红色旅游等优势旅游项目，推动商旅文互动融合发展，打造集观光、休闲、度假、体验、购物为一体的综合型生态旅游度假区。

促进旅游资源内外联动。加强与全市旅游布局的对接，推进与江苏、浙江周边地区旅游资源的联动，整合佘山国家旅游度假区、淀山湖地区、枫泾古镇旅游资源，构建“山水画”统一旅游形象。推动朱家角、金泽、练塘与周庄、同里等古镇群共同发展。开展环湖岸线利用规划，优化环湖岸线公共空间，推动淀山湖与黄浦江水上旅游联动，形成市区联手、内外联合的发展格局。

推动重大旅游和体育项目建设。推进青西郊野公园建设，以生态涵养、环境保护为基础，以水文化为特色，打造集郊野运动、休闲体验、康体疗养、高端服务、健身养心、科普教育等功能于一体，与城市发展相适应的市民休闲游乐区。加快上海西部旅游集散中心和水上旅游码头等项目建设，举办“上海淀山湖旅游节”“水乡音乐节”等节庆活动，推广环湖自行车赛、龙舟邀请赛、帆船赛、跳伞活动等体育赛事活动。实施环湖景点的旅游功能完善和提升工程，高标准、高起点实施大观园改造提升建设，深入推进淀山湖国家旅游度假区、朱家角国家5A级景区等创建工作，积极引入精品特色酒店，努力打造长三角乃至全国知名的湖泊旅游目的地、休闲度假基地。

2. 有序发展康体疗养产业

充分发挥淀山湖地区特别是大莲湖湿地周边生态环境优美的资源优势，建设休闲疗养、医疗保健等多样化、多层次的康体疗养服务体系，打造具有一定影响力的康体疗养胜地。

做大休闲疗养产业。将康体疗养与休闲旅游度假相结合，依托湖区旅游资源和生态优势，以规划建设大莲湖湿地公园及高端康体疗养区为载体，打造水上森林，形成湿地品牌，开发系列健康旅游疗养产品。

发展医疗保健产业。引进康复中心、保健机构和新型健康服务项目，拓展医疗手段和理疗方式，发展康复疗养、医疗服务、健身保健、健康咨询、健康教育等多种功能复合的医疗保健产业。引进高端养老会所等项目，培育集酒店式服务、生活护理和医疗护理于一体的老年健康护理产业体系。

二、黄浦江两岸生态规划

（一）区域状况

黄浦江是上海的重要水道，是长江汇入东海之前的最后一条支流。全长约113千米，流域面积约2.4万平方千米。黄浦江是上海市居民主要生活用水及工业用水的水源，兼有航运、排洪排涝、渔业、旅游等价值的多功能河流，它始于淀山湖，流经青浦、松江、奉贤、闵行、徐汇、卢湾、黄浦、虹口、杨浦、浦东新区、宝山11区，至吴淞口注入长江。

在《黄浦江两岸地区发展“十三五”规划》中，将两岸地区规定为吴淞口至闵浦二桥之间的黄浦江两岸流域，长约 61 千米，包括浦东新区、宝山区、杨浦区、虹口区、黄浦区、徐汇区、闵行区、奉贤区等 8 个行政区的滨江区域。规划研究范围至黄浦江全线，即从吴淞口到淀山湖，全长约 113.4 千米。

（二）绿色发展的现状

“十二五”期间，黄浦江两岸地区综合开发有序推进，滨江绿地和公共开放空间品质进一步提升，市政和交通基础设施进一步完善，产业结构和空间格局进一步优化，新的城市功能逐步显现。“十三五”期间，黄浦江两岸地区开发建设成效显著。

1. 综合战略地位更加突出

作为增强城市功能和发展能级的重要空间载体，黄浦江两岸地区成为串联外滩—陆家嘴地区、世博园区、前滩地区、徐汇滨江等重点区域的发展轴线，对全市创新驱动发展、经济转型升级的带动引领作用进一步凸显。

2. 空间发展格局更加优化

景观生态轴加快建设，高端服务和旅游休闲功能进一步集聚，中部现代服务集聚区、南部战略功能拓展区和北部转型升级主导区同步推进，初步形成“一轴两带三区”的空间格局。

3. 产业结构升级逐渐加快

到“十二五”期末，黄浦江两岸地区累计动迁企业约 3400 户，中心段货运码头已全部退出，产业结构由生产功能为主向现代服务业转变，金融、航运、旅游、文化、商务商贸等业态加快向沿江集聚，渐成规模。“十三五”期间，黄浦江沿岸金融、贸易、航运、文化、科创等核心功能集聚效应初步显现，滨水地区逐渐实现由生产型空间向生活型和服务型空间转变。

4. 基础设施建设成效显著

轨道交通 11 号线、12 号线和军工路越江隧道等一批交通设施为两岸地区提供了便捷服务；虹口港翻水泵闸、杨树浦港泵闸等项目提升了城市安全保障，并不断探索创新与城市公共空间的相互融合；丹东路等多处轮渡站、旅游码头完成改扩建，服务功能和品质进一步完善提升。2017 年底，黄浦江沿岸基本实现从杨浦大桥到徐浦大桥 45 千米滨江公共空间贯通开放。

5. 环境景观品质明显提升

到 2020 年底，黄浦江滨江累计建成 1200 公顷公共空间，漫步、跑步、骑行等休闲道长度约 150 千米。两岸公共空间品质得到有效提升，服务功能更加丰富多元，逐步形成开放共享的公共休闲空间体系。

6. 历史文脉得到保护传承

重现风貌，重塑功能，对沿江历史街区、历史建筑进行保护性更新改造的力度进一步加大，黄浦江沿岸以上海船厂、国棉十七厂、老码头创意园区等为代表的历史建筑和工业遗存得以保留、修复、改造和利用。

7. 规划体系逐步健全

有序推进公共空间系统性规划设计和建设，陆续制订出台相关标准，明确贯通开放、慢行系统、标识系统、配套设施、景观照明等建设要求。市、区两级建立相对完善的建设协同推进机制，研究出台滨江公共空间养护管理标准，有效提升了公共空间服务能级。

黄浦江沿岸地区已经成为承载上海国际大都市核心功能的重要空间载体，但对标世界级滨水区的更高标准，在统筹协调、错位发展、动能释放、人文建设、生态环保等方面仍有待提升。

（三）绿色发展的目标

“十四五”期间，上海市将以高品质公共空间为引领，推动深度开发，优化功能布局，培育核心产业，打造城市地标，努力将黄浦江沿岸打造成为彰显上海城市核心竞争力的黄金水岸和具有国际影响力的世界级城市会客厅，实现生活、生产、生态空间高度统一的世界一流滨水区域。黄浦江两岸地区发展的具体目标是：

至“十四五”期末，黄浦江沿岸地区基本建成体现现代化国际大都市发展能级和核心竞争力的集中展示区，文化内涵丰富的城市公共客厅和具有区域辐射效应的滨水生态走廊。

（1）努力打造高品质的滨水公共空间。结合区域功能转型，持续推进滨水公共空间向上下游和腹地拓展延伸，进一步优化完善文体、商业和休憩设施布局。作为推进公园城市体系建设的重点区域，“十四五”期间，黄浦江沿岸实现新增滨水贯通岸线约 20 千米，新建滨水大型绿地及公共空间约400公顷，沿岸建成示范型“美丽街区”，为市民提供更多高品质休闲空间。

（2）努力打造文化内涵丰富的城市公共客厅。“十四五”期间，加快推进高等级公共设施建设，彰显黄浦江国际文化交流和窗口展示功能。推进沿岸历史建筑和工业遗存的保护和更新利用，着力增强城市文化地标的辨识度。加快空间更新和文旅赋能，打造以世界级城市会客厅为核心的旅游休闲带。

（3）努力打造城市核心功能的重要承载地。充分发挥黄浦江黄金水岸和公共空间配套优势，加快核心产业集聚。“十四五”期间，黄浦江沿岸地区推进总量约700万平方米商业、商办楼宇建设及核心产业功能入驻；积极培育壮大科技创新、文化创意等新兴产业，进一步开发旅游功能，形成具有国际影响力的金融集聚带、总部经济汇集的高端商贸集聚区、文创活动活跃的休闲目的地。

（4）努力打造功能复合的蓝绿生态走廊。全面开展沿江沿河污染整治及生态环境建设，推进沿岸产业区块的产业转型；加快建设上游地区及主要支流生态走廊，重点推进黄浦江—大治河沿线生态走廊建设，推进滨水地区的森林城市体系建设，构建形成生态绿色滨水区的骨干网络。

（5）努力打造滨水地区精细化治理示范区。推进滨水公共空间综合管理立法，为实施高标准建设治理提供法治保障。依托城市运行“一网统管”平台，完善共建共享共治的滨水公共空间治理体系，打造体现人文关怀的滨水地区精细化治理示范区。

“十四五”时期黄浦江两岸地区建设主要指标见表5–4。

表5–4　“十四五”时期黄浦江两岸地区建设主要指标表

序号	指标	指标属性	2025年目标
1	新增滨江贯通岸线长度	约束性	约20千米
2	新增滨江绿地及公共空间面积	约束性	约400万平方米
3	滨江岸线品质提升长度（中心城区）	约束性	约2.5千米
4	新增文化体育等公共设施建筑体量	预期性	约55万平方米
5	新增工业遗存及历史建筑改造体量（中心城区）	预期性	约33万平方米

（四）绿色发展的规划

1. 错位协同，构建世界级滨水区基本空间格局

黄浦江沿岸地区规划形成“两核多节点”的空间发展格局，各区段错位协同，重点区段以集群方式布局具有全球竞争力的金融、创新、文化等核心引领功能。核心段（杨浦大桥至徐浦大桥）集中承载国际大都市金融、商务、文化、商业、游憩等核心功能，提供具有全球影响力的公共活动空间；下游段（吴淞口至杨浦大桥）基于区域转型升级，提供创新功能的发展空间，并强化生态与公共功能、生活功能的融合；上游段（徐浦大桥至淀山湖）强化战略性的生态保育功能基底，适当融入生活、游憩、文化与创新产业功能。

“十四五”期末，“外滩—陆家嘴—北外滩”“世博—前滩—徐汇滨江”两个“黄金三角”核心功能区基本形成，杨浦滨江南段、新民洋—沪东船厂、宝山滨江、紫竹等重点板块功能凸显。

2. 重点聚焦，加快各区段主导功能的能级提升

聚焦黄浦江沿岸地区重点区块，明确不同发展导向，强化主导功能集聚和能级提升，推动各区段协调发展。

（1）建设提升重点区块

——虹口北外滩区块：打造黄浦江金三角重要一角，形成“一心两片、新旧融合”总体格局，强化滨江航运金融及高能级商务、商业等核心功能。新增约 200 万平方米商务及商办楼宇，提升北外滩地区发展能级。完成北外滩贯通和综合改造提升、国客中心码头改造提升工程，推动上海音乐谷的国家音乐产业基地转型升级，打造世界级城市会客厅新地标。

——杨浦滨江南段区块：杨浦滨江南段将持续推进城区建设和品质提升，创建生活秀带国家文物保护利用示范区，建设公园城市先行示范区，建设生活秀带儿童友好公共空间示范区，加快世界技能博物馆、杨浦大桥公共空间等重点项目建设，推进约6万平方米历史建筑修缮及改造利用。引进科技创新、在线新经济、文化创意类头部企业，打造在线新经济总部集聚区。

——浦东世博－前滩区块：世博地区加快形成财富管理、财务公司、科技金融、航运金融等集聚地，提升金融服务能级。前滩区段继续加强总部商务、

文化传媒、体育休闲等主体功能培育，实现功能辐射引领。完成世博文化公园及上海大歌剧院建设，进一步丰富标志性公共活动中心的功能内涵。加快推进世博园区 A 片区“绿谷”以及前滩地区企业总部集聚区等建设，打造国际一流的商务环境。加强友城公园、休闲公园、体育公园等的联动，提升公共空间品质，形成宜居宜业的综合功能城市社区。

——徐汇滨江区块：以打造更具国际影响力和辐射引领力的文化、科创水岸为目标，加快传媒港、智慧谷、金融城、创艺仓、枫林湾等项目建设，打造创新创意产业集群。完成沿江剧场群落、星美术馆等建设，扩大西岸艺术与设计博览会规模，做实上海国际艺术品交易中心，持续发挥文化艺术辐射效应。推进南部延伸段滨江岸线贯通及西岸“梦中心”岸线改造提升，增设商业及公共服务配套设施，加快研究并适时启动龙腾大道南延伸、龙吴路快速化改造、沿江中运量交通等建设，为提升区域发展能级提供保障。

——浦东新民洋—沪东船厂地区：依托民生码头、上海船厂等丰富的历史和文化资源，拓展陆家嘴中央商务区的金融功能，打造东岸滨江文化创意、商务办公、休闲旅游走廊。加快推进民生码头区域 12 栋工业遗存整体功能策划及分期建设，加快启动沪东船厂整体转型开发，以滨水公共空间贯通带动区域品质提升。

（2）功能完善重点区块

——浦东陆家嘴区块：持续推进陆家嘴金融城建设，集聚总部型、功能性、国际性金融机构，增强国际金融中心的核心承载功能。引导金融功能向东部滨江延伸，加快陆家嘴金融二期（上海船厂地区）和新民洋地区（杨浦大桥至东方路滨江地区）建设。完成浦东美术馆建设和开放，推进港务大厦迁建，提升小陆家嘴区域综合商务观光休闲功能，推动全域旅游示范区建设。

——黄浦外滩区块：进一步拓展发展空间、提升服务能级，提高“外滩金融”的影响力和竞争力。推进外滩第二立面历史建筑保护利用，挖掘文旅、文创等复合功能。加快董家渡金融城建设，释放核心功能集聚空间。

——宝山滨江区块：建设世界一流邮轮母港和邮轮旅游目的地，提升滨江邮轮功能。重点推进吴淞口国际邮轮码头船舶交通管理中心、智慧邮轮港等建设。推动生产型滨江岸线转型，加快宝杨路客运站地块、上港九区、十区等区域调整转型研究和协调工作。加快滨江公共空间品质提升，完成吴淞示范段贯通开放及长滩音乐厅等公共设施建设。启动以水上运动为特色的上海吴淞口国际邮轮旅游度假区建设。

（3）前期储备重点区块

——杨浦滨江中北段区块：大力推进存量工业更新和企业技术升级，推动传统制造业加快向绿色制造和智能制造转型。完成滨江中北段产业功能定位研究，完善城市设计，推进规划编制。有序推进土地收储、产业转型，加快推动复兴岛—共青森林公园沿线约 6 千米滨江岸线贯通开放。

——浦东杨浦大桥以北区域：开展相关地块功能和规划研究，优化产业布局。有序推进高化地区转型升级，加快高桥港以南及居家桥路以西区域土地收储，启动沪东船厂搬迁，开展环境治理和生态修复。

——闵行滨江区块：结合吴泾电厂、吴泾化工区等区域产业转型，加强滨江区域环境整治，改善生态环境。加快浦江、江川等人口集中地区的滨江公共空间贯通，推进紫竹等成熟区段功能提升。

3. 还江于民，拓展提升开放共享的滨水空间

进一步拓展延伸滨江开放区域，提升滨江公共空间服务品质，为人民群众提供更多样、更丰富的活动空间和活动体验，提升黄浦江沿岸公共空间的品质与魅力。

持续推进滨江公共空间南拓北延。结合产业区块和岸线功能转型，推进滨江贯通岸线向核心段南北两侧延伸，新增约 20 千米滨江公共空间贯通岸线。重点推进吴淞滨江示范段约 5 千米岸线，高桥港南片区、沪东船厂、中海三林船厂等区域约 7.3 千米岸线，徐浦大桥以南区域 3 千米岸线，杨浦滨江中北段约 6 千米岸线，浦江、紫竹、江川滨江约 5 千米岸线等滨江公共空间的贯通开放。

打造滨江沿岸公共空间标志性节点。加快推进大型绿地公园建设，改造提升现有公共空间及滨江岸线，打造集自然生态、亲水互动、旅游休闲于一体的活力节点。重点推进世博文化公园、三林楔形绿地、滨江森林公园二期、杨浦大桥绿地、董家渡景观花桥、兰香湖等大型生态绿地和公共空间建设，实现新增公共空间及绿地约 400 公顷。启动三岔港楔形绿地建设研究。

推进公共空间网络向腹地延伸。推进滨江公共空间沿景观道路和河道向腹地拓展，形成系统、完整、丰富的公共空间和生态体系，带动沿岸区域城市更新和功能重塑。建设垂江慢行通道，优化滨江空间慢行路网与腹地路网的联系。完成杨树浦路、江浦路、黄浦路、公平路等道路改造，加快推进杨树浦港、虹口港、川杨河等支流河道滨水步道和绿地建设。

构建高标准的滨江景观体系。强化全要素设计，全面提升滨江核心段公共空间景观品质。开展街区和建筑景观整治，策划景观主题，提升景观照明，实现景观空间和功能的和谐统一。完成中心城区约 2.5 千米滨江岸线品质提升，重点推进杨浦滨江南段、陆家嘴北滨江、国客中心、西岸“梦中心”等区段岸线改造提升，持续推进黄浦江沿线景观照明提升、建设示范“美丽街区”等项目。

提升滨江公共空间服务能级。以便民惠民为原则，形成兼顾游憩与生活功能的服务设施体系。整合滨江区段内的公共服务资源，开展文体休闲、零售餐饮、旅游咨询、公共卫生等游憩服务设施的一体化升级。推动座椅、灯具等城市家具的品质提升，丰富实用、便利、亲民的活动场所。提升完善驿站网络布局和功能，形成游客、市民共享的服务设施体系。结合城市更新和空间改造，完善滨江沿岸十五分钟生活圈。

4. 特色彰显，打造具有水岸魅力的世界级城市会客厅

坚持保护传承与开发利用并举，加快历史文化遗产活化利用，有力推进公共文化新地标建设，强化滨江沿线文化功能和特征形象，做强文化旅游体育功能，激发滨江文化旅游发展活力。

打造世界级城市会客厅新地标。聚焦外滩—陆家嘴—北外滩区域，打造浦江两岸中央活动区新地标。完成虹口北外滩贯通和综合改造提升工程，加快推进黄浦外滩源及外滩后街区域城市更新。

打造历史遗产风貌展示区。串联滨江沿岸历史文化遗产资源，打造若干有特色、差异化的风貌展示区，打响新时代海派文化品牌。在外滩、北外滩、杨浦滨江、浦西世博、徐汇滨江等历史建筑和工业遗产分布集中的核心区段加强多样功能植入。

设立水岸特色历史地标。推动文化元素为滨江空间赋能，打造历史遗存

更新地标。重点推进永安栈房、原国棉九厂仓库等历史建筑改造与活化利用。民生码头充分挖掘和展示上海工业文明史，构建多元体验功能的城市综合体。上海船厂区域打造具有复合功能的地标节点。推进上粮六库改造利用，打造体验式生活性美学街区。积极推动浦西世博区域历史建筑改造利用。

营造高品质文化旅游体验。串联滨江各类工业遗存、里弄住宅等历史文化资源，拓展滨江文旅线路，打造世界级精品文旅项目。重点推进外滩—陆家嘴—北外滩全域旅游示范区建设，围绕吴淞口、复兴岛—共青森林公园、杨浦滨江、民生滨江文化城—船厂、北外滩、外滩—南外滩、陆家嘴、世博—前滩、徐汇滨江、吴泾镇—浦江镇等板块，打造主题会客空间。

打造滨江体育休闲活动带。以黄浦江滨江公共空间为载体，举办具有重大影响力的文化、旅游、体育活动。推动上海国际马拉松、上海杯帆船赛、世界技能大赛、上海国际艺术品交易月、西岸艺术与设计博览会等系列活动落户滨江沿岸。重点打造前滩、徐浦大桥、南浦大桥、杨浦大桥等大型体育主题公园，因地制宜嵌入篮球、排球、羽毛球等小型场地。推进浦东久事国际马术中心建设，迁建徐汇滨江划船俱乐部。

5. 标杆引领，增强城市核心功能集群的辐射带动力

发挥黄浦江沿岸产业集聚和生态绿色优势，聚焦金融、航运、商贸、科创、旅游、文创等主导产业，增强滨江空间城市核心功能的引领示范作用。

推动金融功能拓展。推动滨江沿线金融功能错位、协同发展，着力培育和引进科技金融、航运金融、贸易金融、产业金融等功能，推动上海国际金融中心多元化发展。巩固和提升陆家嘴金融城核心功能区地位，支持外滩金融集聚带南北延伸和纵深拓展，北外滩地区强化航运金融功能培育。加快建设北外滩金融港、上海金融科技园区、董家渡金融城、西岸金融城等项目，释放更大金融集聚空间。

加快航运服务功能集聚。进一步拓展航运服务新空间新业态，加快形成具有国际影响力的航运保险市场，积极打造海事纠纷解决优选地。加快建设航运服务功能集聚区，吸引航运产业链上下游企业和功能性机构集聚，建设陆家嘴—世博地区航运高端服务集聚区，打造北外滩航运服务功能创新示范区，办好“北外滩国际航运论坛”，打造上海国际航运中心高端航运服务功

能核心承载区。宝山滨江聚焦建设国际一流邮轮港，加快完善邮轮港综合交通体系。

促进高端商贸集聚。促进滨江高端商贸产业转型升级，拓展壮大滨江商贸功能能级，形成代表上海商贸品牌和地标的滨江商贸集聚带。依托外滩、陆家嘴等地区的区位优势，培育具有国际品质的商业购物功能。积极推进北外滩地区的商务办公、公共文化、商业服务等功能集聚。

加强科创产业培育。促进滨江沿线与腹地科研院所互动，结合工业遗存更新改造，打造科创集聚高地。推动研发中心、高端制造、智能车间、人工智能应用等在滨江地区布局发展。徐汇滨江依托智慧谷项目，加快建设具有国际竞争力的人工智能产业集群。杨浦滨江围绕在线新经济生态园建设，加快互联网头部企业集聚。加快推进枫林湾生命健康产业集群、沪东船厂科技型产业园区、闵行大零号湾创新创业集聚区等重点项目建设。

加快旅游功能开发。加强水陆联动、多元体验的全域旅游空间建设，提升邮轮、游船、水上运动等水上游憩功能。挖掘整合滨江地区文旅资源，重点推进品牌旅游线路和大型文体活动设计，打造旅游特色品牌。拓展黄浦江水上旅游功能，形成多点停靠水上巴士、环形观光游船、特色游艇等水上旅游方式，打造黄浦江精品文化主题游线。重点推进世博、北外滩酒店群和吴淞口国际邮轮旅游休闲区建设。

提升文化产业能级。促进滨江文化产业与腹地空间产业功能的融合渗透，结合历史遗存再利用，建设文化创意产业集聚区，推进黄浦江文化创新带建设，打造黄浦江文化品牌。推进世博沿岸、徐汇滨江—前滩、杨浦滨江南段、北外滩等重点区段文化设施建设，打造文化标杆。重点推进上海大歌剧院、世界技能博物馆、西岸“梦中心”剧场、宝山长滩音乐厅等高等级文化设施建设。整合浦东美术馆、中华艺术宫、世博大舞台、上海当代艺术馆、龙美术馆、余德耀美术馆等精品文化场馆资源，打造文化旅游新地标。

6. 全域共生，构建人与自然和谐共生的蓝绿生态网

努力增加滨江生态空间，坚持高标准全流域治理水环境，加强生态空间互联互通，积极开展沿岸海绵城市和绿色建筑技术示范区建设，构建人与自然和谐共生的蓝绿生态网络。

加强流域生态修复治理。全面推进沿江污染项目整治，加快工业岸线转型，严格管理污染源，开展上游段涵养林建设，提升滨江空间生态环境。加强湿地生态保护和修复，促进多维度生物栖息和生态群落培育，提升绿色空间品质。重点结合吴泾化工区、高化地区的转型提升，有序推进环境治理和生态修复。

凸显滨江生态的辐射渗透效果。推动滨江生态空间沿河道及路网向支流和腹地延伸，形成互联互通的生态网络结构。持续推进川杨河、淀浦河、蕰藻浜、张家浜、虹口港、杨树浦港等支流滨水廊道及绿道建设，形成滨水开放生态空间网络和景观游憩体系。

推进滨江海绵城市试点建设。倡导用生态绿色技术引导滨水空间生态绿色城区建设，推进滨江海绵社区建设与示范，大力应用推广生态建筑新技术、新材料、新工艺，提高滨江生态能级。重点推进杨浦滨江低碳发展实践区建设，推进北外滩、世博地区、徐汇滨江、三林滨江等海绵城市建设试点。

推进全流域综合治理与生态体系建设。协同上游太湖流域推进水环境治理，与上游水域形成连续的涵养林生态防护带。加强与长三角生态绿色一体化发展示范区、临港新片区的水域对接，实现互联互通，建设高品质的滨水空间网络。重点推进太浦河清水绿廊示范工程、黄浦江—大治河生态走廊建设，推进淀山湖环湖岸线贯通，打造一体化的滨水、滨湖生态景观廊道。

第三节　工业园区的绿色发展

一、张江高科技园区

（一）产业园区概况

上海市张江高科技园区是国家级的重点高新技术开发区，含张江高科技园区、康桥工业区、国际医学园区，承载着打造世界级高科技园区的国家战略任务。张江加速打造两大产业集群，“医产业”集群，涵盖医药、医疗、医械、医学的医疗健康产业；“E 产业”集群，基于互联网和移动互联网的互联网产业。实施“一体两翼”战略，以开发运营、服务集成和产业投资为三大主线的开发模式，被誉为“中国硅谷”。

1. 历史沿革

1992 年 7 月，上海市张江高科技园区成立，规划面积 25 平方千米。1999 年上海市委、市政府提出“聚焦张江”战略以来，张江高科技园区进入了快速发展阶段。2010 年，康桥工业园、国际医学园区划入张江；2012 年，周浦繁荣工业园划入张江。2014 年 12 月，中国（上海）自贸区扩区，张江高科技片区 37.2 平方千米纳入其中；2016 年 2 月，国家发展和改革委员会、科技部批复同意建设张江综合性国家科学中心；2017 年 8 月，上海市政府同意《张江科学城建设规划》，张江高科技园区变身张江科技城，规划面积增至 94 平方千米，衔接范围 191 平方千米。

2. 区位交通

张江科学城位于上海市中心城东南部，浦东新区的中心位置。规划范围为北至龙东大道、东至外环—沪芦高速、南至下盐公路、西至罗山路—沪奉高速，是浦东新区中部南北创新走廊与上海东西城市发展主轴的交汇节点，与陆家嘴金融贸易区和上海迪士尼乐园毗邻，距离上海浦东国际机场 15 分钟车程。毗邻上海城内环线，中环线、外环线、罗山路、龙东大道等城市立体交通大动脉贯穿其中。

3. 特色产业

目前，张江汇聚企业 2.4 万余家国家、市级研发机构 150 余家，跨国公司地区总部 58 家，近 20 家高校和科研院所，现有从业人员逾 40 万。初步形成了以信息技术、生物医药为重点的主导产业，聚集了中芯国际、华虹宏力、上海兆芯、罗氏制药、微创医疗、和记黄埔、华领医药等一批国际知名科技企业，旨在聚焦重大战略项目，打造世界级的高科技产业集群，引领产业发展。一是信息技术产业集群。张江集成电路产业是中国最完善、最齐全的产业链布局。二是生物医药产业集群。张江生物医药领域形成新药研发、药物筛选、临床研究、中试放大、注册认证、量产上市的完备创新链。此外，借助上海建设全球科技创新中心的契机，张江园区着力打造“四新”经济创业基地，培育、引进一批“四新”经济企业，加快推动园区“四新”经济企业集聚发展，使张江成为“四新”经济发展的策源地和集聚地。在“十三五”期间，集成电路、生物医院和人工智能三大主导产业不断取得关键核心技术突破，呈现年均 10% 以上的高增长态势。

（二）绿色发展的措施

1. 坚持低碳理念

张江示范区积极贯彻创新、协调、绿色、开放、共享的发展理念，建设了上海国家半导体照明新技术产业化基地。“十二五”期间，上海工业区着力加大创新投入，集聚创新要素，提升创新能力，优化园区创新服务环境。以“张江高新区”1 区 22 园及紫竹高新区为主要代表的高新技术开发区形成了统筹联动发展格局，辐射全市各区。开展上海市“四新”经济创新基地建设试点，通过先行先试、聚焦重点、示范带动，推进“四新”经济新载体建设，共批准授牌 85 家“四新”经济创新基地试点。

张江坚持发展以芯片研制、智能制造、健康管理服务为代表的智慧经济，发展以新能源、新能源汽车、新材料、智能微电网为代表的绿色经济，全面推进创新改革，建设开放创新的先导区、创新创业的活跃区、科技金融的结合区、区域经济的增长极、先行先试的试验田，打造上海建设具有全球影响力科技创新中心的核心载体。

在“十三五”期间，张江的低碳环保产业则重点发展半导体照明控制芯片、储能技术、新能源汽车、新材料、智能电网、水处理、土壤修复、节能环保设备研发及环保服务业。

2. 培育新兴产业

张江示范区重点培育新一代信息技术、高端装备制造、生物医药、节能环保、新材料五大主导产业，构筑新兴产业高地。在新一代信息技术的发展上，聚焦物联网、云计算等新一代信息技术，加快示范应用，推进商业模式创新。加快重大项目引进和落地，努力建设成为具有国际竞争力的产业示范基地。《上海市工业发展“十二五”规划》中要求张江等园区培育壮大一批代表产业发展方向、辐射带动力强、占领技术制高点的战略性新兴产业基地。主要依托园区、高校、科研机构和龙头企业，重点推动建设新一代信息技术、新能源、新能源汽车、新材料、节能环保、生物医药、物联网、智能电网、云计算等领域的新兴产业基地，形成产业特色鲜明、布局集中、配套完善的新兴产业空间布局。

在高端装备制造方面，张江加快发展清洁高效煤电装备、燃气轮机、轨道交通装备、关键基础件、检测控制设备等装备，大力发展海洋工程装备，着力发展干支线飞机及其发动机、航空电子等装备，促进卫星、导航及其应用产业发展。在节能环保产业方面，张江积极培育新能源和新能源汽车两大先导产业。支持在能源的高效清洁生产、利用和配套方面开展研发创新和推广使用。

根据张江园区“十三五”规划，到2020年信息技术产业营收规模达3000亿元，其中集成电路产业900亿元（年均增长率15%），软件和信息服务产业900亿元（年均增长率10%），信息制造产业营收规模维持1200亿元。集成电路产业综合技术水平保持国内领先地位，到2020年，设计业主流技术达16/14纳米，先进设计技术达10/7纳米；芯片制造业14纳米制程进入量产，10纳米工艺开发成功；设备制造业等离子刻蚀机、90/65纳米光刻机、12英寸晶圆清洗机、全自动集成电路光学检测设备等进入国际采购体系。

此外，根据“十三五”规划，张江的生物医药产业，到2020年营收规模达1000亿元（年均增长率15%），占上海市生物医药产业营收规模50%，新药产品超过250个，新药证书超过60个，形成生物医药、高端医疗器械、高端医疗服务等领域研发总部发展集聚；文化创意产业，到2020年营业收入突破1500亿元，成为具有国际影响力的文化创意基地。

3. 创建生态园区

张江示范区依托上海张江发展战略研究院、上海市低碳科技与产业发展协会开展低碳经济、低碳园区的研究。提出了在张江高科技园区打造国家级“低碳硅谷”——推动科技研发、能力建设与产业发展的建议。指导各分园创建生态园区，以生态、绿色、低碳为主导，以培育和发展新兴产业集群为主体，加快推进传统产业技术改造和技术创新的新一轮“二次开发”。“十二五”期间，上海工业积极开展国家生态工业示范园区创建工作，张江等七个园区获批成为国家级生态工业示范园区。

4. 产城融合发展

张江坚持产业功能、文化功能、城市功能紧密结合，推动园区、校区和公共社区“三区联动”发展，促进智能园区建设与智慧城市建设相结合，大力加强园区公共服务中心建设，完善园区居住、生活和公共服务设施。

2015 — 2020 年上海张江高新技术产业开发区经济指标情况见表 5–5。

表 5–5　　上海张江高新技术产业开发区主要经济指标　　（单位：亿元）

时间	工业总产值	主营业务收入	利润总额
2015	1136.98	1305.19	313.26
2016	1331.5	1522.24	363.06
2017	1473.08	1851.15	378.18
2018	1424.62	1856.3	408.27
2019	1391.35	1881.25	322.13
2020	1585.93	1937.54	244.35

数据来源：EPS 数据库。

根据表5–5上海市张江高新技术产业开发区主要经济指标发展情况来看，从 2015 年至 2020 年工业总产值、主营业务收入总体呈现递增的趋势。其中，工业总产值从 2015 年的 1136.98 亿元增加到 2020 年的 1585.93 亿元，主营业务收入从 2015 年的 1305.19 亿元增加到 2020 年的 1937.54 亿元。利润总额在 2015—2018 年均保持较好增势，但 2019 年和 2020 年的利润总额出现下滑，只有 322.13 亿元和 244.35 亿元。

（三）绿色发展的规划

“十四五”时期，是张江科学城全面提升创新策源能力的关键五年，是创新精神的凝练塑造期、基础研究的跨越提升期、主导产业的加快集聚期、城市功能的大幅完善期、治理结构的全面构建期。

1. 进一步优化空间布局

围绕建设上海科创中心核心承载区的战略目标，对张江科学城总体空间进行优化调整，形成“一心两核、多圈多廊”错落有致、功能复合的空间布局。“一心”即张江城市副中心；“两核”即张江科学城南北“一主一副”科技创新核；“多圈”推动 15 分钟社区生活圈全覆盖；“多廊”依托川杨河、北横河、咸塘港、浦东运河等城市生态廊道，纳入北蔡楔形绿地、黄楼生态湿地，形成“三横三纵、蓝绿交织”的生态空间格局。

2. 进一步强化创新功能

发挥创新优势，助力张江科学城绿色生态发展。建立以企业为主体的绿色低碳技术创新体系，推动低碳技术产业化、低碳产业规模化。以信息技术手段、互联网的思维改变传统园区的发展管理模式，走数字化、智能化、移动化、社区化的智慧模式实现生态环境全生命周期管理。

对外敞开大门，对内联通互动。上海浦东新区张江科学城核心区6.6万平方米的天然半岛正成为人工智能的“试验场”，微软、IBM、英飞凌等国际科技巨头纷纷入驻，云从科技、小蚁科技等国内新生力量也崭露头角，共同打造以上海为中心的创新枢纽。

依托综合性国家科学中心建设，承接一批国家大科学设施，构建由重点实验室、企业研发中心、工程中心和技术创新中心等组成的创新生态系统；集聚一批高端研发机构，努力成为跨国公司全球研发创新链上的重要节点；打造一批公共技术服务平台，着力提升对创新创业、新兴产业发展的技术服务支撑能力；建设一批应用技术和科技成果转化基地，努力成为全球高新技术产业的重要集聚地。建立一批国际化、专业化、社会化的新型孵化器，形成链接全球的孵化创新网络。

3. 进一步健全科技产业链条

围绕高端高效，提升优势产业、培育潜力产业。优势产业，主要是进一步提升全球影响力和竞争力；潜力产业，主要是提升能级、扩大规模，在全市、全国形成优势地位。浦东推出了生物医药产业基地规划，正是计划以张江高科技园内的张江创新药产业基地、张江医疗器械产业基地为重要增长点，到2020年，制造业工业产值和高技术服务业营收合计达到1000亿元，到2025年，基本建成具有国际影响力的生物医药创新策源地和产业集群，推动浦东生物医药产业迈向全球价值链高端。

4. 进一步完善综合环境

构建环林间绿、水脉相连、随处可憩的绿色生态城区。构筑城绿交融的生态空间格局。坚持绿色低碳发展，以生态绿地为基底，以环城生态公园带和外环运河生态间隔带为核心廊道，以各级生态走廊、生态间隔带、滨水绿带为骨架，形成“三横三纵、蓝绿交织”的生态空间格局。提高绿地空间的显示度，加快林地建设和生态廊道联通，布局森林空间和郊野公园，增加游憩空间，提高森林覆盖率。营造丰富的绿色开敞空间，构建“城市公园、地区公园、社区公园、口袋公园”四级公园体系，400平方米以上绿地、广场等公共开放空间5分钟步行可达覆盖率85%。建设独具魅力的水系生态空间，灵活运用多种元素提升水生态的参与性与景观性，重点规划打造川杨河两岸风景线，使其成为标志性的公共生态休闲空间。

二、上海化工产业园

（一）产业园区概况

上海化学工业区是上海及长江三角洲对外开放的南大门，规划面积为58平方千米，是上海市九大市级工业区之一。上海化学工业区为国家级经济技术开发区，是国家首批新型工业化示范基地、国家生态工业示范园区、全国循环经济先进单位，同时也是上海六大产业基地的南块中心，被誉为“上海工业腾飞的新翅膀”。

1. 历史沿革

上海化学工业区由上海市人民政府于1996年8月12日批准设立，是中国改革开放以来第一个以石油化工及其衍生品为主的专业开发区。2009年底，金山分区、奉贤分区纳入上海化工区统一管理后，管理范围扩大至36.1平方千米。经历了“九五”期间的艰苦创业、“十五”期间的全面建设和“十一五”期间的深化发展。力争到2020年左右形成杭州湾北岸60平方千米化工产业带，实现每年4000万吨炼油、350万吨乙烯生产能力和近6000亿元工业总产值。力争到2030年，化工区及相关产业营业收入达到10000亿元，把化工区全面建成“具有国际竞争力的世界级石化基地和循环经济示范基地”。

“十三五”期间，化工区多次荣获“全国化工园区30强”榜首，被评为“国家新型工业化示范基地（五星级）”，全面迈入“从大到强、从强到优、从优到精”的迭代升级阶段，开启了高质量发展的新征程。“十三五”时期，园区工业总产值突破千亿级，年均增长4.7%。利润总额五年累计907亿元，占园区建园来盈利总额的近80%，较“十二五”提高708.5%。上缴税金五年累计540亿元，较“十二五”增长112.9%，占园区建园来税收总额的近60%。完成固定资产投资170亿元，战略性新兴产业产值占园区工业总产值比重达42.5%，较“十二五”期末提升11.7个百分点。亩均产值、亩均税收、人均劳动生产率分别突破800万元、100万元、1000万元，名列国家级经济技术开发区前茅。

2. 区位交通

上海化学工业区位于上海市南翼，金山、奉贤两区的交界处，距市中心50千米，有A4高速公路连接市区和沪宁、沪杭高速公路网，从市中心驱车至现场仅需45分钟；化工区内设专用铁路支线与全长113千米的浦东铁路(奉贤—浦东机场—张庙)相连；通过疏浚后的内河航运系统，化工区可与黄浦江、长江水系连通；化工区除建有专用海运码头以外，与洋山深水港（1000万标准集装箱）仅55千米；化工区距浦东国际机场和虹桥国际机场均约50千米。化工区快捷的“水陆空”运输条件，将为来化工区投资的企业提供极为便利的交通运输服务。

3. 主导产业

上海化工区重点发展石油化工、精细化工、高分子材料等产业，目前已成为全球最大的异氰酸酯、国内最大的聚碳酸酯生产基地。以炼化一体化项目为龙头，打造“1+4”产业组合，化工区注重在“产业链的竞争”上做好文章，形成了以乙烯为龙头，异氰酸酯为中游，聚异氰酸酯和聚碳酸酯等精细化工中间体和涂料、胶黏剂等精细化工产品为终端的、较为完整的产业链。同时引进国际行业巨头，采用先进工艺生产高附加值新产品，填补了国内空白。

（二）绿色发展的现状

1. 生态环境质量治理历史最优

持续开展环境综合整治行动，环境质量持续改善。“十三五”末，园区挥发性有机物浓度（VOCs）为55.2微克每立方米，较“十二五”末下降46.6%；污染物PM2.5、PM10、氮氧化物、硫化氢和氨气浓度分别较“十二五”末下降33.3%、35.7%、34.8%、43.8%、29.6%。建立污染源排放清单，开展重点企业指纹库建设，形成“企业报告—项目控制—独立核查—网络监控”的监管机制，重点企业环境信息公开率均达100%。

2. 循环经济领先全国同行

持续发展循环经济，被评为全国低碳工业园区试点单位、国家绿色园区、绿色化工园区、环境污染第三方治理园区，科思创、舒驰等公司获“国家绿色工厂”称号。出台化工区产业绿色发展专项扶持政策，支持企业节能减排、资源化利用等，重点企业清洁生产执行率为100%。“十三五”末，园区万元产值能耗较“十二五”末下降16%，能耗、耗水量、废气、废水指标领先全国同行业水平。建立“水厂—企业—污水处理厂—湿地处理系统—区内河道系统”的人工生态湿地废水处理及再利用系统，废水COD、总氮、总磷去除率分别达到20% ~ 30%、65% ~ 85%、45% ~ 55%。建设移动式光伏发电机组，年节能量达1.4万吨标准煤，二氧化碳年减排量达3.9万吨。

3. 公用工程降成本成效显著

持续推进公用工程综合服务融合化、配套服务标准化、价格管理透明化，提升园区综合竞争力。制定化工区公用工程价格指导意见，建立公开、透明的公用工程产品和服务的价格协调机制。开展低压天然气经销体制改革，率先推动园区企业参加市直供电交易，累计节约能源成本超3亿元。推动管廊、水务、废料处置、码头、蒸汽等配套企业优惠让利、提供增值服务，累计为企业节约成本超1亿元。管廊公司编制的《化工园区公共管廊管理规程》，成为全国化工园区首个国家标准。

4. 智慧化工园区示范单位创建成功

加快探索智慧化创新之路，获“中国智慧化工园区试点示范单位”“上海市工业互联网创新实践基地”等称号。加强智慧园区建设顶层设计，确定“1+1+3+6+X”的总体框架。发布园区《智慧政务信息系统资源交换接口标准》《智慧政务信息资源目录体系规范》，出台智慧园区建设工作制度、专项支持实施办法、项目建设管理办法等文件。大数据智慧决策平台、云计算中心、智慧公安、智慧消防、智慧医疗、智慧海事、智慧海关、智慧管廊等一批项目建成投用。赛科、科思创、巴斯夫、华谊新材料等企业智能工厂建设全面开展。

（三）绿色发展的规划

到“十四五”期末，化工区按照最高标准、最严要求，产业能级再上新台阶、绿色发展达到新高度、数字转型取得新突破、营商环境成为新典范、文化建设展现新标杆、联动发展形成新模式、党的建设展现新作为，打造化工园区更高质量、更高水平、更优结构的发展示范标杆，继续做好排头兵和先行者，打响“上海制造”品牌，加快建设成为具有国际竞争力的“世界级石化产业基地”和“循环经济示范基地”。上海化工区“十四五”绿色发展的指标详见表 5–6。

表 5–6　　上海化工区“十四五”绿色发展指标

指标	单位	指标属性	目标
万元产值（加工）能耗	吨标准煤 / 万元	预期性	进一步下降
亿元产值生产安全事故死亡率	%	约束性	0.03
百万工时可记录损工事故率	%	约束性	0.8
企业安全生产标准化达标率	%	约束性	100
PM2.5 年均浓度	微克每立方米	预期性	30
环境空气质量（AQI）优良率	%	约束性	力争 87.5
大气环境主要 VOCs 年均浓度	微克	约束性	<70
清洁能源使用率提升	%	预期性	5

1. 推动核心产业高端化

建设上海化工区进一步向“精细、绿色、高技术、高效益、高附加值”方向延伸，形成“1+5+2”产业体系。

“1”是指大力推动现有企业产业升级，推广替代性材料、清洁低碳能源的应用，推动产业绿色低碳发展。

“5”是指重点发展电子化学品、以聚氨酯、尼龙等为重点的新材料，生物医药，氢能，碳中和等领域，服务全市三大先导产业等重点产业以及战略任务。

“2”是指加快发展化工科创和总部、贸易、检测、金融等化工服务业。

2. 提高绿色生态建设能级

树立绿色低碳发展理念，深入打好污染防治攻坚战，推进金山区第三轮环境综合整治工作，强化清洁生产以及绿色工厂、绿色园区建设，使园区天蓝水清土净的生态环境更加宜人。

持续提升环境质量。完善园区 VOCs 动态排放清单，持续推进主要排污口安装污染物排放自动监测设备，加强 VOCs 排放全过程管控。深化园区生态湿地的分级改造和运行管理，提升生态湿地的污水处理功能。优化园区土壤、地下水环境监测网络，结合土壤重点企业监管探索土壤、地下水污染风险的联合动态管控。加强对危险废物产生、贮存、转移、利用、处置的全过程管控。构建生活垃圾分类常态长效机制，继续提升装修等垃圾的资源化利用率，持续推进废物减量和资源化利用。支持企业创建绿色制造体系，探索应用减碳的新技术应用，增加无毒无害、低毒低害和环境友好型原料使用，实施清洁生产改造，开展清洁生产审核。

强化环境风险管理。探索应用无人机和无人驾驶监测车的地空一体化移动监测新模式，完善环境数据采集体系和环保大数据的动态高分辨实时分析体系，加强大气污染溯源，切实提升园区突发大气环境事件的应急响应能力。完善“企业—园区污水集中处理设施——体化防御体系—内河”事故废水截留四级防控体系，进一步提升园区突发水环境事件的防范能力。

加强生态系统建设。逐步完善园区人工湿地功能建设，启动滨海滩涂保护，实现园区生态板块与湿地、廊带之间的系统链接，构建更加完整的绿地系统和更有韧性的生态体系。建立健全园区生态环境指示物种、指示指标数据库，定期对园区生态系统状况进行评估，为园区绿地及湿地生态系统的建设管理、升级改造、功能完善等提供数据支撑，成为化工园区废水资源化的示范。

加快新能源应用。推进分布式光伏发电机组建设，根据地形条件、风资源情况研究规划沿海等区域安装风力发电机组，落实非水可再生能源电量消纳任务。参与国家分布式能源市场化交易试点，开展光伏就近交易。发挥园区低成本氢源优势，推动上游低成本氢源供应、中游氢能基础设施布局、下游氢能技术和材料研发的全产业链发展，鼓励园区企业在物流车、通勤车、叉车等车型中加快应用氢燃料电池车，发挥示范效应，为上海市燃料电池汽车示范应用城市群建设提供支撑。

3. 推动循环经济发展

进一步促进园区产品关联度提升、资源高效集约利用，形成共享资源和互换产品及副产品的产业共生链网，建设具有影响力的循环经济示范基地。

探索使用生物质等替代化石原材料，促进源头资源减量化。加强节能降耗新技术应用，提高能源利用效率和终端用能设备能效水平。鼓励企业探索废气高价值组分回收利用，开展近零排放火炬试点。加强废水、废溶剂协同处理及再生利用，探索高盐废水综合利用，打造近零排放试点示范。支持企业加强循环经济关键技术、工艺和设备的研发，力争在塑料循环、新型复合可降解材料、环境友好型产品等领域取得突破。加强园区富余资源能源与周边社区共享，鼓励区域废弃物协同处置，促进园区与周边区域循环发展，探索建立跨区域废弃物协同处置机制。引进、培育第三方服务机构，开展循环经济托管综合服务，加快循环发展标准体系建设。

4. 加快美丽园区建设

建设区域性杭州湾绿道和具有化学色彩的林荫大道，完善园区绿道廊道系统，整体提升园区美丽形象。重点推进科创中心、沪杭公路与区内主要南北向道路交叉口区域，打造 6 大“美丽节点”，提升园区对外辨识度。推动生态植物园改造建设“四季花卉园”，种植世界花卉，打造园区对外交流的生态文化展示窗口。融合化工文化元素、企业文化展示等，推进目华路、天华路等主干道两侧景观布置。推进园区生态湿地扩建工程与周边滨海湿地建设、漕泾郊野公园建设的湿地景观联动，打响园区湿地名片。

第六章　上海市绿色绩效评价

推进城市绿色发展，是我国城市发展的未来方向。构建科学合理的城市绿色发展评价体系，对城市绿色发展的水平和效益进行科学、客观的评价，对推动城市绿色发展具有重要的实践意义。通过城市绿色发展评价体系的运用，可以客观评价城市绿色发展状态，科学分析城市绿色发展过程中存在的不足，并提出有针对性的对策建议，为城市绿色发展指明方向。

第一节　绿色发展评价体系

城市绿色发展要求城市以建设成为资源节约型和环境友好型城市为目标，实现城市经济发展和资源环境的协调发展，在保证城市经济持续稳定发展的前提下，尽可能减少城市经济活动对资源环境的不良影响，提升城市的宜居水平。目前，国内外绿色发展评价主要围绕 3 条路径展开：绿色国民经济核算、绿色发展多指标测度体系和绿色发展综合指数。绿色国民经济核算是测算经济活动对资源环境所造成的消耗成本和污染代价，由于资源环境问题的复杂性和核算方法的不成熟，目前没有得到广泛应用和推广；绿色发展多指标测度体系是从多个角度选择一系列核心指标用于综合反映绿色发展的状态，能直观地显示绿色发展的促进和制约因素，但由于不进行指标加权汇总，无法对绿色发展进行总体评估；绿色发展综合指数对从各个角度反映绿色发展状况的系列核心指标进行加权汇总，可用于进行绿色发展水平的横向和纵向比较。

一、中国绿色发展指数

（一）指数介绍

中国绿色发展指数是绿色发展评价体系中具有代表性的一种指标，它包含中国省际绿色发展指数和中国城市绿色发展指数两套体系，用来全面评价中国各省区和主要城市绿色发展情况。中国省际绿色发展指标体系于2010年建立，2011年进行调整，2012年开始测算，中国城市绿色发展指数体系于2011年建立。北京师范大学经济与资源管理研究院、西南财经大学发展研究院和国家统计局中国经济景气监测中心三家单位合作编著了《2015中国绿色发展指数报告——区域比较》，2015年中国省际绿色发展指数由经济增长绿化度，资源环境承载潜力和政府支持度3个一级指标、9个二级指标、60个三级指标构成；中国城市绿色发展指数由经济增长绿化度、资源环境承载潜力和政府支持度3个一级指标，9个二级指标，44个三级指标构成，全面测度了我国30个省（区、市）和100个城市的绿色发展水平。

中国省级绿色发展指数（2017/2018）仍采用此指标体系进行测算。该体系由经济增长绿化度，资源环境承载潜力和政府支持度3个一级指标、9个二级指标以及62个三级指标构成。在《2017/2018中国绿色发展指数报告——区域比较》中采用“中国绿色发展指数评价指标体系”，对2017年和2018年中国30个省区的绿色发展指数进行测度与分析，报告发现我国绿色发展在实践过程中出现了一些值得关注的新变化。

第一，总体而言，中国绿色发展水平呈现出明显的空间异质性。从中国绿色发展指数地理区域划分的角度看，东部水平最高，西部和东北部水平居中，中部水平相对较弱。东部地区2017年及2018年绿色发展指数稳居第一；2017年东北部绿色发展指数位居第二，西部位居第三，而2018西部绿色发展指数位居第二，东北部位居第三；相比其他区域，中部地区2017年及2018年绿色发展指数始终处于最末，绿色发展水平亟待提高。

第二，不同区域绿色发展驱动力存在差异。从绿色发展指数的3个一级指标来看，多数东部省（区、市）主要依靠经济增长绿化度和政府政策支持度驱动绿色发展水平提升；多数西部省（区、市）则凭借着较高的资源环境承载潜力获得了相对较好的绿色发展水平，但经济增长绿化度的制约仍十分明显；东北部省（区、市）的绿色发展水平进步较大主要得益于经济增长绿化度的驱动效应以及不断改善的资源环境承载潜力；相比西部和东北地区，多数中部省（区、市）在绿色发展上缺乏突出优势和核心驱动力。

第三，省级绿色发展水平具有发散特征，但部分区域之间呈现收敛。从各省（区、市）绿色发展指数来看，排名靠前的省（区、市）与排名靠后的省（区、市）差距较大，排名靠前的省（区、市）得益于较强的经济基础、区位优势和政府的高度支持，预计未来仍将保持领先位优势并进一步拉大差距；而排名靠后的省（区、市）受制于较差的经济基础、地缘劣势和相对脆弱的生态环境，未来上升途径可能较为曲折。在部分区域之间，特别是西部和东北地区的绿色发展指数具有收敛态势，二者整体的绿色发展水平已十分接近。

第四，从各级指标对绿色发展的贡献来看，不少不具有先天资源环境禀赋优势的地区（比如上海、浙江）反而具有较高的绿色发展水平，这主要得益于经济社会在转型升级过程中提升了绿色增长效率、促进产业集约高效发展并不断增强政府能效，从而促进经济社会高质量发展；而不少具有先天资源环境禀赋优势的地区（比如青海、甘肃）的绿色发展水平反而陷入“低端锁定”，原因在于尚未将资源环境禀赋优势转换为经济优势，没有形成经济增长的新动能，从而出现了“绿色”与“发展”之间的失衡。

（二）上海的绿色发展指数

2018 年中国省际绿色发展指数排在前 10 位的省（区、市）依次是：北京、上海、内蒙古、浙江、福建、江苏、广东、山东、天津和海南。

从 2018 中国省际绿色发展指数排名比较来看，在参与测算的 30 个省（区、市）中，有 10 个省（区、市）绿色发展水平高于全国平均水平，按指数值高低排序依次是：北京、上海、内蒙古、浙江、福建、江苏、广东、山东、天津和海南。

2018 年长江经济带中绿色发展指数前 4 位的省（市）分别是上海、浙江、江苏和安徽，绿色发展指数都超过了 0.33，其中上海和浙江的绿色发展指数更是超过了 0.4，上海的指数达到 0.423（见表 6–1）。

表 6-1　　2018 年长江经济带 11 个省（市）绿色发展指数及排名一览表

地区	绿色发展指数			一级指标								
				经济增长绿化度			资源环境承载力			政府政策支持度		
	指数值	全国排名	经济带内排名	指数值	全国排名	经济带内排名	指数值	全国排名	经济带内排名	指数值	全国排名	经济带内排名
上海	0.423	2	1	0.151	3	1	0.099	20	9	0.174	5	3
浙江	0.402	4	2	0.113	5	3	0.109	16	6	0.180	3	1
江苏	0.379	6	3	0.124	4	2	0.078	27	11	0.177	4	2
安徽	0.335	13	4	0.076	18	7	0.096	22	10	0.163	9	4
重庆	0.326	16	5	0.079	15	5	0.101	19	8	0.146	14	5
湖北	0.321	18	6	0.083	13	4	0.104	18	7	0.133	18	7
云南	0.317	19	7	0.057	25	10	0.128	9	2	0.132	20	8
四川	0.315	20	8	0.066	20	8	0.130	7	1	0.119	26	11
湖南	0.313	21	9	0.078	16	6	0.114	15	5	0.121	24	10
江西	0.312	22	10	0.057	27	11	0.114	14	4	0.141	17	6
贵州	0.306	23	11	0.060	23	9	0.119	13	3	0.126	23	9

注：1. 本表根据省际绿色发展指数测算体系，依各指标 2016 年数据测算而得。2. 本表各省（区、市）按照绿色发展指数的指数值从大到小排序。3. 本表中绿色发展指数等于经济增长绿化度、资源环境承载潜力和政府政策支持度 3 个一级指标指数值之和。4. 以上数据及排名根据《中国统计年鉴 2017》《中国环境统计年鉴 2017》《中国环境统计年报 2015》《中国城市统计年鉴 2017》《中国省市经济发展年鉴 2017》《中国水利统计年鉴 2017》《中国工业经济统计年鉴 2017》《中国沙漠及其治理》等测算。5. 为了便于后文进行比较分析，基于算术平均方法，测算得到所有参评省（区、市）绿色发展的平均水平为 0.344，所有参评省（区、市）经济增长绿化度的平均水平为 0.087，所有参评省（区、市）绿色发展的平均水平为 0.112，所有参评省（区、市）政府政策支持的平均水平为 0.145。

资料来源：关成华，韩晶 .2017/2018 中国绿色发展指数报告——区域比较 [M]. 经济日报出版社，2019（3）。

二、中国绿色评价体系

国家发展和改革委员会、国家统计局、环境保护部（现为生态环境部）、中央组织部于 2016 年制定了《绿色发展指标体系》，该体系包括 7 个指标层共计 56 个绿色发展指标，为各省、自治区、直辖市考核生态文明建设提供依据。这 7 个指标层分别为资源利用（权数 =29.3%）、环境治理（权数 =16.5%）、环境质量（权数 =19.3%）、生态保护（权数 =16.5%）、增长质量（权数 =9.2%）、绿色生活（权数 =9.2%）、公众满意程度。

绿色发展指标体系采用综合指数法进行测算，“十三五”期间，以 2015 年为基期，结合“十三五”规划纲要和相关部门规划目标，测算全国及分地区绿色发展指数和资源利用指数、环境治理指数、环境质量指数、生态保护指数、增长质量指数、绿色生活指数 6 个分类指数。绿色发展指数由除“公众满意程度”之外的 55 个指标个体指数加权平均计算而成。

计算公式为：

$$Z=\sum_{i=1}^{N} W_iY_i（N=1，2，\cdots，55）$$

其中，Z 为绿色发展指数，Y_i 为指标的个体指数，N 为指标个数，W_i 为指标 Y_i 的权数。

绿色发展指标按评价作用分为正向和逆向指标，按指标数据性质分为绝对数和相对数指标，需对各个指标进行无量纲化处理。具体处理方法是将绝对数指标转化成相对数指标，将逆向指标转化成正向指标，将总量控制指标转化成年度增长控制指标，然后再计算个体指数。

公众满意程度为主观调查指标，通过国家统计局组织的抽样调查来反映公众对生态环境的满意程度。调查采取分层多阶段抽样调查方法，通过采用计算机辅助电话调查系统，随机抽取城镇和乡村居民进行电话访问，根据调查结果综合计算 31 个省（区、市）的公众满意程度。该指标不参与总指数的计算，进行单独评价与分析，其分值纳入生态文明建设考核目标体系。

国家负责对各省、自治区、直辖市的生态文明建设进行监测评价，对有些地区没有的地域性指标，相关指标不参与总指数计算，其权数平均分摊至其他指标，体现差异化；各省、自治区、直辖市根据国家绿色发展指标体系，并结合当地实际制定本地区绿色发展指标体系，对辖区内市（县）的生态文明建设进行监测评价。各地区绿色发展指标体系的基本框架应与国家保持一致，部分具体指标的选择、权数的构成以及目标值的确定，可根据实际进行适当调整，进一步体现当地的主体功能定位和差异化评价要求。

第二节 上海绿色发展评价体系及指标解读

一、上海绿色发展评价体系的指标构建

根据《上海市生态文明建设目标评价考核办法》（沪委办〔2018〕49号）相关要求，2018年11月，上海市发展和改革委员会、市统计局、市生态环境局、市委组织部、市公务员局制定了《上海市绿色发展指标体系》（附录5），作为生态文明建设评价考核的依据。

上海市绿色发展指标体系包括资源利用（权数=27.3%）、环境治理（权数=18.2%）、环境质量（权数=18.2%）、生态保护（权数=10.2%）、增长质量（权数=14.8%）、绿色生活（权数=11.3%）和公众满意程度7个方面，共计49个绿色发展指标。根据国家统计局公布的《绿色发展指数计算方法》的要求，除公众对生态环境质量满意程度指标外，其余48个绿色发展指标按照不同性质，将其转化为可以直接用于个体指数计算的绿色发展统计指标。

绿色发展指标体系采用综合指数法进行测算，结合“十三五”规划纲要和相关部门规划目标，测算各区绿色发展指数和资源利用指数、环境治理指数、环境质量指数、生态保护指数、增长质量指数、绿色生活指数6个分类指数。绿色发展指数由“公众满意程度”之外的48个指标个体指数加权平均而成。

计算公式为：

$$Z=\sum_{i=1}^{N} W_iY_i\ (N=1, 2, \cdots, 48)$$

其中，Z为绿色发展指数，Y_i为指标的个体指数，N为指标个数，W_i为指标Y_i的权数。

绿色发展指标按评价作用分为正向和逆向指标，按指标数据性质分为绝对数和相对数指标。在计算指数时，将逆向指标转化为正向指标，将总量控制指标转化成年度增长控制指标，对各个指标进行标准化处理，然后再计算个体指数。

公众满意程度为主观调查指标，通过市统计局、市生态环境局组织调查来反映公众对生态环境的满意程度。根据调查结果综合计算16个区的公众满意程度。该指标不参与总指数的计算，进行单独评价与分析，其分值纳入生态文明建设考核目标体系。

二、上海绿色发展评价体系的指标解读

（一）能源消费总量增长率（能源消费总量）

“能源消费总量增长率”对应的绿色发展指标为“能源消费总量”，由于该指标为绝对数指标无法进行地区间比较，根据《绿色发展指标体系》规定将其转化为相对数指标。能源消费总量增长率指在一定时期内能源消费总量的增长速度。

（二）单位GDP能耗降低率（单位GDP能源消耗降低）

“单位GDP能耗降低率”对应的绿色发展指标为“单位GDP能源消耗降低”，指标仅名称变化，含义不变。单位GDP能耗降低率指报告期单位国内生产总值能源消耗（简称：单位GDP能耗）与基期单位国内生产总值能源消耗相比的降低幅度。

（三）单位GDP二氧化碳排放降低率（单位GDP二氧化碳排放降低）

“单位GDP二氧化碳排放降低率”对应的绿色发展指标为“单位GDP二氧化碳排放降低”，指标仅名称变化，含义不变。单位GDP二氧化碳排放降低率指一定时期内，每产出一个单位的国内生产总值所排放的二氧化碳量相比前一时期的降低率。反映国家或地区应对气候变化、减缓与控制二氧化碳排放方面的工作成效。

（四）用水总量增长率（用水总量）

“用水总量增长率”对应的绿色发展指标为“用水总量”，由于该指标为绝对数指标无法进行地区间比较，根据《绿色发展指标体系》规定将其转化为相对数指标。用水总量指报告期内各类用水户取用的包括输水损失在内的毛用水量，包括农业用水、工业用水、生活用水、生态环境补水四类。

（五）单位规模以上工业增加值用水量降低率（单位工业增加值用水量降低率）

“单位规模以上工业增加值用水量降低率”对应的绿色发展指标为“单位工业增加值用水量降低率”，指标仅名称变化，含义不变。单位规模以上工业增加值用水量指报告期内规模以上工业用水量与工业增加值（以万元计，按可比价计算）的比值。工业用水指工矿企业在生产过程中用于制造、加工、冷却、空调、净化、洗涤等方面的用水，按新水取用量计，不包括企业内部的重复利用水量。单位规模以上工业增加值用水量降低率指报告期内单位工业增加值用水量比上年的降低比率。

（六）农田灌溉水有效利用系数

“农田灌溉水有效利用系数”指标直接使用。农田灌溉水有效利用系数指报告期内灌入田间可被作物吸收利用的水量与灌溉系统取用的灌溉总水量的比值。

（七）耕地面积增长率（耕地保有量）

“耕地面积增长率”对应的绿色发展指标为“耕地保有量”，由于该指标为绝对数指标无法进行地区间比较，根据《绿色发展指标体系》规定将其转化为相对数指标。耕地指种植农作物的土地，包括熟地，新开发、复垦、整理地，休闲地（含轮歇地、轮作地）；以种植农作物（含蔬菜）为主，间有零星果树、桑树或其他树木的土地；平均每年能保证收获一季的已垦滩地和海涂。耕地中包括南方宽度＜1.0米，北方宽度＜2.0米固定的沟、渠、路和地坎（埂）；临时种植药材、草皮、花卉、苗木等的耕地，临时种植果树、茶树和林木且耕作层未破坏的耕地，以及其他临时改变用途的耕地。

报告期年末耕地面积等于上年结转的耕地面积，减去去年各项建设占用、农业结构调整、灾毁及生态退耕面积，加上年内土地开发、复垦、土地整理、农业结构调整及其他方式增加的耕地面积。

（八）人均新增建设用地面积（新增建设用地规模）

“人均新增建设用地面积”对应的绿色发展指标为“新增建设用地规模”，由于该指标为绝对数指标无法进行地区间比较，根据《绿色发展指标体系》规定将其转化为相对数指标。人均新增建设用地面积指报告期内的新增建设用地面积与年末常住人口的比值。

（九）单位 GDP 建设用地面积降低率

“单位 GDP 建设用地面积降低率”指标直接使用。单位 GDP 建设用地面积指报告期末建设用地面积与国内（地区）生产总值（以万元计，按可比价计算）的比值。

单位 GDP 建设用地面积降低率指报告期内单位 GDP 建设用地面积比上年的降低比率，建设用地指实际开发用地。

（十）能源产出率（资源产出率）

“能源产出率”对应的绿色发展指标为“资源产出率”，由于暂无“资源产出率”数据，因此暂时使用高度相关的“能源产出率”指标代替。

资源产出率指报告期内主要物质资源实物量的单位投入所产出的经济总量，其内涵是经济活动使用自然资源的效率。

能源产出率是最主要的资源产出率指标之一，指国内（地区）生产总值与能源消费量的比值，反映单位能源的产出情况。该项指标越大，表明能源利用效率越高。

（十一）农作物秸秆综合利用率

“农作物秸秆综合利用率”指标直接使用。农作物秸秆综合利用率指报告期内综合利用的秸秆量占秸秆可收集资源量的百分比。秸秆综合利用包括秸秆肥料化、饲料化、基料化、原料化、燃料化利用，如：秸秆气化、秸秆饲料、秸秆还田、秸秆编织、秸秆燃料等。

（十二）化学需氧量减排完成率（化学需氧量排放总量减少）

“化学需氧量减排完成率”对应的绿色发展指标为“化学需氧量排放总量减少”。

化学需氧量减排完成率指各区“十三五”以来已完成的工业源和农业源化学需氧量减排量占该区“十三五”工业源和农业源化学需氧量减排任务的比例。其中，浦东、嘉定、金山、松江、奉贤和崇明 6 个区计算农业源化学需氧量减排量。对于“十三五”期间没有化学需氧量减排任务的区，此项不参与评估。

（十三）氨氮减排完成率（氨氮排放总量减少）

“氨氮减排完成率”对应的绿色发展指标为“氨氮排放总量减少”。氨氮减排完成率指各区“十三五”以来已完成的工业源和农业源氨氮减排量占该区“十三五”工业源和农业源氨氮减排任务的比例。其中，浦东、嘉定、金山、松江、奉贤和崇明6个区计算农业源氨氮减排量。对于“十三五”期间没有氨氮减排任务的区，此项不参与评估。

（十四）二氧化硫减排完成率（二氧化硫排放总量减少）

“二氧化硫减排完成率”对应的绿色发展指标为“二氧化硫排放总量减少”。二氧化硫减排完成率指各区“十三五”以来已完成的固定污染源（中心城区）或重点工业源（郊区）二氧化硫减排量占该区“十三五”固定污染源或重点工业源二氧化硫减排任务的比例。其中，中心城区指黄浦、静安、徐汇、长宁、普陀、虹口、杨浦7个区；郊区指宝山、闵行、浦东、嘉定、金山、松江、奉贤、青浦、崇明9个区。对于“十三五”期间没有二氧化硫减排任务的区，此项不参与评估。

（十五）氮氧化物减排完成率（氮氧化物排放总量减少）

“氮氧化物减排完成率”对应的绿色发展指标为“氮氧化物排放总量减少”。氮氧化物减排完成率指各区“十三五”以来已完成的固定污染源（中心城区）或重点工业源（郊区）氮氧化物减排量占该区“十三五”固定污染源或重点工业源氮氧化物减排任务的比例。其中，中心城区指黄浦、静安、徐汇、长宁、普陀、虹口、杨浦7个区；郊区指宝山、闵行、浦东、嘉定、金山、松江、奉贤、青浦、崇明9个区。对于“十三五”期间没有氮氧化物减排任务的区，此项不参与评估。

（十六）粗颗粒物

“粗颗粒物”指标待上海市新一轮清洁空气行动计划相关对区的考核指标明确后再予确定。

（十七）生活垃圾分类小区达标率

“生活垃圾分类小区达标率”指标直接使用。指全市街镇居住小区实施生活垃圾分类达到标准的小区数量占全市居住小区的百分比。

按照“管理职责明确，管理机制有效、硬件配置到位、居民积极参与、分类实效显著”的原则，通过检查，对分类居住区垃圾分类硬件配置、制度执行、分类实效三大项进行综合评定，达到一定分值即为达标分类居住区。

（十八）雨污混接改造完成率

“雨污混接改造完成率”指标直接使用。指各区分流制排水系统累计改造完成的各类雨污混接点数量与调查出的各类雨污混接点总数的百分比。

（十九）环境污染治理投资占 GDP 比重

“环境污染治理投资占 GDP 比重”指标直接使用。环境污染治理投资占 GDP 比重指报告期当年环境污染治理投资总额与国内（地区）生产总值（以万元计，按当年价计算）的比值。

（二十）地级及以上城市空气质量优良天数比率

“地级及以上城市空气质量优良天数比率”指标直接使用。地级及以上城市空气质量优良天数比率指地级及以上城市空气质量指数为 0~100 的天数占全年天数的百分比。根据《环境空气质量指数（AQI）技术规定（试行）》（HJ633—2012）规定：空气质量指数（AQI）划分为 0~50、51~100、101~150、151~200、201~300 和大于 300 六档，对应空气质量的六个级别，从一级优、二级良、三级轻度污染、四级中度污染，直至五级重度污染、六级严重污染。

（二十一）细颗粒物（PM2.5）未达标地级及以上城市浓度降低率［细颗粒物（PM2.5）未达标地级及以上城市浓度下降］

“细颗粒物（PM2.5）未达标地级及以上城市浓度降低率”对应的绿色发展指标为“细颗粒物（PM2.5）未达标地级及以上城市浓度下降”，指标仅名称变化，含义不变。

地级及以上城市 PM2.5 年平均浓度是指全国所有地级及以上城市 PM2.5 年平均浓度的算术平均值。采用算术平均法依次计算城市监测点位单点日平均浓度、城市日平均浓度、城市年平均浓度、区域年平均浓度。具体计算方法参照《环境空气质量评价技术规范（试行）》（HJ663—2013）。

PM2.5 年平均浓度二级浓度限值为 35 微克每立方米，适用于城市区域。统计范围为未达标的地级及以上城市。

（二十二）地表水达到或好于Ⅲ类水体比例

“地表水达到或好于Ⅲ类水体比例”指标直接使用。地表水达到或好于Ⅲ类水体比例指根据各区水污染防治目标责任书确定的地表水质考核断面水质状况，计算得出的断面达到或好于Ⅲ类水质比例。

指标评价数据选用各断面年均值评价，评价因子为《地表水环境质量标准》（GB3838—2002）表1中除水温、粪大肠菌群、总氮以外的21项指标，分别是pH值、溶解氧、高锰酸盐指数、五日生化需氧量、氨氮、石油类、挥发酚、汞、铅、总磷、化学需氧量、铜、锌、氟化物、硒、砷、镉、铬（六价）、氰化物、阴离子表面活性剂、硫化物。

（二十三）地表水劣Ⅴ类水体比例

“地表水劣Ⅴ类水体比例”指标直接使用。地表水劣Ⅴ类水体比例指根据各区水污染防治目标责任书确定的地表水质考核断面水质状况，计算得出的劣Ⅴ类水质断面比例。

指标评价数据选用各断面年均值评价，评价因子为《地表水环境质量标准》（GB3838—2002）表1中除水温、粪大肠菌群、总氮以外的21项指标，分别是pH值、溶解氧、高锰酸盐指数、五日生化需氧量、氨氮、石油类、挥发酚、汞、铅、总磷、化学需氧量、铜、锌、氟化物、硒、砷、镉、铬（六价）、氰化物、阴离子表面活性剂、硫化物等。

（二十四）近岸海域水质优良（一、二类）比例

“近岸海域水质优良（一、二类水质）比例”指标直接使用。近岸海域优良水质（一、二类水质）比例指按照《中华人民共和国海水水质标准》（GB3097—1997）对海水水质的分类，报告期内近岸海域海水水质达到一类和二类的面积占近岸海域面积的百分比。

（二十五）地表水水环境功能区达标率

“地表水水环境功能区达标率”指标直接使用。地表水水环境功能区达标率指根据各区水污染防治目标责任书确定的地表水质考核断面水质状况按相应水体环境功能标准评价，计算得出的达标断面比例。

评价因子包括溶解氧、高锰酸盐指数、化学需氧量、五日生化需氧量、总磷和氨氮。指标评价数据选用各断面年均值评价。

（二十六）受污染耕地安全利用率

“受污染耕地安全利用率”指标直接使用。受污染耕地安全利用率指已采取农艺措施调控、品种替代种植、种植结构调整或治理与修复等措施的受污染耕地面积之和占本区域全部受污染耕地面积的比例。

（二十七）化肥使用量降低率（单位耕地面积化肥使用量）

“化肥使用量降低率”对应的绿色发展指标为“单位农药面积化肥使用量”。化肥使用量指报告期内实际用于农业生产的主要化肥品种数量。化肥包括氮肥、磷肥、钾肥和复合肥。化肥使用量要求按折纯量计算数量。折纯量是指把氮肥、磷肥、钾肥分别按含氮、含五氧化二磷、含氧化钾的百分之一百成分进行折算后的数量。复合肥按其所含主要成分折算。化肥使用量降低率指报告期化肥使用量与基期化肥使用量相比的降低幅度。

（二十八）农药使用量降低率（单位农药面积化肥使用量）

“农药使用量降低率”对应的绿色发展指标为“单位农药面积化肥使用量”。

农药使用量指报告期内实际用于农业生产的农药数量。农药使用量要求按折百量计算数量。折百量是指农药成品药液含有效成分（原药）的含量。农药使用量降低率指报告期农药使用量与基期农药使用量相比的降低幅度。

（二十九）河湖水面率

“河湖水面率”指标直接使用。河湖水面率指区域内河道面积占该区域总面积的百分比。

（三十）森林（林木绿化）覆盖率

“森林（林木绿化）覆盖率”指标直接使用。森林（林木绿化）覆盖率是指行政区域内各类绿地、林地占地面积和行道树、四旁树等绿化投影面积与行政区域总面积的比率。其中，中心城区考核林木绿化保有率，郊区考核森林覆盖率。中心城区指黄浦、静安、徐汇、长宁、普陀、虹口、杨浦7个区；郊区指宝山、闵行、浦东、嘉定、金山、松江、奉贤、青浦、崇明9个区。

林木绿化保有率指当年度区域绿林地遥感面积与理论保有面积的比值。理论保有面积指上年度绿林地遥感面积加上当年度遥感新增面积，扣除上年度经审批减少面积。上年度绿林地经审批减少面积指市、区两级绿化、林业主管部门提供行政许可文书；对于铁路、水务用地范围内的绿林地减少，由铁路、水务部门备案或委托许可，纳入经审批减少面积。

森林覆盖率指行政区域内森林面积占区域土地总面积的百分比。其中，森林面积包括乔木林地、竹林和特殊灌木林地面积。

乔木林地指由乔木树种组成的、连续面积大于等于 0.067 万平方米的片林或林带，郁闭度大于或等于 0.20。其中，乔木林带行数应在 2 行以上且行距≤ 4 米或林冠冠幅水平投影宽度在 10 米以上；当林带的缺损长度超过林带宽度 3 倍时，应视为两条林带；两平行林带的带距≤ 8 米时可以按片林调查。

竹林地指附着有胸径 2 厘米以上竹类植物，并且连续面积大于或等于 0.067 万平方米的林地。

特殊灌木林地指按国家规定，上海市特指以获取经济效益为目的灌木经济林，包括柑橘类、梨、桃、李、杏、枣、柿、板栗、其他果树、茶叶、银杏和蚕桑等。

在计算分区数值时，首先计算中心城区林木绿化保有率加权平均值和郊区森林覆盖率的加权平均值，再按各区实际数据与相应加权平均值的比值进行测算。

（三十一）乔木林单位面积蓄积量（森林蓄积量）

“乔木林单位面积蓄积量”对应的绿色发展指标为“森林蓄积量”，由于该指标为绝对数指标无法进行地区间比较，根据《绿色发展指标体系》规定将其转化为相对数指标，使用“乔木林单位面积蓄积量”指标代替。乔木林单位面积蓄积量指乔木林蓄积量与乔木林面积之比。

（三十二）湿地保护率

湿地保护率指受保护湿地面积占湿地总面积的百分比。湿地指天然或人工、长久或暂时的沼泽地、泥炭地或水域地带，包括静止或流动、淡水、半咸水或咸水体，以及低潮时水深不超过 6 米的海域。

受保护湿地面积是指经国家相关部门认可的湿地保护形式内的湿地面积，如自然保护区、湿地公园等形式内的湿地。

湿地总面积即指一个区域内所有湿地的面积总和。上海市范围内的湿地保护形式包括：自然保护区、湿地公园、森林公园、水源保护区、水产种质资源保护区及其他保护形式（生态红线划定区域、野生动物重要栖息地）。

（三十三）立体绿化年度计划完成率

“立体绿化年度计划完成率”指标直接使用。立体绿化年度计划完成率指报告期末行政区范围内当年实际建成立体绿化面积与年初确定计划面积的百分比。当年实际建成立体绿化面积指报告期末符合绿化工程建设程序，通过绿化工程验收的各类立体绿化面积总和。

（三十四）中心城区公园绿地服务半径覆盖率

“中心城区公园绿地服务半径覆盖率”指标直接使用。中心城区公园绿地服务半径覆盖率指报告期末公园绿地按相关标准计算的服务覆盖用地面积。以公园绿地各边界起算。公园绿地指城市中向公众开放的、以游憩为主要功能，有一定的游憩设施和服务设施，同时兼有健全生态、美化景观、防灾减灾等综合作用的绿化用地。

（三十五）人均 GDP 增长率

“人均 GDP 增长率”指标直接使用。人均 GDP 指一个国家（或地区）的 GDP 与年平均常住人口数之比。年平均人口数是上年年末常住人口数与本年年末常住人口数的算术平均值。对于一个地区来说，称为人均地区生产总值。人均 GDP 增长率指在一定时间内人均 GDP 的增长速度。

（三十六）全员劳动生产率

“全员劳动生产率”指标直接使用。全员劳动生产率指全社会从业人员在一定时期内平均每人创造的生产总值（增加值），是衡量现有劳动力资源生产效率的重要指标。其中平均从业人员包括非正式登记的从业人员。

（三十七）高技术服务业评分

“高技术服务业评分”指标直接使用。高技术服务业是指采用高技术手段为社会提供服务活动的集合。根据《国务院办公厅关于加快发展高技术服务业的指导意见》及国家统计局发布的《高技术产业（服务业）分类（2013）》，高技术服务业包括信息服务、电子商务服务、检验检测服务、专业技术服务业中的高技术服务、研发设计服务、科技成果转化服务、知识产权及相关法律服务、环境监测及治理服务和其他高技术服务 9 大类。

高技术服务业评分根据各区高技术服务业发展现状及年度提高情况进行

综合评分。得分由报告期“高技术服务业增加值占第三产业增加值比重”和“高技术服务业增加值占第三产业增加值比重提高率”两部分构成，权重各占 50%。两者均按百分制评分后加权计入最终得分。具体评分方法：将（最大值 Max—最小值 Min）得到的数据记为 a，然后将 a，3a/4，a/2，a/4（如果最小值 Min<0，则将以上数值均减去最小值的绝对值）以及各区平均值 u 共 5 个数值从大到小排列，将评分段划分为 6 段。从高到低每段分数从 100 开始依次减 2。最高为 100 分，最低为 90 分。

（三十八）人均财政收入增长率

“人均财政收入增长率”指标直接使用。人均财政收入指一个国家（或地区）的财政收入与年平均常住人口数之比，财政收入指各区一般公共预算收入。年平均人口数是上年年末常住人口数与本年年末常住人口数的算术平均值。对于一个地区来说，称为人均地区财政收入。人均财政收入增长率指在一定时间内人均财政收入的增长速度。

（三十九）工业战略性新兴产业总产值占规模以上工业总产值比重（战略性新兴产业增加值占 GDP 比重）

“工业战略性新兴产业总产值占规模以上工业总产值比重”对应的绿色发展指标为“战略性新兴产业增加值占 GDP 比重”。

战略性新兴产业是以重大技术突破和重大发展需求为基础，对经济社会全局和长远发展具有重大引领带动作用，知识技术密集、物质资源消耗少、成长潜力大、综合效益好的产业。根据《国务院关于加快培育和发展战略性新兴产业的决定》及国家统计局发布的《战略性新兴产业分类（2012）》，战略性新兴产业包括节能环保产业、新一代信息技术产业、生物产业、高端装备制造产业、新能源产业、新材料产业、新能源汽车产业。

（四十）研究与试验发展经费支出相对于 GDP 的比例

“研究与试验发展经费支出相对于 GDP 的比例”指标直接使用。指全社会研究与试验发展（R&D）经费支出和国内生产总值的比值。研究与试验发展（R&D）是指在科学技术领域，为增加知识总量以及运用这些知识去创造新的应用而进行的系统的、创造性的活动，包括基础研究、应用研究和试验发展三类活动。

（四十一）公共机构人均能耗降低率

“公共机构人均能耗降低率”指标直接使用。公共机构是指全部或者部分使用财政性资金的国家机关、事业单位和团体组织。国家机关包括党的机关、人大机关、行政机关、政协机关、审判机关、检察机关等；事业单位包括全部或部分使用财政性资金的教育、科技、文化、卫生、体育等事业单位及国家机关所属事业单位；团体组织包括全部或部分使用财政性资金的工、青、妇等团体组织和有关组织。

公共机构人均能耗是指报告期内公共机构能源消费量与用能人数的比值。公共机构人均能耗降低率是指报告期公共机构人均能耗比上年的降低比率。

（四十二）公共机构人均水耗降低率

“公共机构人均水耗降低率”指标直接使用。公共机构人均水耗是指报告期内公共机构用水量与用水人数的比值。公共机构人均水耗降低率是指报告期公共机构人均水耗比上年的降低比率。

（四十三）既有公共建筑节能改造任务完成率

“既有公共建筑节能改造任务完成率”指标直接使用。既有公共建筑节能改造任务完成率指各区落实的年度既有公共建筑节能改造面积和当年印发的《上海市各区和相关委托管理单位建筑节能工作任务分解目标的通知》要求的任务面积的比率。

（四十四）年度公共充电桩建设完成进度

“年度公共充电桩建设完成进度”指标直接使用。电动汽车指用于在道路上使用，由电动机驱动的汽车，电动机的动力电源源于可充电电池或其他易携带能量存储的设备。不包括室内电动车、有轨及无轨电车和工业载重电动车等车辆。公共充电桩指固定安装在电动汽车外、与交流电网连接，为电动汽车动力电池提供小功率直、交流电源的公共供电装置。

年度公共充电桩建设完成进度指报告期末当年实际建成公共充电桩数量占年初计划建设数量之比。

（四十五）公交站点 500 米服务半径覆盖率

“公交站点 500 米服务半径覆盖率”指标直接使用。公交站点 500 米服务半径覆盖率是指以公交站点为圆心，按照500米服务半径计算所覆盖的行政区面积的百分比。

为体现公平，在计算分区排名时，首先计算中心城区（黄浦、徐汇、长宁、静安、普陀、虹口、杨浦）平均值和郊区（浦东、闵行、宝山、嘉定、金山、奉贤、松江、青浦、崇明）平均值，再按各区与相应均值的比值进行排名。

（四十六）城市建成区绿地率

“城市建成区绿地率”指标直接使用。城市建成区绿地率指报告期末建成区内绿地面积占建成区面积的百分比。绿地面积指报告期末用作园林和绿化的各种绿地面积。包括公园绿地、生产绿地、防护绿地、附属绿地和其他绿地的面积。

（四十七）城市绿道年度计划完成率

“城市绿道年度计划完成率”指标直接使用。城市绿道年度计划完成率指报告期末行政区范围内当年实际建成绿道长度与年初确定计划长度的百分比。

当年实际建成绿道长度指报告期末符合绿化工程建设程序，通过绿化工程验收的各类绿道长度总和。包括各类新建项目中符合绿道标准的道路系统，已建各类绿地中通过改造提升符合绿道标准的道路系统及符合绿道设计导则的其他游径系统。

（四十八）人均公园绿地面积

“人均公园绿地面积”指标直接使用。公园绿地指城市中向公众开放的、以游憩为主要功能，有一定的游憩设施和服务设施，同时兼有健全生态、美化景观、防灾减灾等综合作用的绿化用地。人均公园绿地面积指报告期末各区行政区域内平均每人拥有的公园绿地面积。

第七章　城市绿色发展的经验借鉴

上海将2050年的目标定位于卓越的全球城市，这类型城市不仅具有较高的经济社会发展水平，同时也是生态环境建设先进的城市，是引领世界绿色发展的主要力量。纵观全球城市绿色发展的进程，大致经历了环境末端治理——源头与过程控制——环境与经济、社会、文化和技术等经济社会系统各方面相融合的战略阶段。

第一节　伦敦绿色发展的经验借鉴

伦敦作为一个国际大都市，曾经是一个污染严重的城市，随着一系列环境政策的出台和制度体系的日渐完备，伦敦的城市环境已经大为改观，昔日雾都不再，成为当今绿化发展最好的国际大都市之一，一度被污染成死河的泰晤士河也变成世界上最洁净的城市水道之一。伦敦长期致力于绿化发展与保护，不仅为当地的居民和国内外游客提供了充足的娱乐、休闲空间，也使整个城市充满生机和活力。

一、绿色发展的历程

伦敦环境战略发展演化可以分为环境公害治理阶段（1950—1960年）、产业结构和能源结构调整阶段（1970—1980年）、环境标准制度体系完善阶段（1990—2002年）和低碳及适应气候变化阶段（2003年至今）四个发展阶段。从这些环境战略可以看出，伦敦环境战略转型呈线性发展，先期基于末端治理，解决环境公害问题，然后从源头调整产业结构和能源结构，解决传统的工业污染状况。随着城市环境质量的不断改善，伦敦开始完善环境标准制度体系，从机制和制度上保证城市环境战略的有效实施。

1. 环境公害治理阶段（1950—1960 年）

随着工业化的扩展，烟煤和二氧化硫的污染程度和范围较之前一时期有了进一步的扩展，由此酿成严重的燃煤大气污染公害事件。在本阶段，伦敦市主要针对严重的环境污染公害事件制定环境战略，在具体环境领域出台法律和成立管理机构，环境治理主要集中在两方面：对排放物的控制和分区管理。如设置烟尘控制区、把泰晤士河划分为 10 个区域进行治理。此时伦敦市还没有对环境进行综合管理，缺乏综合性的环保机构和环保法律。

工业革命后，工业化水平不断提高，煤炭成为主要能源。煤炭对于推动经济发展具有重要作用，但大规模燃烧煤炭，必然会排放大量的烟尘、二氧化硫和其他污染物质。而且当时煤炭的质量差，生产设备和工艺落后，再加上消除烟尘的净化装置和方法简陋或缺乏等多种原因，未经处理的废气被排入空气中，使得烟尘和有害气体对空气造成了严重的污染。同时由于工业革命，伦敦的工厂数量不断增加，加之河流能有效提供动力用水以及廉价的运输方式，成了理想的排污渠道，所以工厂在泰晤士河岸的集中大大加重了环境的压力。由于伦敦人口大量增加，导致了用煤量的大量增加，也引起了废水污染物和垃圾产生量的急剧增加，给城市环境造成了相当大的压力。

由于出现了严重的烟雾事件等环境公害，在各方压力之下，伦敦开始重视环境问题。本阶段内各方对环境问题的成因、危害和防治措施还没有一个系统的认识，因此本阶段内环境目标主要有两点：调查环境问题成因和出台解决环境公害问题的应对方案。这一阶段的治理使伦敦市环境质量得到了很大程度的改善。

2. 产业结构和能源结构调整阶段（1970—1980 年）

经过 1950—1960 年的治理，伦敦大气污染浓度快速下降，反映了 1950—1960 年以解决环境公害为主要内容的环境战略取得了成效。因此，从 1970 年开始，伦敦环境治理战略已不再以环境问题末端治理为主要内容，而是随着经济社会的发展实现转型。

在能源结构调整方面，天然气开始替代煤炭，同时由于石油危机导致了石油的不稳定，伦敦开始进行能源结构的调整。在产业发展方面，伦敦开始从重工业阶段向后工业阶段转型，其发展也日益承受着资源短缺的巨大压力，伦敦认识到产业结构调整的重心必须进一步转向服务业，因此加快服务业发展成为这一时期的重要战略举措。在城市人口布局方面，人口和工业过度集中带来很大的环境负担，需要采取促进人口分流的措施，将人口及部分工业企业引向郊区，减轻中心城市的环境压力。

在本阶段内，环境污染物污染大幅下降，突出的环境问题基本得到解决，环境战略的方向转移到污染源头治理。本阶段内伦敦环境战略目标主要是：调整能源结构、调整产业结构和调整城市人口布局。综合性环境法规——《污染控制法》的颁布，使得伦敦的环境战略实施有了制度和法律上的保障。通过提高天然气在能源结构中的比重，加大清洁能源的比例，用天然气和电力等代替煤。通过提高生产者服务业在产业结构的比重以及人口郊区化的发展，推动城市环境的提高，减轻环境保护的压力。

3. 环境标准制度体系完善阶段（1990—2002 年）

随着城市发展水平的提高，伦敦环境污染源发生了很大变化，汽车成为危害城市空气质量的主要因素。同时由于产业结构的调整，伦敦的制造业比重有了很大幅度下降，服务业则有所上升，使得生产活动对环境的污染大大降低，但环境污染源有了新的变化，最突出的是汽车污染迅速增加。

1980 年后，由于生活水平的提高和技术进步，伦敦汽车数量开始爆炸性增长，到 1990 年，大量的尾气取代燃煤成为伦敦主要城市大气污染源。由于伦敦市环境保护的内容和重点发生了很大变化，因此本阶段环境战略目标主要是完善环境法律法规和建立环境保护机制。该阶段出台了一系列法律法规，如《道路车辆监管法》《环境法》等，制定环境质量标准和机制，治理汽车污染，市场化手段治理水环境以及加强城市绿地建设。这一系列措施使得伦敦环境有了很大的改变，环境质量有了大幅度提高。

4. 低碳及适应气候变化阶段（2003 年至今）

随着全球变暖问题日益严重，伦敦环境战略在本阶段由环境治理转向全面的生态保护，由环境质量的改善拓展到城市生态整体优化，强调低碳城市、绿色城市建设，从城市到区域到全球行动。

1990 年末，伦敦经济增长迅速，并带来人口的快速集聚，伦敦的经济增加值总额（GVA）迅速增长，在经济快速增长的背景下，伦敦人口数量也有一定幅度的增长。气候变化是本阶段的突出环境风险，经过多年治理，伦敦环境质量得到了很大的改善，但是气候的变化对伦敦城市安全产生威胁，全球气候变化造成暴雨、水位上涨、海平面不断提高，这些威胁不断升级。2003 年，英国发布能源白皮书《我们能源的未来：创建低碳经济》，由于伦敦区位原因，受海平面上升的威胁较大，生态城市和低碳城市开始成为伦敦环境战略的主题。伦敦市制定低碳生态城市战略的目标主要集中在提高居民生活质量，改善城市生态系统服务功能，提高伦敦生态环境的国际压力。一是制定统一的空间发展战略规划，“伦敦空间战略规划”充分分析了伦敦在城市垃圾管理、大气质量、生物多样性、降低噪声、水资源利用等诸多议题上的具体要求。二是以拥挤收费和低污染排放区促进低碳交通出行，在工作日对出行私家车收费的政策以缓解伦敦市中心的拥堵状况，减少机动车排放对空气的污染，该措施缓解了伦敦市中心的拥堵情况，改善了公共交通和空气质量，并增加了政府的财政收入。三是提高城市废弃物回收处理比重，这一措施为了将废弃物转换成新的原料，同时创造新的产业和工作机会。四是加强绿色景观和绿色基础设施建设。五是出台气候变化适应措施，这些措施使伦敦市环境质量有了进一步的提高。

二、绿色发展的规划

伦敦市政府预测，2010—2021 年伦敦的人口将增长 100 万，到 2030 年人口将接近千万。在这样的人口增长情况下，到 2031 年，伦敦需要额外增加 64 万个就业岗位，新增 80 万个家庭，交通压力更大。在这样的人口增长背景下，城市不断增加的废弃物、额外的能源供应需求、公共交通需求等将成为城市未来环境发展面临的主要压力和挑战。

因此，伦敦需要利用先进技术的创造力来服务伦敦环境保护，并提高伦敦市民生活质量，以此应对挑战和机遇。伦敦市议会于 2013 年 12 月底发布了《智慧伦敦规划》，2014 年发布了《伦敦基础设施规划 2050》，智慧化环境管理和绿色发展成为伦敦市未来环境战略的主要发展方向。环境战略目标的具体内容主要包括，一是伦敦 2030 智慧化环境管理目标，让城市的资源、环境数据成为公开数据（能源、水、垃圾、污染等）。二是城市2050绿色发展目标，到2050年，所有新建筑将包括更多的绿色覆盖工程，包括绿道、袖珍公园、屋顶花园、绿色房顶和墙体绿化，这将鼓励积极、健康的生活方式，减少排水管网的负担，改善生活环境。

环境战略目标实现路径：一是推广应用智能电网技术，应用智能电网技术来更好管理水电等能源的供求。二是利用数据和科技来发展新的垃圾处理市场，伦敦市将鼓励数据和科学技术在城市垃圾处理领域的使用，打破垃圾回收和利用的间隔，提高废弃物回收利用率和规模。三是实现伦敦基础设施建设的3D可视化，伦敦将通过从不同的公用事业公司收集数据，绘制地图，实现城市基础设施的3D可视化。四是运用技术减少城市交通事故，提高交通流量。五是实验新方法来减少轻型货车的使用。六是规划伦敦到2050年的基础建设需要，为了应对气候变化的潜在影响，伦敦已经确定了一些长期的绿色基础设施的需求。

三、对上海市绿色发展的启示

伦敦环境战略发展脉络非常清晰，早期以突出环境问题的治理为目标，随后环境战略方向为产业结构和能源结构调整，从源头解决环境问题的产生。上海是新兴的国际性大都市，在协调发展经济与保护城市生态环境方面尚显不足，特别是由于历史欠账，城市绿地建设大大滞后，影响了城市整体景观及环境质量，加强绿地建设成为城市总体建设的一项重要任务。伦敦以其完备的绿地系统和优美的城市景观闻名于世，堪称西方国家善于运用生态学原理与方法促使城市与自然融合的典范，在城市绿地建设及管理方面积累了比较成功的经验，值得上海学习和借鉴。

结合伦敦市环境战略转型过程中法律体系建设的经验和启示，上海市在贯彻实施国家相关法律制度外，还应根据各时期环境战略的重点和城市经济环境新形势，及时修订和完善环境法律法规，对不适应经济发展和环境保护需要的环境法律法规，要根据环境保护的新要求适时修订和完善，使之更能适应新时期经济社会发展的需要，更具有可操作性。上海市可以运用地方立法权不断创新环境管理制度，适时推出新的法律制度、措施，根据环境战略的发展情况逐步将污染减排、环保实绩考核、绿色信贷、排污权有偿使用及交易、生态补偿、环境污染责任保险等生态补偿和环境税等纳入环境法律规范范畴，将其形成法律制度，使环境执法更加有力，在此基础上发挥上海市立法先行先试和开拓创新的功能，对国家层面的立法起到示范探索作用。

伦敦市不论是治理大气环境，还是治理水环境，以及交通拥堵问题，都毫无例外地采取了分区管理模式。上海市面积有6000余平方千米，可根据上海市实际情况，借鉴伦敦分区管理经验，根据大气、水、交通等领域的分布情况，因地制宜制定环境战略的空间落实策略，提高环境战略的针对性和有效性。在快速城市化的过程中，人口膨胀、城市拥挤、资源紧张、交通拥堵、大气污染等突出困境成为全球城市普遍面临的发展难题。在有效解决突出环境问题之后，人口郊区化发展和有序疏解城市功能成为伦敦环境战略的重要内容之一。为解决城市人口和工业企业过于集中而给市区带来大气污染等问题，早在1970年，伦敦就把握产业结构调整的契机，疏散中心城市的工业和人口。借鉴伦敦城市转型与绿色发展经验，上海市需要加强城市功能均衡化疏解，实施多中心城市集聚，核心区与近郊区、远郊区统筹协调均衡发展，避免人口、交通、产业在局部地区特别是中心城区的过度集聚和拥堵。上海城市疏解的空间载体应以郊区新城和新市镇为依托，在新城和新市镇创造更加良好的居住、交通、生态环境和就业机会，加大公共服务供给倾斜力度，提供更优质的生活环境、公共服务和就业机会，不断吸引高端人才集聚，通过人口和产业转移，带动中心城区产业转型升级。

伦敦面临气候变化的威胁，早在2003年以来就制定了详尽的适应气候变化策略。上海市同样面临高温、季节性降水增多、咸潮入侵等气候变化威胁，根据气候变化威胁制定相应的适应变化策略尤为重要。智慧化是未来城市环境战略的发展方向，智慧化也将是上海市未来环境战略的主要内容之一。上海市应该紧紧围绕城市环境保护核心业务的发展需求，推进环境保护物联网技术、物联网产业和物联网应用的发展。

在一切都以可持续发展为原则的今天，城市的长远发展需要有远见卓识的战略规划引导，而任何经得起时间检验的发展战略都应考虑到全面的社会利益，保护和改善城市环境，开放空间和水平，保证自然资源得到最有效利用，并在一切可能的情况下进行再利用或回收处理。

第二节　洛杉矶绿色发展的经验借鉴

面对日益严峻的环境质量和粗放式经济发展之间矛盾，国际上很多学者开始思考如何权衡二者之间的利弊，走更加持续健康的经济发展道路。早在1971年，联合国教科文组织就提出了“生态城市”的概念，这和我国的绿色发展有异曲同工之妙。随着时代的变迁，生态城市不断被赋予新的定义。美国洛杉矶就是一个很好的演变例子。以前的洛杉矶因生态环境恶化，被戏称为“美国烟雾城”，现在蜕变为“生态城市”，城市环境更加清洁舒适，景观更加优雅，历史文化遗产、自然区域特色与整个生态城市巧妙融合。其整个华丽转身的过程值得我国去思考、借鉴和学习。

一、绿色发展的历程

（一）发展背景

洛杉矶位于美国西岸加利福尼亚州西南部，圣佩德罗湾和圣莫妮卡湾沿岸濒临浩瀚的太平洋，面积1290.6平方千米，是美国的第二大城，仅次于纽约。其水域面积75.7平方千米，占总面积的5.8%，是美国最大的海港。1781年西班牙远征队在这里建镇；19世纪末20世纪初，随着石油的发现，洛杉矶开始崛起，迅速发展成美国西部最大的城市；第二次世界大战后，现代工业的崛起，商业、金融业和旅游业繁荣，移民激增，城区不断向四周扩展，洛杉矶成为美国的特大城市；20世纪20年代，电影业和航空工业都聚集在洛杉矶，促进了该市进一步的发展；1936年洛杉矶开始开发石油。第二次世界大战之后，洛杉矶成为美国西部工业发展程度较高的城市，人口激增，市内高速公路纵横交错，据悉早在20世纪40年代初洛杉矶就已经拥有250万辆汽车，每天消耗的汽油有1600万升，而这些汽油造成的汽车漏油、汽车尾气、不完全燃烧等问题导致无时无刻不在向城市的上空排放大量的石油烃废气、一氧化碳等污染物。化学烟雾严重污染了环境，自此洛杉矶失去了它美丽的环境，有了“美国的烟雾城”的称号。

城市水环境是构成一个城市环境的基本要素之一，它是人们生存所必不可少的一部分，城市的水环境包括河流、湖泊、水库、海洋的地表水以及地下水等。河流是城市的摇篮，大多数城市都建立在河流附近，河流为城市提供了便捷的交通、良好的水源甚至“免费的”排水系统。除了光化学污染，洛杉矶在城市化道路上所面临的城市水污染、固体废物污染同样不可忽视。20世纪初期以来，城市化改变了河流的条件，由于修建高速公路，洛杉矶河被无数的高速公路引桥掩盖住了。洛杉矶河曾是当地居民的水源，后来逐渐被沦为污水排放地、垃圾排放地、砾石场等。此外，洛杉矶的雨水集中，遍布的油以及塑料袋、电池等固体垃圾在雨季来临时，就会被带入河流和海洋，从而造成了河流污染以及海洋污染。

（二）从雾霾之城到生态之城的转变

1. 大气污染治理

（1）雾霾污染源的调查

1953年的一份调查报告显示，虽然石油工业每天排放出500吨碳氯化合物，但是小汽车、卡车和公共汽车每天排放出来的碳氢化合物已经达到1300吨，是前者的两倍还多。1955年9月的洛杉矶的光化学烟雾污染事件，使得政府意识到雾霾的严重性，并组织人手负责空气治理，提出了五条建议：通过改进输送石油产品的传统做法来减少烃化物的释放，制定汽车排气标准，鼓励使用不烧柴油烧液化石油气汽车和卡车，放缓重污染行业的增长，禁止敞开焚烧垃圾。然而，没有得到法律的保障，这些措施并没有起到很好的治理作用。这一情况直到1970年《清洁空气法案》的出台才开始改变，在此之前洛杉矶的监管者们对空气污染有心无力。

（2）法律体系的形成

洛杉矶烟雾问题十分严重，美国联邦和加州政府在洛杉矶大气治理过程中发挥了重要作用。到了1990年左右，美国空气治理的法律逐步完善并自成体系，在洛杉矶的空气质量改善和大气污染治理过程中才真正起到法律规范作用。此后随着各种法律法规的陆续颁布和进一步完善，以及美国对于污染物排放的高标准，自1970年以来，虽然人口经济、能源消耗、汽车里程持续增加，但污染物总排放量（六种常见污染物）反而明显减少了，甚至在经济大萧条之后的经济复苏期，污染物总排放仍然减少。

（3）先进技术的采用和交通管理

到了 1975 年，所有的汽车实现全部安装净化器，该发明与行动被认为是治理洛杉矶雾霾的关键。此后，洛杉矶不断地开发新的技术手段去控制并减少机动车的排污，要求在洛杉矶市出售的汽车必须是清洁的。在降低燃油汽车排污的同时，洛杉矶也努力发展新能源汽车。2000 年洛杉矶实施了“清洁燃料政策”，为市民购买清洁能源提供了更多的便利。为了进一步减少汽车有害尾气排放，洛杉矶鼓励市民采用绿色环保的自行车出行。

经过多年的努力，洛杉矶的空气质量得到了明显的改善。洛杉矶年统计 PM2.5 高于美国标准的天数总体呈下降趋势，2010—2012 年基本稳定在一个较低的水平。洛杉矶大气中颗粒污染连年下降，并逐渐接近于规定的标准。

2. 水污染治理及水保护

（1）完备的法律体系建立

1899 年的《垃圾法案》是美国第一部用于控制水体污染的法律，此后又陆续颁布了各种法律准则，建立了新的水质目标和清洁期限，设置了有效的管制和实施机制。联邦法律和地方管制始终是洛杉矶水体保护、治理的大框架。

（2）政府“水保护”的投资

美国环境保护署于 2009 年在加利福尼亚州进行过一个清洁水和饮用水再投资的基金项目。而在 2012 年，美国环境保护局又重新对 Malibu Creek 和 Ventura River 提出了两个污染减排计划，这两个排行计划有效提升了该地区的水质量和水生物栖息地的水质量。此外，洛杉矶政府还实施了“绿色基础设施”项目。该项目的目的在于通过新设计的人行道和其他街道区域，捕捉流经的径流，清洁和储存雨水。该措施有效地降低了城市径流污染，提高了水资源的重复循环利用。

3. 生态系统的保护

洛杉矶在生态城市的建设过程中，对森林资源、绿色植被建设以及对濒临灭绝的物种的保护成果较为显著。

在历史遗迹的保护方面，20 世纪 70 年代《联邦考古资源保护法案》和《加州环境质量法案》的规定都明确表示了对洛杉矶地区历史遗迹的保护。另外洛杉矶市的环境保护方针要求城市发展计划的申请者必须尊重和保护考古学家勘察文物和其他的地表活动，这些活动与城市发展计划相关并或多或少有重大考古学意义。

在濒危物种的保护方面，加州《本土植物保护法》中明文规定，除了法律规定的特殊情况外，禁止任何贩卖濒危植物物种的活动。洛杉矶市在自身的生态城市的建设过程中对濒危物种的保护细致而周全，有效地保护了该区的生物多样性。

在森林植被的保护过程中，1908 年洛杉矶建立了洛杉矶国家森林公园。它是加州第一个国家森林公园，为动植物提供了大片栖息地，保护了本土植物和野生生物，同时有利于农业的发展，并且为当地超过 120 万的居民提供了户外休闲场所。

4. 城市固体废弃物分类处理

城市化的不断推进发展，城市对资源能源的需求日益增长是十分明显的，大气、土壤、地下水、城市植被等都特别容易受到污染破坏，而洛杉矶在实现城市固体废弃物资源化、减量化、无害化方面，也取得了一定的成果。预防污染的环保理念深入人心，洛杉矶的很多企业不仅仅在生产的过程中注重产品的低污染，并且都认同应该在源头上尽可能地减少废弃物的产生。在源头上减少废弃物产生的环保理念远远优于先污染后治理的理念，并且在治理污染和分类回收废弃物方面也尽可能地减少一切不必要的人力物力和财力的使用。在美国有许多非营利性质的公司，这些公司自发收集、捐赠使用过的衣服、小家电等物品，许多都可以再次利用。有关数据显示，1990 年在加州洛杉矶就有 11600 吨废弃物从旧货店中被分离出来，以及 57700 吨废弃物从大约 164900 的销售车库中被分离出来，这些都有效地减少了洛杉矶城市废弃物的堆积。

5. 市民环保思想

市民环保意识强烈，公民能够自觉地意识到环保工作与自己的健康息息相关，因此在美国环保工作的进行一般都能够得到民众的积极配合。美国公民的环保行动也受到法律保护，比如公民诉讼制度就是一项美国特有的环保公益诉讼制度。它赋予公民通过诉讼的方式惩治污染空气的行为，保护大气环境质量。因此，市民的环保意识在洛杉矶的生态城市建设中也发挥着重要的作用。

（三）环境治理成效

洛杉矶在过去工业化、城市化发展过程中曾遭遇过的严重的环境污染，使全世界人民心有余悸。虽然洛杉矶如今仍然在空气污染方面有待改善，但是洛杉矶在几十年的治理过程和生态城市建设过程中，取得了有目共睹的成就。如今的洛杉矶，从市中心可以清晰地看到“好莱坞”标志，郊区的孩子可以看到满天繁星，洛杉矶的花园绿地相互映照，如今碧水蓝天的洛杉矶已成为人们前往度假的胜地。

二、绿色发展的规划

（一）洛杉矶生态可持续

1. 法律体系的完善

1947年洛杉矶市批准了一项法律草案，允许该市成立空气污染控制部门。从1955年开始的《空气污染控制法》、1963年《清洁空气法》、1965年《机动车空气污染管理法》、1967年《空气质量控制法》、1970年《清洁空气法》，以及之后的1977年修正案、1990年的修正案，使得城市的法律体系逐步完善，有效控制了大气污染。据有关数据显示：从1965年到1968年，洛杉矶机动车排放的碳氢化合物由每天的1950吨下降到1720吨，洛杉矶市民的眼睛过敏症状也减少了。一氧化碳的排放从1965年的56ppm（56/100万）下降到1968年的6ppm（6/100万）。二氧化碳的排放量在1965年到1968年之间下降了12%。

1899年《垃圾法案》的主要目的是控制向河流、海洋等水体倾倒废弃物的行为。1948年的《水污染控制法案》、1956年的《水污染控制法修正案》、1965年的《水质法案》逐步确定了各级政府在水环境保护中的责任，建立了由联邦拨款，各级政府各自负责的管理体系。1972年，进一步修改形成了《联邦水污染控制法案》，建立了新的水质目标和清洁期限。

2. 社区的物质能源闭合循环

洛杉矶生态村鼓励内部居民对废弃物品进行更新利用，在施工中尽量使用可回收的建筑材料，对于不可回收的垃圾则采用堆肥处理的方式进行循环利用。例如，居民利用回收的碎木块、竹制品等生态环保材料制成地板，将废旧轮胎用于楼梯建造，废弃的箱子则布置于房屋周围的花园内部进行堆肥处理。因此，生态村内产生的固体废物总量与洛杉矶地区的平均水平相比，降低了 90%，并且有近 100 立方米的绿色垃圾得到了堆肥处理。同时，生态村鼓励居民减少对水资源的过度消耗，通过有计划地节约用水和实行生态中水再利用，可以减少 85% 的用水量。

在都市农业方面，洛杉矶生态村鼓励居民在可利用的场地上发展永续农业。居民遵循永续农业的自然法则，针对南加州缺水的自然条件，将木屑、稻草覆盖在路旁的坚果类植物上，促进植物吸收土壤的天然水分。

3. 绿色交通出行体系

洛杉矶提倡以公共交通为主导的出行方式，鼓励发展无车社区以及自行车慢行交通系统。首先，依托城市密集的交通网络，城市周边设置有 20 条公交线路和 2 个地铁站，居民步行 2~15 分钟即可到达。公共交通的便捷性及可达性有效降低了私家车的使用率。其次，政府制定“无车住户每月的住房租金减少 25 美元”的优惠政策，以此来鼓励居民放弃购买私家车。该政策使得城市的无车住户比例达到了近 50%，为社区花园、农夫集市和儿童看护中心提供了安全的环境。最后，政府鼓励绿色自行车出行，设计了慢行交通线路，并早在 2005 年就启动了“自行车库房”项目，无偿提供场所、工具和零件方便居民自己维修自行车。如今该项目已经拓展到洛杉矶的多个地区。在环保意识方面，学校教授自行车安全常识，鼓励学生带动父母骑自行车上班上学。美国环保署对全国环境空气质量进行 24 小时监测，并在官网上时时公布监测结果，向民众提供空气质量状况报告，为民众能通过网络及时了解自己所在地区的空气状况提供条件，有利于调动民众改善大气治理的积极性，从而主动选择自行车出行。据调查显示，2000 年，骑自行车上班的人数为 9029 人，占洛杉矶总人数的 0.61%。到了 2008 年，骑自行车上班人数占总人数的 0.9%。

（二）洛杉矶的经济可持续

1. 共享型的社区股权制度

在洛杉矶，居民制定了房屋股权合作制度，社区由“合作资源和服务项目”集体所有，居民以租用方式享有私人住宅的使用权，同时共享公共厨房、餐厅、社区会议室和图书馆等公共空间。这种合作居住的生活方式使每户住户每月仅需支付455~730美金的租金，远低于周边地区的住房租金水平。此外，居民共享园艺设备以及洗衣机和烘干机等生活设施，既极大地提高了物质资源的利用率，又降低了居民的生活成本。这种新型模式不但使得当地中低等收入人群能够享有可支付的合作居住所有权，而且保持了该街区内原有的混合居住属性。

2. 社区职住平衡

城市内已有的都市农业、园艺工程和绿色建筑等项目为居民提供了多种就业选择。同时，政府还组织了购买食物的商业合作团体“Food Lobby”，附近居民都可以加入，每个星期都会组织团体的成员共同订购本地新鲜的食品，如散装的谷物、坚果、意大利面和其他有机食品等，从而提升了团体购买力，节省了购买时间和成本。当前，很多成员都在社区中生活工作，这不仅降低了居民的日常通勤距离，还促进了生态村本地经济的发展。

（三）洛杉矶的社会可持续

1. 以交流合作为导向的社区活动

与普通城市生态社区相比，洛杉矶生态城市的成功之处还在于积极开展以交流合作为导向的社区活动。高密度的居住环境为居民的社会交往提供了更多的机会，合作居住的共享空间为开展各种活动提供了必要场所。在这里，居民商讨社区工程项目、组织管理及邻里问题等，并举办丰富多彩的社区活动（如戏剧节、生日会等），以建立良好的邻里互助的社区氛围。与此同时，居民也需要为社区进行义务劳动，共同建设社区公共环境。成年人每五周必须工作两小时，内容包括维护社区花园、果园、公共住宅集群、儿童看护中心和农夫集市等。

2. 以生态教育为理念的对外拓展

首先，相关部门积极组织生态技术、永续农业等方面的讲座，为当地居民提供相关生态生活方式的培训。同时，都市农业的发展为内部的中学开展农学教育提供了便利，学生随时可以到花园里认识、照顾植物，并栽培自己食用的蔬果，有助于更好地根植于地方社会网络。其次，本着“创建可持续性社区”的理念，对外发展体验式的生态旅游，并举行相关问题的研讨会等，以分享生态之城的建设经验。

三、对上海市绿色发展的启示

中国在经济迅速发展的同时，也承受着发达国家工业化经济发展时期所遭遇的环境污染、大气污染、水污染、土壤污染、生物多样性减少等问题。在还没有出现“中国烟雾城”之前，开始走可持续理念，更加注重对环境的保护，注重经济环境的协调发展。因此，洛杉矶的生态城市建设可以为上海的绿色发展提供一定的启示意义。

（一）政府的有力引导

洛杉矶在生态城市建设过程中，政府一直都是全面参与其中。无论是在法律政策的制定还是总体规划的设计以及对污染的治理上，都离不开政府的大力领导和支持。党和政府要始终将生态环境问题当作关系国家长治久安的重大政治问题和关系民生福祉的重大社会问题，促进执政理念、执政方式的转换，当好上海绿色发展的领导者和组织者，坚持生态惠民、生态利民和生态为民。

（二）法律法规的制定

洛杉矶生态城市建设过程中同时也是相关法律法规的制定和完善的过程。从法律的角度，约束民众行为，以达到预定的目的，值得上海市借鉴。所以，政府应当以生态环境利益的优先保护为核心，构建一系列预防性和管控性为主的、较为成熟且相互协同的制度体系，弥补现有法律中预防性法律制度的缺失，同时增强管控性法律制度中绿色发展的底线保障作用。预防性法律保障制度主要侧重于上海市经济建设中可能产生的环境污染、生态破坏等问题而设置，在原有环境影响评价制度基础上，增加环境风险评估、生态规划及环境标准等内容。管控性法律保障制度主要为应对上海市生态环境危机而建制，针对已经存在的环境污染和生态破坏问题的积极治理和控制，并通过生态保护补偿制度实现生态和环境问题的利益协调与平衡的制度，主要包括自然资源产权制度、生态补偿制度、生态总量控制制度、生态环境责任追究制度等。

（三）技术的大力支持

绿色发展的建设要求城市发展必须是经济、社会、自然等多种因素的和谐发展，这必然离不开先进的技术做后盾。洛杉矶在汽车尾气的限制、新能源的开发使用、水资源的过滤净化和污水再利用等方面都离不开先进技术的支持。在绿色发展的过程中，实现人与自然和谐共处、实现节能减排、实现低碳发展，都离不开雄厚的技术支持。上海市可以积极利用高等院校和科研机构的师资力量研制出一系列绿色发展道路所需的“武器装备”。

（四）资金的充足供应

无论是政府出资还是民间团体、非政府组织提供的资金都成为洛杉矶生态城市建设的保障资金，有了更充足的资金，绿色发展的研发项目、技术开发等都可以得到进一步的发展。

单独的政府投资难以维持持续发展。在绿色发展的建设过程中，寻求经济与社会的共存是很必要的。对于盈利性生态产业，绿色发展资金可以由公司承担，市民参与，政府监督；对于非营利性生态产业，政府应该积极引导号召市民参与，应适当地给予投资及补助。

（五）民众的积极参与

洛杉矶的生态城市建设离不开民众的积极参与，这样的建设是一项巨大的工程，民众作为城市建设、城市发展的重要主体，在很大程度上直接促进了城市绿色发展的进程。提高市民的环保意识、鼓励市民组成环保团体、增强市民环保常识，对坚持走绿色发展的道路有积极意义。在社区，待居民入住之后延续及拓展公众参与的内涵与方式，由居民共同承担社区的管理和维护工作，通过清理公共房屋、种植有机农作物、准备公共晚餐、共同照顾老人和抚养儿童这些日常而具体的工作，使居民建立强烈的社区归属感，并提升社区的社会资本。

（六）资源“开源”与“节流”方式创新

城市住区的资源通常是不可持续的，大多依赖外部的资源、能源和食物等消耗品的供给。因此，在能源利用方面，城市社区不仅需要进行“开源”途径的创新，还需要进行“节流”方式的外延。在资源“开源”方面，洛杉矶通过太阳能光电板、都市农业等，获取电热能量及粮食果蔬，赋予生活与生产功能，提升了社区自给自足的能力。在资源“节流”方面，除去常规节能节水方式的应用，洛杉矶还通过建筑空间的共享以及物质资源的分时利用来减少建筑材料、物质资源的使用量。我国城市绿色发展应借鉴洛杉矶生态之城的经验，对资源“开源”与“节流”方式进行创新，采用多元化的节约能源的方式。

总之，建设绿色发展的生态之城是人类共同的愿望，其目的是让人的创造力和各种有利于推动社会发展的潜能充分发挥出来，在一个高度文明的环境里，造就一代超过一代的生产力。在达到这个目的的过程中，保持经济增长、社会进步和生态保护的高度和谐是基础。只有在这个基础上，城市的经济目标、社会目标和生态环境目标才能达到统一，技术和自然才有可能充分融合，各种资源配置和利用才会更有效，进而促进经济、社会和生态三者效益的同步增长，使城市环境更加清洁、舒适，景观更加适宜优美。

第三节　东京绿色发展的经验借鉴

20 世纪 60 年代末到 70 年代，东京面临的问题与上海市的问题基本类似，其实现节能减排的发展经验对上海市有一定借鉴作用。经过战后经济高速增长的黄金时期，东京进入了重工业化阶段，在创造经济繁荣的同时，也引发了严重的环境污染问题。以二氧化硫为例，东京在 1964—1969 年的 5 年时间里年排放量从 8.1 万吨上升到近 15 万吨，翻了接近一番。随后，东京开始面临日益强烈的环境保护要求，节能减排是治理关键。

一、绿色发展的历程

（一）东京绿地分类

日本城市绿地规划的思想主要源于 20 世纪 20 年代欧美各国所形成的各项城市规划和绿地规划，如美国的公园系统、英国的田园城市、德国的绿地规划。1932年成立的东京绿地规划协会，对“绿地”进行了明确定义：即“所谓绿地，就其本来目的说是空闲的土地，即没有被宅地、工商业用地、频繁的交通用地等占用和覆盖，并且具有永久性的土地空间”，包括大型公园、小型公园、娱乐道路、联络道路、墓园、神社寺庙内用地、山岳、海滨、广场、河流、动植物园、学校附属地等等。从定义可知，日本的“绿地”基本是广义绿地的概念。

虽然日本的城市绿地一直以广义绿地概念为主，但其中也包含狭义的概念。1940年《都市计画法》的修订，首次将以娱乐休闲为目的公园作为城市设施纳入城市规划中。同时，也把以自然环境保护和防灾防卫为目的的空地作为城市设施一同纳入，形成城市设施意义上的公园绿地，此处的绿地即为狭义的绿地。1977年的《绿色总体规划》中，综合运用二分法和三分法，将绿地分为公共绿地和其他绿地两大类。1994年，随着《都市绿地保全法》的修正，将城市绿化推进计划与城市绿地规划相结合，建立了新的绿地规划制度，即绿色基本规划和都道府县广域绿地规划，而两者规划中的分类体系是在1977年公共性和永久性的分类原则的基础上，进一步调整完善而成。新的分类体系首先是从城市建设和控制的角度，分为设施绿地和控制性绿地两大类，其中设施绿地是城市的公共设施，根据法律依据可再划分为以《都市公园法》为依据的都市公园和无法律依据的都市公园以外绿地。而都市公园以外绿地再根据设施的所属性质划分为公共设施绿地和民间设施绿地。控制性绿地是指以自然环境保护和土地利用控制为目的的城市绿地。所有绿地中的建设行为都是根据相关法律条例和协定进行控制，与其土地的所属权无关。综上所述，日本城市绿地由于其概念上的广泛性，其分类体系上囊括了城市规划区范围内的所有的可供公共使用绿色空间，但不包括私人内部使用的绿色空间。与城市绿地分类相比，其中公园绿地的分类思路相对比较明确，1956年以法律形式确定下来，一直沿用至今。当时的《都市公园法》规定，都市公园由政府所有、管理和设置。包括住宅区基干公园、市基干公园、特殊公园、广域公园、休闲都市、国营公园、缓冲绿地、都市绿地以及绿道。

（二）规划演变

东京对城市绿地的保护与建设始于明治维新中期，至今已发展一百年左右，大体可分为四个时期：

1. 以城市公园绿地为代表的初创期

东京的城市公园绿地规划，最初出现在1885年的《东京市区改正设计》中。根据该规划，东京规划了11处大型公园、45处小型公园，总面积达413.65万平方米，人均公园面积为4.7平方米。由于财政等原因，该规划仅建成一座综合性大型公园——日比谷公园，及清水谷公园、白山公园等4处小型公园。一战后，日本经济迅速成长，《东京市区改正设计》已经不适应城市化的发展。1919年颁布《都市计画法》，引入了分区规划和土地区划整理制度。其后的补充规定中，确定了土地区划整理工作中必须保证3%以上的用地为公园用地的规定。1923年关东大地震使得日本全社会真正认识到城市绿地的重要性，作为城市复兴规划的《帝都复兴计划》首次提出了公园绿地配置的规划方案，并得到了全面实施。两年内，东京建设了4座大型公园和41座小型公园，也开始不同程度地进行了行道树、滨河绿地和花园林荫道等欧美国家流行的绿色空间形式的建设。

受欧美绿地规划和广域城市规划思想的影响，1932—1939年，成立了东京绿地协会，首次编制了《东京绿地规划》，该规划除了公园绿地之外，还规划了环状绿带、郊野公园等其他绿地形式。其目的在于控制东京大都市的不断扩张，这是日本第一项涵盖范围较广的城市绿地专项规划。此后，日本的其他城市也纷纷制订了类似的规划。为了确保该规划的实施，1940年修订的《都市计画法》中，决定将绿地作为新增的城市基础设施直接纳入城市规划编制内容。

2. 战后城市绿地规划复兴期

二战后，日本全国120个城市中分别开展了《战后复兴事业计划》。此项计划具体包括了土地规划、绿地建设区的确定，确保10%以上市区绿地面积以及城市绿地规划编制等项目。其中最突出的是在城市中心区设置大型公园，在道路和河流沿岸设置宽度为50~100米的带状绿地等规划内容。1946年，东京率先将城市规划中原有的军事用地全部改为城市绿地，这一时期的新建公园主要特征为旧军事用地的公园化。而随着经济的复苏，东京的城市问题日益严重，为了控制建设的混乱局面，引导东京都市圈城市空间结构的良性发展，公园绿地规划和建设也要求相应的法律保障。在此背景下，于 1954 和 1956 年相继出台了《土地区划整理法》和《都市公园法》。作为第一部城市绿地系统的专项法令，《都市公园法》明确规定了公园的管理主体和配置标准。自 1955 年开始，日本各大城市和县厅所在地都出现了急剧的城市化现象，住宅地的大面积开发，建设用地的无序蔓延，导致农田和林地不断减少，带来了大量的环境问题。面对这一环境恶化的事实，1966 年和 1968 年又相继出台了《古都保护法》《首都圈近郊绿地保护法》和《都市计画法（新法）》等一系列限制开发的法律制度。虽然这些制度在一定程度上防止了城市空间无序蔓延的现象，并在开发区域内建设了一定数量的城市绿地，但在整体上未能形成有效的绿色网络和建成具有一定水准的公园。在这种形势之下，于 1972 年颁布《自然环境保全法》后，建设省又立即出台了以保护开敞空间为目的的《都市绿地保全法》，从而建立了绿地保护制度，进一步强化了对开发行为的控制和引导。东京于 1977 年起开始《绿色总体规划》，确定了东京市域内绿地系统的网络组织结构，对景观节点进行重点设计，塑造新的城市地标。

3. 城市绿地系统规划成熟期

20 世纪 80 年代初，在经历了经济高速发展之后，日本社会逐步迈入了发展的成熟期。面对社会结构的发展，特别是低出生率和高龄化所带来的社会问题，加上国民闲暇时间的增加等多种城市生活变化，构筑安全、安心、舒适的生活环境，以及保护与创造具有活力、魅力的绿色空间，已成为城市建设的新目标。为此，东京开始计划建立新绿地规划制度。1994 年东京根据建设省发布的《绿色政策大纲》，特别是针对市町村编制的《绿色基本规划》，由区级以下基层政府编制广域绿地规划。该次规划首次将动植物栖息地保护纳入绿地保护内容之中，为此后实施人与自然和谐共存的环境政策奠定了基础。东京土地资源的稀缺造成大型绿地系统难以建设，所以对小型绿地系统，特别是居住区内的绿地系统建设成为80年代后期东京绿地系统规划的重点。

4. 城市绿地系统规划完善期

进入 21 世纪后，随着全球化的深入，城市可持续发展成为世界各国共同关注的目标，东京城市绿地发展已不仅仅停留在人们感性认识上，热岛效应的缓解、温室气体的改善与循环型城市构造的实现等话题逐渐引起人们的关注。第五次东京大都市圈战略规划针对环境建设，明确将东京都市圈地域范围内的山地、丘陵、河川、海岸等自然资源与道路两旁的绿化、公园等都市环境资源连成一体，形成水与绿的“骨骼”，塑造与环境共生的都市构造。出于城市发展需求，日本城市绿地的发展政策也在不断调整，其重要政策之一就是注重对城市绿地的保护，2001 年《都市绿地保全法》再次修正，建立了绿地管理协调制度，进一步加强对城市绿地的保护与管理。2003 年东京的城市战略研究中，城市绿地保护事业首次被纳入社会资源整合范畴。2004 年《都市绿地保全法》第四次修正，建立了城市绿地保护区制度和城市立体公园制度，把城市绿地保护和屋顶绿化事业进一步常态化和制度化，完善了城市绿地系统的规划与建设。

（三）绿色东京规划

从自然条件来讲，东京拥有海、河、池、泉等类型丰富的多样化水系资源，且自然地貌使水资源富于动静、缓急的变化。东京旧称“江户”，即主要指东京为水网纵横之地域、江河入海之门户。东京的西部多摩山地地下水资源丰富，形成了池泉湖泊错落的自然环境。同时自北向南的隅田川、荒川、江户川，自西向东的多摩川、玉川上水、神田川，都穿过城区注入东京湾，为城市营造了天然的亲水空间。但东京城市化的急速发展使市中心很多河道被填埋成道路和建筑用地，仅余的七条河流的河道被改造为混凝土槽，丧失了河流的自然本性。在战后的经济高速增长期，东京湾的大规模填海造地工程使海水浴场、渔业养殖场等自然生态及传统海洋产业和绿色休闲空间几乎丧失殆尽，城市绿化率呈下滑趋势。为改善城市的自然环境，1977 年创设《绿色总体规划》制度以后，东京于 1981 年编制了《东京绿色总体规划》，其后又结合《都市绿地保全法》的几次修订，于 1995 年对规划进行了调整，基本形成了东京绿地建设的基本构架。

随着城市规划的不断发展，东京城市发展从单极走向多极，从集中走向有机疏散，从中心城市带动周边发展的模式走向了合作、交流的网络城市模式。绿地系统规划也在不断地向前发展。2000 年与城市规划同步，编制了绿地系统规划《绿色东京规划》，提出了 50 年后“水网与绿网交织的特色城市——

东京”的远景目标，在此之后为了提高规划实施效率，又先后出台了《绿色新战略导则》《都市计划公园绿地的建设方针》《环境轴建设导则》和一系列促进绿化建设的新制度。通过规划的实施，目前东京都的人均公园绿地面积为6.5平方米，公园总数3294处。首先，该规划提出了50年后东京的绿色构想蓝图，以及“水网与绿网交织的特色城市——东京”的总体发展目标，并从五个方面描绘了15年内东京所应形成的绿色环境，即东京的绿地是保护城市环境、保障城市安全、创造东京魅力、培育生物生存空间和构筑公众参与平台的绿地。然后根据五个方向列出了具体的策略体系。策略体系涉及的内容有以下几方面

1. 保护城市环境

根据相关奖励政策引导企业、团体和个人开展公共及民间设施的屋顶绿化，以改善城市的热岛效应。通过大型公园、城市主干道和主要河道两侧的绿化形成城市的绿色网络骨架。充分利用生产绿地地区制度，保护城市中数量不多的农田，控制农田的减少，利用都市农田营造城市地区特色。充分利用绿地保全制度，构筑官民一体的保护组织，对城市近郊的山体、林地进行多形式的保护、恢复和利用，并通过各种税收减免制度，奖励绿地保护的行为。

2. 保障城市安全

首先，根据绿地的避灾功能，建立城市3千米防灾圈域的概念，各防灾圈域内建设一个10万平方米以上避灾公园。其次，针对250米内无近邻公园和街区公园的盲区，提出今后公园建设的数量。再次，结合城市主要干道建设大型公园，便于物资运输和储藏，通过主干道两侧绿化连接各类避灾绿地构筑绿色避灾网络。都市农田也是重要的避难场所，根据绿化协议，灾害发生时可随时利用身边农田。利用绿地的蓄水功能，通过混交林种植，防止城市范围内的山体滑坡和坍塌，实现国土保护。

3. 创造东京魅力

一方面通过具有乡土特色的行道树、百年老树、城市历史名园等历史自然资源，共同营造地方的特色空间。利用城市的水系、台地、丘陵等特殊地形地貌形成城市景观轴线。另一方面，充分利用绿色植被，形成舒适休闲型的城市景观，如海上公园的建设、河流沿岸公园绿地的连接、河流沿岸亲水

空间的塑造、中小型河流的水质的改善等。

4. 培育生物的生存空间

通过郊外丘陵地、谷地的保护，荒废杂木林的适当管理、濒危生物种保护区的指定、外来物种侵入的防止等措施保护生物的多样性。在公园、学校、办公楼等用地附近及临海部、河流护岸等区域，通过各种生态技术创造一些微型、贴身的生物生息空间，达到恢复生物栖息地的目的。

5. 构筑公众参与平台

通过建立绿地信托组织和绿地 NPO 组织，培养各种绿地公益活动人员，建立绿色环境咨询的一站式服务，以及开展自然体验活动的民间组织，形成开展多种市民活动的绿色基地。在城市近郊，设置青少年野外体验场所和儿童农业公园，了解农作物的生长过程和农产品制作过程，通过自然环境体验，从小培养儿童爱护生物和环境的心灵，健全儿童的心理成长过程。

其次，为了进一步推动东京的城市建设，实现水绿交融，自然、文化、历史交织，打造具有魅力和活力的特色城市，东京政府于 2005 年在《绿色东京规划》的基础上，又编制了《绿色新战略指引导则》(以下简称《导则》)，专门针对公共团体、民间团体及个人提出了具体的行动方针，为实现东京绿色环境建设指出明确的目标。主要内容包括：

针对《绿色东京规划》提出的“绿化率”指标，进一步明确至 2015 年和 2025 年的建设目标，并对公共及民间团体各自所有的绿地分别提出了建设标准。

在确保绿量的前提下，充分考虑环境建设的质量，特别是考虑场所和用地的自然生态条件，保护作为原风景自然植被、杂木林和草地。

重点建设作为据点的绿块和作为轴线的绿廊，先期形成区域的绿色骨架。《导则》中不仅提出了具体的行动方案，还对公民携手推进绿化建设提出了不同的要求，并给出范例。《导则》指出，公共性绿地的建设是形成城市绿色网络的重要基础，特别是作为据点的公园、绿地，以及作为轴线的干道绿化、主要设施绿化带和沿河绿化带，由此可带动民间团体和个人的绿化行为。而占据城市二分之一土地的民间设施，在城市绿化中具有不容忽视的作用，尤其是现有设施的绿化、屋顶绿化和都市农田，可以为城市创造多样的绿色空间，丰富和充实城市的绿色网络。

（四）东京公园绿地建设方针与民设公园制度

2000年《绿色东京规划》中确定的城市公园和绿地共计10600万平方米，其中42%已建设完毕，并开始供大众使用。34%属于河流水面和神社寺庙等地，虽然未作为公园提供使用，但可以不再进行建设，剩余的24%是规划公园绿地，需要进一步论证。2006年编制的《都市计划公园绿地的建设方针》是基于《绿色新战略指引导则》中确定的绿块和绿廊，针对城市规划的公园和绿地，提出未来10年的重点建设内容。该方针要求根据公园的功能逐一进行评价，首先确定重点建设的公园、绿地，再在重点建设的公园、绿地范围内通过继续评价再次确定优先建设区域和非优先建设区域。对于优先建设区域可以通过土地区划整理平法和街区再开发事业实现公园绿地的建设。而暂时被确定为非优先建设区域，可以放宽建筑建设的层数限制，若是涉及民间的绿地和开放空间，则通过新创设的民设公园制度鼓励个人或民间团体建设公园。民设公园制度是2006年东京政府为充分利用民间力量，尽早完成已规划城市公园的建设而独创的一种新制度。该制度明确了城市公园建设中，政府和民间的各自作用。政府为鼓励民间行为，放缓了限制，允许城市规划公园用地内建设住宅，并提供相关费用减免政策。而民间则保证一定规模的土地对外开放，保证灾害发生时公园的无偿使用，保证35年的连续管理和相关管理费用。由于受东京政府财政收入的限制，24%的规划公园完全依靠政府投资建设，很难在十年完成，再加上一半以上为私有土地的现实状况，因此依靠民间力量建设公园是十分现实而有效的途径。

（五）《环境轴建设导则》与城市绿色网络

2007年编制的《环境轴建设导则》主要为实现《绿色东京规划》中提出“水绿交织形成回廊”的建设构想，作为《绿色新战略导则》的延续，针对绿色空间网络中承担连接功能的环境轴而制定的行动方针，主要与上述方针配套执行。该导则的主要内容包括：

1. 提出环境轴的建设构想。主要强调城市干道、河流两侧的绿化带建设以及沿道设施的绿化建设，形成具有一定宽度的绿色环境轴。

2. 对于环境轴的形成，强调政府与民间的通力协作，提出了各自的建设任务和要求。

3. 根据各道路和河流所处的地理位置，明确各环境轴对于环境保护、游憩、景观和防灾上的不同功能，并提出了相应的建设对策。例如，同样为道路环境轴，若确定为游憩功能，那么道路建设时必须满足步行者使用上的舒适性和安全性；若确定为景观功能，在建设时则多考虑行道树、电缆线等附属物的景观效果，以及景观资源的保护。即不同功能的环境轴，其空间处置措施具有差异性。

4. 环境轴的建设必须结合周边其他城市设施的绿化建设，形成地区一体化的绿色网络。

5. 将环境轴的建设纳入地区规划，围绕三个主题确定了15个示范地区先期进行建设。

二、绿色发展的规划

2011年12月23日公布了东京2020年城市发展战略规划，规划围绕提升东京整体实力水平的八大目标和十二个工程展开，与以往的发展规划相比，新规划更加重视城市防灾、能源和提升城市的国际竞争力，该规划的颁布实施将为引导日本走出地震阴影、保持可持续发展起到积极的作用。其中包括：建设具有超强抗灾能力的城市；建设高效自给的能源分散型低碳社会；建设水域空间和绿色长廊环绕的魅力城市；建设海陆空一体、具有超强国际竞争力城市；建设产业魅力和城市魅力兼备、发展轨迹独特的城市；建设人人有创业机会、杰出人才辈出的城市；建设人人爱运动、青少年儿童有梦想的城市。其中有关绿色发展主要包括以下两个：

（一）建设高效自给的能源分散型低碳社会

1. 筹划东京独创的新能源政策，兼顾经济发展和环境保护。发展低碳型经济，同时要做好充分准备以保证能源安全；建设能源利用效率世界最高、环境压力世界最少的环保先进城市，即使灾害时期也具备强大的能源供给能力，足以充当日本的“发电机”。

2. 在东京推广普及世界最先进的低碳技术。推广使用世界最先进环保技术的同时，在东京全面开展碳抵消政策；在建筑界普及利用高水准的节能技术，提高市民对低碳型建筑的认可度；在城市建设中普及能源管理技术，实现能源供给最优化，加大可再生能源和闲置能源的使用量。

3. 创造清洁的城市环境。利用日本的先进水净化技术改善城市水质，加强城市水域空间的休闲娱乐功能，将东京建成“水之都”，减少城市垃圾的产生，使有限的资源无限地循环使用。

（二）建设水域空间和绿色长廊环绕的魅力城市

1. 将东京的绿色网络衔接起来，把东京优美的自然环境传承下去。新建433万平方米的城市公园，继续扩容城市绿色面积；在新种植100万株街道树的同时，对东京的5万株大型树木进行彻底保护和修整；将城铁调布保谷沿线且跨东京荒川和多摩川的直径为30千米的绿色地带连接起来，形成由公园、绿地、河流组成的绿荫网络；深入开展造绿、护绿、惜绿的绿色运动，鼓励市民和企业自发参加环保活动。

2. 充分挖掘城市水域空间的价值。在水边开展各种活动，开设露天咖啡馆等商业设施吸引市民来水边休闲娱乐；将水域空间建成文化和信息的聚集地，吸引年轻艺人等时尚人士来此活动，以创造新的城市文化。

3. 创造首都新城市景观，提高东京的城市价值。创造代表首都形象的城市景观，同时设立东京历史文物景观保护基金，将城市的历史传承下去；城市核心区域实现完全无电线杆化，到2020年东京周边区县无电线杆区域比2010年增加两倍。

三、对上海市绿色发展的启示

我国超大城市处于转型发展关键期，而且环境问题比较突出，呈复合型特征，时间更加紧迫，外部压力也更加巨大。梳理北京、上海等城市的环境保护“十三五”规划，“产业转型升级”“区域协同”“空间优化”“清洁能源”“多元共治”等关键词均被重点阐述，意味着我国超大或特大城市的环境管理更注重综合性、主动性、协同性和共享性。

东京多年前就制定了2030发展战略，2013获得2020奥运会举办权后，最近2年以此为契机制定了东京全球城市建设2020行动计划及中长期发展愿景。一方面是为了搞好2020奥运会，制定当前3年的城市发展行动计划；

另一方面是要服务于后2020的东京全球城市建设，超越纽约和伦敦等竞争城市，成为全球城市第一，这样的形势背景对上海发展有重要意义。上海城市发展也有两重目标：一方面是到2020年要建成现代化国际大都市，另一方面要到2035年建设成为卓越全球城市。前者为后者打基础，要为建设更有竞争力的中国全球城市提供衔接。

通过分析东京环境战略转型的经验，结合上海的实际，有几点经验总结。第一，上海已经提出全球城市的建设目标和路径，这要求上海要从全球高度看待环境问题，通过区域协同和全球治理相融合，构建全球环境治理网络枢纽，将城市可持续发展模式推向全球，提高上海在全球环境治理的话语权；第二，上海提出了建设具有“全球影响力的科创中心”，这为城市环境战略转型提供了良好的机遇，既可以将环境友好型科技作为科创中心发展的重点方向之一，也可以构建良好的生态环境，吸引优秀人才，提升城市竞争力；第三，上海应不断提升可再生能源在一次能源中的占比，提高能源清洁化水平，广泛引入节能措施，打造具有全球影响力的低碳城市；第四，上海应重视环境教育发展，在中小学开设环境课程，同时制定相应措施，提升企业自愿积极开展污染物减排的主动性，努力提升公众参与的水平。

第八章　上海市绿色发展的政策建议与实施途径

当前世界经济增长重心加快向亚太地区转移，中国特色社会主义进入新时代，上海这座拥有全国最多外资企业总部、最多外资金融机构和最大港口的城市，将进一步崛起成为国际经济、金融、贸易和航运中心。面向2035年，上海提出了“卓越的全球城市，令人向往的创新之城、人文之城、生态之城”的发展愿景，届时的上海，城市空间舒适安全，人居环境生机盎然，交通出行便捷环保，是全球最令人向往的健康、安全、韧性城市之一。

第一节　绿色发展战略对策

一、指导思想

以习近平新时代中国特色社会主义思想为指导，全面贯彻党的十九大和十九届二中、三中、四中、五中全会精神，深入贯彻习近平生态文明思想和习近平总书记考察上海重要讲话精神，深入践行“人民城市人民建，人民城市为人民”重要理念，坚持稳中求进的工作总基调，落实减污降碳总要求，深入打好污染防治攻坚战，加快推进生态环境治理体系和治理能力现代化，不断满足人民日益增长的优美生态环境需要，谱写建设美丽上海新篇章，实现生态文明建设新进步。

二、指导原则

生态优先，绿色发展。牢固树立“绿水青山就是金山银山”重要理念，把降碳作为促进经济社会发展全面绿色转型的总抓手，强化源头防控，全面提高资源利用效率，夯实绿色发展基础，推动形成绿色生产和绿色生活方式。

系统思维，整体保护。遵循“山水林田湖草是生命共同体”，统筹生态环境各要素、各领域，进行整体保护、宏观管控、综合治理，提升生态系统质量和稳定性，促进人与自然和谐共生。

精细管理，分类施策。坚持目标导向、问题导向、效果导向，更加突出精准治污、科学治污、依法治污，持续提升环境治理的针对性和有效性，做到精准发力、科学施治、依法推动。

区域协同，共保联治。紧扣一体化和高质量两个关键词，完善长三角区域生态环境保护协作机制，加快探索区域联动、分工协作、协同推进的生态环境共保联治新机制、新路径。

改革创新、多元共治。加快构建党委领导、政府主导、企业主体和公众共同参与的现代环境治理体系，把制度优势更好地转化为治理效能，实现政府治理和社会调节、企业自治的良性互动。

三、战略目标

（一）总体目标

到 2025 年，生态环境质量稳定向好，生态服务功能稳定恢复，节约资源和保护环境的空间格局、产业结构、生产方式、生活方式初步形成，生态环境治理体系和治理能力现代化初步实现，让绿色成为上海城市发展最动人的底色，成为人民城市最温暖的亮色，为早日建成令人向往的生态之城和天蓝地绿水清的美丽上海奠定扎实基础。

（二）具体指标

生态环境质量方面。到 2025 年，大气六项常规污染物全面稳定达到国家二级标准，部分指标优于国家一级标准。其中，PM2.5 年均浓度稳定控制在 35 微克每立方米以下；AQI 优良率稳定在 85% 左右，全面消除重污染天气；集中式饮用水水源地水质稳定达到或好于Ⅲ类，地表水达到或好于Ⅲ类水体比例达到 60% 以上，重要江河湖泊水功能区基本达标，河湖水生态系统功能逐步恢复；土壤和地下水环境质量保持稳定；近岸海域水质优良率稳定在

14% 左右。

生态环境治理方面。到 2025 年，城镇污水处理率达到 99%，农村生活污水处理率达到 90% 以上，生活垃圾回收利用率达到 45% 以上；受污染耕地安全利用率和污染地块安全利用率达到 95% 以上；森林覆盖率达到 19.5% 以上，人均公园绿地面积达到 9.5 平方米以上；湿地保护率维持 50% 以上，生态系统功能逐步恢复。

绿色低碳发展方面。主要污染物减排完成国家相关要求，碳排放总量提前实现达峰，单位生产总值二氧化碳排放、单位生产总值能源消耗、万元生产总值用水量持续下降并完成国家要求，农田化肥施用量和农药使用量分别下降 9% 和 10%。

四、战略任务

（一）全面推进绿色高质量发展，提前实现碳排放达峰

1. 产业结构转型升级

产业空间布局优化。落实“三线一单”生态环境分区管控要求，完善动态更新和调整机制。推进桃浦、南大、吴淞、吴泾、高桥石化等重点区域整体转型，加快推进金山二工区、星火开发区环境整治和转型升级。基本完成规划保留工业区外化工企业布局调整。

重点行业结构调整。严格控制钢铁产能，加快发展以废钢为原料的电炉短流程工艺，减少自主炼焦，推进炼焦、烧结等前端高污染工序减量调整。废钢比力争达到 15% 以上。严格控制石化产业规模，推进杭州湾石化产业升级。加快产业结构调整，调整对象由高能耗、高污染、高风险项目进一步转向低技能劳动密集型、低端加工型、低效用地型企业，重点推进化工、涉重金属、一般制造业等行业布局调整。聚焦低效产业园区转型升级，引导资源高效优配。

工业领域绿色升级。以钢铁、水泥、化工、石化等行业为重点，积极推进改造升级。深化园区循环化补链改造，利用新技术助推绿色制造业发展，实现现有循环化园区的提质升级，引导创建一批绿色示范工厂和绿色示范园区。以清洁生产一级水平为标杆，引导企业采用先进适用的技术、工艺和装

备实施清洁生产技术改造，推进化工、医药、集成电路等行业清洁生产全覆盖，推广船舶、汽车等大型涂装行业低挥发性产品替代或减量化技术。到2025年，推动450家企业开展清洁生产审核，建成50家清洁生产示范企业。

绿色农业高质量发展。加大农业绿色生产技术推广力度，建立水稻绿色生产示范基地、蔬菜绿色生产示范基地。到2025年，地产绿色优质农产品比例达到70%，绿色农产品认证率达到30%以上。开展化肥农药减量增效行动，推进10万亩蔬菜绿色防控集成示范基地和2万亩蔬菜水肥一体化项目建设。发展生态循环农业，集中打造2个生态循环农业示范区、10个示范镇、100个示范基地。探索在不同类型生产主体之间形成互惠互利、协同发展的模式，建立生态循环农业工作长效机制。鼓励水产养殖企业、养殖户试点生态循环模式，建设12个美丽生态牧场，建设100个国家级水产健康养殖示范场，水产绿色健康养殖比重达到80%。

大力推动节能低碳环保产业发展。建设低碳环保科创功能性平台，建设一批区位优势明显、产业特色突出的节能环保产业园。积极支持相关企业承担国家和地方的重点绿色技术创新项目。支持做大做强一批节能低碳环保企业。引导相关企业积极参与"一带一路"国家（地区）新能源开发利用、节能环保等项目建设。

2. 优化调整能源消费结构

严格控制煤炭消费总量。控制工业用煤，确保重点企业煤炭消费总量持续下降。在保障电力供应安全情况下，合理保持公用电厂用煤稳定，积极推动公用亚临界煤电机组等容量替代，有序推进市内燃机调峰电源建设。结合高桥石化调整，关停高化自备电厂。对宝钢和上海石化自备电厂，按照煤电机组不超过三分之二实施清洁化改造，保留的煤电机组实施"三改联动"（节能改造、灵活性改造、具备条件的实施供热改造）或等容量替代。大力推进公用燃煤电厂省间发电权交易，开展自备电厂控煤压量后的电能替代交易。积极争取提高外来低碳电消纳，新增用电需求主要由区域内清洁能源发电和区域外输电满足。到2025年，全市煤炭消费总量较2020年下降幅度完成国家下达目标，占一次能源消费比重下降至30%左右。

加快实施清洁能源替代。完善天然气产供储销体系，推进上海LNG站线扩建项目和沪苏、沪浙省际管网互联互通，形成国际国内、海上陆上、现货长协的多气源联保联供格局。到2025年，天然气消费量占一次能源消费比重达到17%左右。进一步发展太阳能、风电、氢能等非化石能源，非化石能源占一次能源消费比重完成国家下达目标。加快开发建设奉贤、南汇、金山海上风电基地，探索建设深远海海上风电，推进陆上风电建设，进一步扩大风电装机规模。实施“光伏+”专项工程，重点依托工商业建筑、公共建筑屋顶、产业园区等，实施分布式太阳能光伏发电，积极推动农光互补、渔光互补、建筑光伏一体化等模式，发展氢能产业集群。

提升重点领域节能降碳效率。完善能耗“双控”制度，进一步提高工业能源利用效率和清洁化水平，健全能源资源要素市场化配置机制。到2025年，电力、钢铁、有色金属、建材、石化、化工等重点行业能源利用效率达到或接近世界先进水平。推广绿色公路、绿色港口全生命周期建设，进一步促进交通建设装配式工艺发展，逐步建立交通绿色设计标准体系。

3. 深化交通运输结构调整

绿色高效交通运输体系建设。打造公交优先、慢行友好的城市客运体系，进一步完善一体化公共交通体系。到2025年，中心城公交出行比重达到45%以上，中心城绿色出行比例达到75%以上。持续发展绿色货运，积极推动货运向公转铁、公转水方式发展，提升铁路、水路货运比重。在上海港港区等区域，开展近零排放或低碳排放试点，推进城市绿色货运配送试点示范项目建设。深化集疏运结构调整和站点布局优化，鼓励沿江港航资源整合，集装箱“水水中转”比例不低于52%。积极发展江海联运、江海直达、滚装运输、甩挂运输等运输组织方式，基本形成规模化、集约化和快捷高效的现代化航运集疏运体系。

移动源能源结构调整。公交汽车、巡游出租车、党政机关公务车辆、中心城区载货汽车、邮政用车全面使用新能源汽车，国有企事业单位公务车辆、环卫车辆新能源汽车占比超过80%，网约出租车新能源汽车占比超过50%，重型载货车辆、工程车辆新能源汽车明显提升。积极开展氢燃料电池汽车示范车应用，建成运行70座以上加氢站，燃料电池汽车达到万辆级规模以上。加大内河新能源船舶推广力度。

4. 践行绿色低碳简约生活

绿色低碳建筑。不断提升建筑能效等级，推广绿色建筑设计标准。完善低能耗建筑体系、建筑能耗限额管理体系，全面推进新建建筑应用可再生能源，持续提升既有建筑能效，开展超低能耗建筑示范建设。进一步推广装配式建筑，积极推进绿色生态城区创建和既有城区绿色更新实践。

绿色产品消费。推行绿色产品政府采购制度，结合产品品目清单管理，在政府采购中，加大绿色产品相关标准的应用。国有企业率先执行企业绿色采购指南，鼓励其他企业自主开展绿色采购。积极发挥绿色消费引领作用，大力推广节能环保低碳产品。坚决制止餐饮浪费行为，积极践行“光盘行动”。

绿色生活创建。分类推进节约型机关、绿色家庭、绿色学校、绿色社区、绿色出行、绿色商场、绿色建筑等重点领域创建活动。健全绿色生活创建政策措施。鼓励开设节能超市等，完善销售网络，畅通绿色产品流通渠道。

宁静生活环境。修订上海市声环境功能区划，完善噪声污染防治管理制度。加强噪声达标区管理，提升监控技术水平。以高速公路、快速路、轨道交通为重点，强化交通噪声污染防治。加强工业噪声污染源头控制，加大建筑施工噪声管理与执法力度，强化社会生活噪声管控，倡导公民参与噪声环境管理。

5. 高标准建设绿色发展新高地

打造新城建设运行新模式。将嘉定、青浦、松江、奉贤和南汇新城建设成为“最现代”“最生态”“最便利”“最具活力”“最具特色”的独立综合性节点城市。全面倡导绿色低碳的生活方式和城市建设运行模式，新建城区全部执行绿色生态城区标准，新建民用建筑严格执行绿色建筑标准，提升既有建筑能效。优化能源结构，鼓励使用清洁能源，推广分布式供应模式。加强再生水、雨水等非常规水资源利用。“十四五”期末，新城绿色交通出行比例达到80%。到2025年，新城水功能区水质达标率达到95%左右，污染地块安全利用率达到100%，全面实现原生生活垃圾零填埋，工业固废资源化利用水平位于全市前列。率先确立绿色低碳、数字智慧、安全韧性的空间治理模式，新城精细化管理水平和现代化治理能力全面提升。

高水平建设长三角生态绿色一体化发展示范区。重点推进清洁生产、绿色产品和绿色消费，逐步形成绿色产业健康发展和简约适度、绿色低碳、文明健康的生活方式。加强饮用水水源地安全保障，建设太浦河清水绿廊，提升水域生态服务功能。打造一体化生态空间格局，整体规划设计示范区生态廊道体系，重点打造东太湖到黄浦江的绿廊。统筹区域湿地资源，建设“蓝色珠链”，以青浦区为中心，适时创建国际湿地城市。在先行启动区开展近零碳试点示范，到2025年，努力实现PM2.5达标和二氧化碳排放达峰。

高标准建设崇明世界级生态岛。滚动实施崇明世界级生态岛三年行动计划，积极推进碳中和示范区建设，推进实施一批生态保育、生态管控与修复试点示范项目。健全打击非法捕捞长效机制，保护东滩鸟类国家级自然保护区和长江口水域生态环境，努力恢复河口滩涂的生物多样性。坚持世界级生态岛的理念和标准，推进“海上花岛”建设。建设千亩花卉产业园，打造花卉研发、生产和销售全产业链，带动全岛生态产业转型和功能提升。大力发展都市现代绿色农业，推广无化肥、无农药农产品，打造更多都市现代农业项目。开展乡村振兴示范村建设。

高起点打造临港新片区国家绿色高质量发展新标杆。打造高质量、一体化、可持续生态环境体系，全力建设花园城市、海绵城市、无废城市、低碳城市、韧性城市。优化绿林水为网架的生态格局，建设8千米景观带，实施南岛景观绿地改造。加快建设星空之境海绵公园、顶科社区公园、赤风港湿地公园，依托水系海岸，建设慢行绿道网络。到2025年，森林覆盖率达到15%。打造亲水美丽的海绵城市，编制海绵城市专项规划，完善技术标准体系，加强滴水湖高品质风景区建设。强化固体废弃物资源化利用，推进企业绿色供应链建设，打造一批绿色工厂和循环化园区。建设生活源固废集运利用综合体。提升区域环境质量，水功能区水质达标率保持100%。优化污水处理系统格局，提升重点产业污染物排放治理技术。建立低碳交通网络，形成智能新能源汽车产业集聚和示范应用高地。

6. 加强应对气候变化体系建设

制定碳达峰行动方案。明确二氧化碳排放达峰目标、路线图和主要任务，同步谋划远期碳中和目标及实施路径。细化重点行业和区域碳达峰方案和举措，对能源、工业、建筑、交通、新型基础设施等领域和钢铁、石化等重点行业，确定分领域、分行业碳达峰行动计划。

加强应对气候变化监管。统筹应对气候变化和生态环境保护，增强工作合力，做到统一谋划、统一布置、统一实施、统一检查。完善碳排放管理工作机制、统计核算、目标考核等，制定碳排放管理相关地方标准，优化低碳产品等评价、标识和认证制度。

健全碳排放交易市场机制。加快推进全国碳排放交易机构建设。积极开展纳入全国碳交易体系的重点企业配额分配、碳排放核查等工作，并加强规范管理。深化碳交易试点，引导培育碳交易咨询、碳资产管理、碳金融服务等服务机构。积极争取国家气候投融资试点。探索开展碳普惠工作，推进碳普惠市场与碳排放权交易市场相互衔接、相互促进。

深入推进低碳试点。继续做好国家低碳城市、低碳发展实践区、低碳社区、低碳园区、低碳示范机构等试点工作，逐步扩大低碳试点范围。持续推进近零排放项目试点，强化零碳建筑、零碳园区等示范引领作用。

控制温室气体排放。编制温室气体排放清单。支持火电、化工、钢铁等行业开展碳捕获、利用与封存。加强非二氧化碳温室气体排放控制，积极推进电力设备制造、半导体制造等重点行业含氟温室气体减量化试点，加强垃圾填埋场甲烷收集利用，控制秸秆还田过程中甲烷的排放。加强林地、湿地等碳汇体系建设。

长三角区域绿色低碳发展。将应对气候变化纳入长三角区域生态环境保护协作机制，加强区域碳排放权交易、低碳试点示范、适应气候变化等方面合作，探索推进长三角区域碳排放权交易、碳普惠试点等工作。搭建低碳产业交流平台，积极探索低碳技术合作创新机制，培育具备国内乃至国际影响力的低碳服务品牌企业。

（二）深入打好污染防治攻坚战，持续改善生态环境质量

1. 水环境综合治理

（1）全面保障饮用水水源地安全

原水系统安全保障。落实太湖水资源调度方案和长江口咸潮应对工作预案，优化流域应急调度机制。加快饮用水水源连通及有关原水工程建设，建设黄浦江上游水源（金泽）取水泵站及预处理设施。推进青草沙—陈行原水系统连通工程建设，先期建设原水西环线南段工程。结合临港水厂新建工程，配套建设原水支线工程。

水源地环境监管。严格落实饮用水水源地环境保护要求，完善水源地生态保护补偿政策。加强对饮用水水源保护区内流动风险源和周边风险企业的监管。持续完善饮用水水源污染事故应急预案，加强太浦河水源地与上游的联动共保，完善太浦河突发水污染事件应急联动机制。到2025年，全市集中式饮用水水源地水质稳定达到Ⅲ类以上水质标准。

（2）提升污水处理系统能力和水平

污水和污泥处理处置。实施竹园污水处理厂四期、泰和污水处理厂二期、白龙港污水处理厂三期工程建设，启动郊区14座污水处理厂扩建工程。统筹污水厂污泥、河道淤泥、通沟污泥工程设施建设，推进煤电基地污泥掺烧。开展泰和、竹园四期污泥干化工程及白龙港片区干化焚烧设施建设，建成浦东新区、嘉定区等污泥独立焚烧设施。到2025年，全市城镇污水处理率达到99%。

市政管网建设和运维。启动新一轮排水系统建设工程，完成苏州河深隧试验段建设。完善污水管网，完成南干线改造工程，实施竹园—白龙港污水连通管和竹园—石洞口污水连通管工程，推进合流污水一期复线工程建设，增强污水片区输送保障能力和系统安全性。推进污水二三级管网新建工程及污水泵站新建、改扩建工程，增强地区污水收集能力，实现城镇污水管网全覆盖。全面开展排水设施排查，健全管道、泵站等排水设施周期性检测制度，加大老龄管道维护、修复和更换力度。加强排水系统智能化管理，推动中心城区污水处理厂网一体化运行。

农村生活污水处理。实施农村生活污水治理续建与新建项目，逐步推进已建农村生活污水处理设施提标改造，农村生活污水处理率达到90%以上。加强农村生活污水处理设施的运维管理，完善长效管理机制。

（3）着力防控城乡面源污染

初雨治理和雨污混接改造。建成桃浦、长桥、龙华、天山、曲阳和泗塘等6个中心城区初期雨水调蓄项目，实现周边24个分流制排水系统初雨调蓄。建立雨污混接问题预防、发现和处置的动态机制。

海绵城市建设。临港新片区海绵城市建设实行全域管控，在五大新城和虹桥国际开放枢纽、长三角生态绿色一体化发展示范区、北外滩地区、黄浦江苏州河两岸、桃浦科创智慧城、南大地区、吴淞创新城等区域落实海绵城市建设要求，推动16个市级海绵城市试点区建设。到2025年，40%以上城市建成区达到海绵城市建设要求。完善城市绿色生态基础设施功能，增加雨水调蓄模块，推广小型雨水收集、贮存和处理系统，提高雨水资源利用水平。

农业面源污染防治。划定上海市养殖水域滩涂禁养区、限养区和养殖区，做好分区管理工作，逐步实现尾水排放符合国家标准。到2025年，规划保留的水产养殖场实现尾水处理设施建设覆盖率达到80%以上。结合高标准农田、菜田建设，率先在水源保护区、生态建设区以及生态敏感区，先行先试生态沟渠、暴雨塘等农田径流污染物生态拦截技术，逐步建立各类农业面源污染监测监管体系。全面推广有机肥、测土配方施肥，强化病虫害统防统治和全程绿色防控，减少化肥农药使用量。开展高效低毒低残留农药、高效植保机械双替代行动。推广新型水肥一体化等节肥、节药、节水装备，建设水肥一体化示范区以及高效植保示范点。到2025年，农田化肥和农药总施用量分别下降9%和10%。

（4）加强河湖治理和生态修复

入河排污口排查整治。在长江入河排污口先行试点的基础上，全面开展入河排污口排查整治工作。到2025年，基本完成全市入河排污口排查溯源，建成统一的入河排污口信息管理系统和监测网络。分类整治入河排污口，取缔一批、合并一批、规范一批。

水生态保护修复。在水源涵养区，采取人工林草建设相结合的保护措施，提高生态系统的水源涵养功能。建设重要河湖生态缓冲带，开展景观植被种植、河湖滨小型湿地建设以及河湖岸线清理复绿等工作。持续推进淀山湖等湖库富营养化治理，实施主要河湖氮磷总量控制。以街镇为单元，开展集中连片区域化治理，建设50个生态清洁小流域。打造“幸福河”样板，逐步恢复景观生态服务功能。有序实施通江达海的骨干河道新开或疏通工程。开展全市重要河湖健康评价，基本实现骨干河道和主要湖泊健康评价全覆盖。

长三角区域跨界水体共保联治。继续实施太湖流域水环境综合治理，建立联合河湖长制，落实太浦河、淀山湖等重点跨界水体联保专项方案，共同提升跨界水体环境质量。

2. 提升大气环境质量

（1）持续深化 VOCs 污染防治

重点行业 VOCs 总量控制和源头替代。按照 PM2.5 和臭氧浓度“双控双减”目标要求，制定 VOCs 控制目标。严格控制涉 VOCs 排放行业新建项目，对新增 VOCs 排放项目，实施倍量削减或减量替代。大力推进工业涂装、包装印刷等溶剂使用类行业，以及涂料、油墨、胶黏剂、清洗剂等行业低挥发性原辅料产品的源头替代。加强船舶修造、工程机械制造、钢结构制造、金属制品等领域低 VOCs 产品的研发。鼓励采购使用低 VOCs 含量原辅材料的产品。

新一轮 VOCs 排放综合治理。到 2022 年，完成石化等六大领域 24 个工业行业、4 个通用工序、恶臭污染物排放企业的综合治理，工业 VOCs 排放量较 2019 年下降 10%。

管控无组织排放。以含 VOCs 物料的储存、转移输送等五类排放源为重点，采取设备与场所密闭、工艺改进、废气有效收集等措施，管控无组织排放。

加强精细化管理。研究明确 VOCs 控制重点行业和重点污染物名录清单，并制定管控方案。健全化工行业 VOCs 监测监控体系，建立重点化工园区 VOCs 源谱和精细化排放清单，将主要污染排放源纳入重点排污单位名录，主要排污口安装污染物排放自动监测设备，VOCs 重点企业率先探索开展用能监控。

（2）加大移动源污染防控力度

车（机械）优化升级和油品管控。提高在用柴油车检测标准，推进国四排放标准及以下重型营运柴油货车改造达标和淘汰。全面实施重型柴油车新车国六排放标准和非道路移动柴油机械国四排放标准。

机动车污染监控。健全协调机制，部门间数据互联互通，实现移动源全生命周期管理。开展新生产机动车、非道路移动机械检查，主要车（机）型的年度抽检率达到 80% 以上。全面落实排放检验和强制维护制度，研究提前实施更为严格的在用车排放检验标准。全面开展重型柴油车和非道路移动机械远程在线监管。

港口码头和船舶污染管控。落实船舶大气污染物排放控制区实施方案，研究船舶进入排放控制区使用硫含量≤ 0.1%m/m 燃油的可行性，推进船舶氮氧化物（NOx）排放控制区建设。控制内河港口码头总量，适度控制内河港口码头发展规模。严格执行船舶新环保标准，改造现有非达标船舶，对改造后仍不能达到要求的，实施限期淘汰。推进港作船等船舶结构调整，探索提前淘汰单壳油轮。开展内河码头岸电和机场桥载电源建设，研究制定内河船舶靠泊和民用航空器靠桥使用辅助电源的管理规范。黄浦江轮渡、游览船和公务船使用清洁能源，鼓励新增环卫、客渡、港作等内河船舶更换纯电动或 LNG 能源。加大 B5 生物柴油的推广应用力度，研究 B10 餐厨废弃油脂制生物柴油应用可行性，鼓励 B10 餐厨废弃油脂制生物柴油混合燃料在内河船舶上使用。研究制定在用内河船舶烟度排放标准，加强燃油质量执法检查。

非道路移动机械污染控制。严格落实非道路移动机械高排放禁止区措施，加快淘汰更新未达到国二排放标准的机械。对港口、机场和重点企业等场内机械，鼓励 56kW 以下中小功率机械通过“油改电”替代更新，加快推进港口作业机械和机场地勤设备“油改气”或改用其他清洁能源。对 56kW 以上的国二、国三排放标准的机械，开展非道路移动机械柴油机尾气达标治理，制定技术规范，研究非道路移动机械年检措施。

（3）持续推进面源治理

扬尘污染治理。进一步加强扬尘在线监测，加大对数据超标和安装不规范行为的惩处力度。完善文明施工标准和拆除作业规范，加强预湿和喷淋抑尘措施和施工现场封闭措施，严格约束线性工程的标段控制。修缮现场实施封闭式作业，加强对修缮工程的过程管控。

社会源排放综合治理。完善加油站、储油库、油罐车油气回收长效管理机制。到 2022 年，完成储油库底部装油方式改造，新增运输汽油的油罐车不得配备上装密闭装油装置。完成原油和成品油码头油气回收，新建原油、汽油（类似汽油）、煤油、石脑油等装船作业线全部安装油气回收设施，新建 150 总吨以上的国内航行游船应当具备码头油气回收条件。完成汽修行业提标整治，实现绿色汽修设施设备及工艺的升级改造。强化油烟气治理日常监管，城市化地区餐饮服务场所全部安装高效油烟净化装置，加强饮食服务业在线监控设施的安装使用和集约化管理。推广使用低 VOCs 含量生活日用品。

农业源大气污染物排放控制。开展重点农业源臭气和氨排放防控技术研究，实施畜禽养殖氨排放监测监控，逐步推广种植业氨减排技术。到 2025 年，粮食生产功能区、蔬菜生产保护区氨减排技术推广应用力争达到 80%。

（4）加强长三角大气联防联控

深入开展长三角区域立法、规划、标准、政策、执法等领域的协同合作，深化大气环境信息共享机制。以机动车污染排放异地协同监管、长三角区域船舶排放控制区和低挥发性产品应用推广等为重点，加强区域联合执法。强化重污染天气应急联动，完善跨区域大气污染应急预警机制。

3. 土壤和地下水环境保护

（1）农用地污染风险防控

污染源头预防。加强受污染农用地周边重点污染源日常监管，深入开展涉重金属重点行业企业排查整治。完善农业生产档案管理制度，降低农产品重金属超标风险。健全农业投入品废弃物回收和处置体系，从源头上减少投入品对农用地土壤环境质量的影响。

农用地分类分级管理。强化受污染农用地安全利用和管控，严格落实受污染农用地安全利用方案，加强跟踪监测与效果评估，逐步建立受污染农用地风险管控技术体系。对未利用地、复垦土地开垦为耕地的，建立完善土壤风险管控的多部门协调机制。开展土壤污染状况调查，依法进行分类管理，保障农产品质量安全。

（2）建设用地风险管控

企业土壤污染预防管理。督促土壤污染重点企业落实自行监测、隐患排查、拆除活动备案等法定义务，定期监测重点监管单位周边土壤，完善信息共享和公众监督机制。

建设用地风险管控。完善建设用地环境管理制度，强化规划编制、审批过程中的土地污染风险管控，定期更新建设用地土壤污染风险管控和修复名录。加强用地历史信息管理，强化遗留场地、暂不开发利用场地的管理和风险防控。

污染土壤治理修复。以整体转型区域为重点，有序开展土壤治理修复，探索应用生态型治理修复技术。在涉深基坑工业污染地块试点“环境修复+开发建设”模式。深入研究土壤、地下水污染防治技术。

（3）地下水污染防控

地下水环境监测。以浅层地下水为重点，优化整合土壤、地下水环境联动监测网络，分类监测地下水环境，试点开展重点化工园区地下水在线监测。开展工业园区（以化工为主）、垃圾填埋场、危险废物填埋场等重点污染源区域周边地下水环境状况调查，实施必要的地下水风险管控措施，加强后期环境监管。对废弃取水井进行排查登记，基于环境风险评估结果，实施分类管理。

地下水污染协同防治。构建区域—场地、土壤—地下水、地表水—地下水等协同监测、综合监管、协同防治体系。建立地下水污染防治分区分类管理体系。实施土壤和地下水污染风险联合管控，动态更新地下水污染场地清单。

4. 近岸海域环境保护

（1）控制入海污染物排放

入海排污口和河流管控。全面实现入海排污口实时自动监测，建立“一口一册”管理档案，确保入海排污口稳定达标排放。加大入海河流污染治理，削减氮、磷、重金属、持久性有机物等污染物排放。加强对入海河口、海湾出入境断面的总氮、总磷等污染物监测，逐步实施重点河口总量控制。

海域污染控制。强化对船舶污染物接收单位、污染物接收作业的监管，加强海洋船舶污染物接收设施建设与市政基础设施的衔接，实现船舶含油污水、生活污水和生活垃圾“零直排”。严格执行海洋倾废许可制度，控制海洋倾废污染。大力开展海上、海滩垃圾清理，实现各类固体废物的集中收集和岸上处置。

（2）海洋生态保护修复

按照海洋生态红线管控要求，严禁占用自然岸线的建设项目，确保大陆自然岸线保有率不低于12%。加强海域、海岛、海岸带整治修复，对领海基点岛屿和具有特殊保护价值的岛屿，开展调查评估和生态保护。严格落实无居民海岛生态保护措施。以杭州湾为重点，研究人工岸段海岸带生态系统恢复技术。结合海堤生态化改造，建设滨海岸线示范段。启动金山三岛相关区域的人工鱼礁建设。

（3）海洋环境风险防范

加强沿海工业企业环境风险防控，提升企业应对突发环境污染事件能力。提高海洋环境风险预报预警能力，加强海上溢油、危化品及核泄漏等突发水污染事件预警系统建设。研究海洋环境生态效应影响。

5. 固体废物系统治理

（1）源头减量

固废减量。制定循环经济重点技术推广目录，支持企业采用固体废物减量化工艺技术，依法实施强制性清洁生产审核。开展塑料垃圾专项清理，推进快递包装绿色转型，在快递外卖集中的重点区域，投放塑料包装回收设施。倡导商品“简包装”“无包装”。加大净菜上市力度，降低湿垃圾产生量。

生活垃圾全程分类。巩固生活垃圾分类实效，完善常态长效机制。继续开展街镇垃圾分类综合考评，健全市、区、街镇、村居“四级管理”制度。加快推进“点站场”回收体系标准化建设和管理，鼓励有条件的场所细化回收物分类，建立生活垃圾分类全程计量体系。规范生活源有害垃圾和单位零星有害垃圾收运管理，形成大件垃圾分类投放、预约收集、专业运输处置体系。

危险废物源头管控。加强重大产业规划布局的危险废物评估论证和处置设施建设，强化危险废物源头减量化和资源化。加强重点行业建设项目的危险废物环境影响评价。严厉打击以副产品名义逃避危险废物监管的行为。

（2）提升处理处置能力

“一主多点”的末端处置格局。强化老港生活垃圾战略处置基地和应急保障功能，完成上海生物能源再利用二期项目，加快推进浦东新区、宝山区、崇明区、奉贤区、金山区等区的项目建设，推进生活垃圾与其他固体废物的协同焚烧处置。实现原生生活垃圾零填埋，干垃圾和装修垃圾残渣、湿垃圾残渣等可焚烧类残渣全量焚烧。到 2025 年，全市生活垃圾焚烧处理能力稳定在 2.9 万吨 / 日，湿垃圾处理能力达到 1.1 万吨 / 日，应急填埋场应急处理能力达到 5000 吨 / 日。加强生活垃圾配套转运设施建设，改造市、区两级中转设施，合理配置湿垃圾专用转运设备及泊位，转运能力达到2万吨/日。持续开展非正规垃圾堆放点摸排整治。

危险废物处置。制定危险废物处置能力建设规划。研究制定危险废物填埋负面清单，严格控制原生危险废物直接填埋。加快建设上海市固体废物处置中心二期一阶段项目。积极推进危险废物焚烧灰渣、生活垃圾焚烧飞灰、重金属污泥等无机类危险废物的利用处置。积极利用水泥窑、工业炉窑等处置危险废物。研究高温熔融、等离子等先进技术应用。

一般工业固废处置。加快建设一般工业固体废物填埋场。建立一般工业固废管理情况报告制度，督促产废单位落实全过程污染环境防治责任。严格落实一般工业固废跨省转移利用备案制度。

（3）完善资源化利用体系

生活垃圾资源化利用。建成老港湿垃圾二期沼渣利用试点项目，推广科学、稳定、高效的沼渣利用工艺，提升湿垃圾资源化利用水平。进一步合理布局餐厨废弃油脂末端处置设施，提升末端处置效益。完善“两网融合”体系，加强老港基地的废塑料、废玻璃等废物利用工作。完善废弃电器电子产品多元化回收体系，加强对拆解企业的日常监管。探索推进电器电子产品、铅蓄电池、新能源电池、报废机动车等领域回收利用的生产者责任延伸制度。

建筑垃圾资源化处置。加快建筑垃圾资源化利用设施建设，全市建筑垃圾末端集中处理能力达到590万吨/年。推进建筑垃圾转运码头建设。完善区级装修垃圾中转设施布局，鼓励与生活垃圾中转站、“两网融合”体系合并建设。制定建筑垃圾再生建材标准，健全再生产品应用体系。

危险废物综合利用。建设临港新片区危险废物高值资源化与集约化示范基地，在浦东新区、临港新片区、上海化工区、金山区、奉贤区等建设废有机溶剂、废活性炭、废酸集中利用设施。鼓励危险废物资源化利用，巩固集成电路行业废酸“点对点”定向利用成效，试点开展其他危险废物“点对点”定向利用。提标改造老旧设施，对不符合要求的，予以淘汰关停。

种养殖废弃物综合利用。提升畜禽粪污资源化利用水平，推广清洁养殖工艺和粪污资源化利用模式。到2025年，全市畜禽粪污资源化利用率达到98%。持续推进粮油作物秸秆和蔬菜等种植业废弃物资源化利用，支持和引导秸秆离田利用产业化发展。到2025年，全市粮油作物秸秆综合利用率稳定在98%以上。

固体废物资源化利用。建设炉渣、污泥等资源化利用设施和老港固废环保科创中心。在浦东新区、宝山区、松江区、等建设资源循环利用园区。

（4）强化全过程监管

危险废物全过程监管。进一步完善危险废物信息化管理系统，严格执行危险废物转移电子联单、产生单位申报登记、管理计划在线备案。强化信息系统集成联动，针对物流出入口、贮存场所、处置设施和转移路线，分领域分阶段建立可视化、智能化监控体系。完善实验室废物收运处置体系，推广小型医疗机构医疗废物定点集中收集模式。持续开展危险废物专项整治和执法监督，严厉打击危险废物非法转移倾倒等违法犯罪行为。

长三角区域联防联治。强化区域处理处置能力优势互补，实现区域固体废物利用处置能力共建共享。全面实施危险废物跨省转移电子联单制度，推进危险废物跨省转移信息实时共享。研究实施跨省转移分级分类管理，完善固废危废产生申报、安全储存、转移处置的标准和管理制度。探索推进固废危废利用产品统一标准。探索建设长三角再生资源回收与末端资源化利用企业的互联互通平台。

（三）提升生态系统服务功能，维护城市生态安全

1. 优化生态空间格局

（1）生态廊道建设

重点建设环廊森林片区和生态廊道，推进市域生态走廊、生态间隔带和集中森林片区建设，重点实施黄浦江—大治河等生态走廊建设，打造贯穿市域东西的城市生态骨架。继续推动滨水沿路生态廊道建设，持续构建水绿相间的生态网络。加大工业园区内规划绿地及周边防护林带建设力度，构建生产型工业区、“邻避”市政基础设施隔离林带。到2025年，全市净增森林面积24万亩。

（2）公共绿地空间建设

到2025年，全市新增公园600座左右，人均公园绿地面积增加1平方米。实施千座公园计划，系统建设环城生态公园带，建成10座以上特色公园和郊野公园，持续推进外环绿带改造提升。优化中心城公园布局，改建或新建社区公园、口袋公园，实现公园绿地基本覆盖。结合美丽乡村建设，基本实现“一村一园”。加快推进五大新城和重点区域公园绿地建设、绿道贯通和开放共享，释放生态服务效益。加强骨干绿道建设，新建绿道1000千米以上，其中骨干绿道500千米以上。加强立体绿化建设，新增立体绿化面积200万平方米以上。

2. 加强生态系统与生物多样性保护

（1）自然保护地管理

构建以国家公园为主体、自然保护区为基础、各类自然公园为补充的自然保护地管理体系。完成自然保护地整合优化和勘界定标。加大长江口候鸟迁徙地和迁徙通道保护力度。合并崇明东滩鸟类自然保护区和长江口中华鲟自然保护区，整合优化佘山森林公园和西沙湿地公园，新建1处自然保护地。全力推进崇明东滩自然保护区申报世界自然遗产工作。

（2）湿地生态保护修复

聚焦长江口、杭州湾北岸、黄浦江上游等重点区域，加强新生湿地培育、保育和生态修复，通过修复退化湿地、小微湿地、生物促淤滨海湿地等扩大湿地面积，保持湿地总量。研究崇明北沿、九段沙、南汇东滩等湿地生态修复方案，依托杨浦滨江、共青森林公园边滩、梦清园等，探索开展城市湿地系统修复。

（3）生物多样性保护

野生动物植物保护。严格实施长江口全面禁渔，继续开展增殖放流，促进长江口渔业资源恢复。加强重要鸟类资源栖息地、迁徙地保护和建设，修复相关湿地、野生动物重要栖息地。以自然保护地、重要湿地、野生动物重要栖息地为重点，建立健全野生动植物及其栖息地保护监控网络，加强违法捕猎行为监管。针对重点区域、重要珍稀濒危物种、野生动植物资源，定期开展生物多样性调查和评估工作，加强重要动植物资源保护。

生物安全监管。加强进出口有害生物检查，开展外来入侵生物安全性评价，防范生物入侵。加强入侵生物对环境影响的监测，继续做好一枝黄花、互花米草等入侵生物防治工作。加大生物多样性科普宣传力度，提升全社会的保护意识。

3. 健全生态系统监管体系

（1）生态质量监测

聚焦自然保护地和生态保护红线内区域，构建覆盖湿地、海洋、河湖、城市、森林、农田等的生态状况调查和监（观）测网络，建立调查监测、成效评估、预测预警、监督检查、信息发布的监管平台。定期开展生态状况监测和评估工作。

（2）生态监督管理

完善生态保护红线监管考核制度，确保生态功能不降低、面积不减少、性质不改变。健全生态监测评估预警制度。加强对重大生态环境事件的执法检查。完善社会监督机制和生态环境质量公告制度。

4. 强化生态环境风险防范

（1）辐射环境安全管理

辐射安全监管。根据核技术利用风险等级和区域分布情况，完善重点风险源精细化管理制度，强化事中事后管理。进一步规范放射性废物管理，稳步推行医疗机构极短寿命放射性废物的清洁解控。全面建成移动放射源跟踪系统，有效降低放射源失控风险。

辐射监测。整合全市辐射监测资源，完善以市级辐射监测机构为骨干、区级辐射监测机构为支撑、社会化监测力量共同参与的辐射环境监测体系。试点建立放射性核素排放的在线监测系统。

辐射应急。加强辐射应急体系建设，完善公众沟通机制。修订《上海市处置核与辐射事故应急预案》，加强辐射应急专家库和应急队伍建设。完善辐射安全管理信息化系统。

（2）环境风险防控

企业环境风险防控。落实企业环境安全主体责任，全面实施企业环境应急预案备案管理。加强企业环境风险隐患排查，组织开展环境应急演练，落实企业风险防控措施，提升企业生态环境应急能力。

环境应急防控。优化市、区环境应急体系，实施分级处置。完善重点产业园区环境监测预警体系。加强环境应急处置队伍建设。

生态环境与健康管理。推进生态环境与健康试点监测和评估工作，培养生态环境与健康专业队伍，提升居民生态环境与健康素养水平。研究以保障公众健康为导向的生态环境与健康科学技术，推进环境健康重点实验室建设。探索建立生态环境与健康管理跨部门跨领域协调机制。在相关区域开展试点工作并逐步推广。

（3）重金属污染防治

持续更新涉重金属企业全口径环境信息清单。严格涉重金属排放项目环境准入，将重金属污染物指标纳入许可证管理范围。

（4）新污染物防治

针对持久性有机污染物、微塑料等污染物，开展流域、近岸海域生态环境风险调查。加强新化学物质环境管理登记，严格执行产品质量标准中有毒有害物质的含量限值。健全有毒有害化学物质环境管理制度，加强新污染物调查评估技术集成和应用。

第二节 绿色发展动力发掘

一、全面梳理绿色发展的重要驱动要素

城市绿色发展的动力机制是在城市发展过程中各动力因素产生、变化并相互作用的机理，这些因素分为外部和内部动力。外部动力来源于城市外部，能够对主体活动产生直接和间接影响的因素，如外部环境、资源条件、制度保障等；内部动力存在于城市内部，能够对城市活动产生驱动力的因素，如城市产业基础、空间布局等。

（一）城市的外部动力

外部动力包括引导力、助推力和支撑力。其中，引导力为各级政府政策的引导，支撑力主要指城市所在地区经济和社会发展对城市的支撑，助推力来源外部的技术供给。

1. 外部引导力

政府推动及政策利好是引导我国城市发展方向的重要力量，这种引导作

用体现在城市建设的各个方面。首先，政府战略规划的指导。相比于一般类型城市来说，城市尤其需要做到紧凑、协调和连接的三个“C”统一，在城市建筑、交通等物质供给和校园、社区等人文行为上充分体现低碳、绿色和可持续的特点。只有前瞻性、高起点的规划，才能从宏观层面推动城市的开发。其次，利好政策的激励。在我国，政府层面上的战略引导力对城市设立仍起着较大作用。而城市绿色发展对于入驻企业的环境标准、企业间循环联系等要求较高，需要财政、金融和对外经济等多重优惠性政策来吸引各种要素的流动和聚集。

2. 外部助推力

在推动城市发展的动力当中，技术是非常重要。城市是绿色产业的孵化器，而绿色产业与经济发展并不矛盾，相反它会加快经济增速。这种作用主要通过技术进步来实现，包括外部区域的科技供给力和城市内部的创新能力，前者即为城市的外部助推力。环境友好型、资源节约型产业的发展对外部技术的依赖程度要远高于其他产业。当外部技术进步时，将通过产业、劳动力等跨界传导到城市内部，从而提高绿色生产的效率和绿色生活的质量。

3. 外部支撑力

城市发展离不开与外界系统之间的相互作用，尤其不能脱离母城的推动作用而搞成孤岛或半孤岛式的经济发展。外部支撑力体现在两个方面：一是自然和人工的生态支撑力。前者是母城等外部区域的资源要素和环境保护情况，后者是这些区域的文化、景观和资源利用效率等。良好的城市应从人与环境的适应生存上升到环境舒适并最终达到环境欣赏的状态，而城市与外界地区的群落交替和人文交流等有着不可忽视的作用。二是城市治理能力，这里主要是母城等外部区域的治理能力。在城市化进程中，各地均努力通过户口、劳工、医疗和教育等人口制度来打破地域限制，通过工业倍增和产城融合等战略促进经济发展。城市与这些地区在人口、经济等的互动水平与城市治理能力息息相关。

（二）城市的内部动力

内部动力是来源于城市自身内部的各种动力因素，是一个城市绿色发展的决定性因素，包括拉动力、促进力和保障力。拉动力主要是城市内部的绿色发展需求，促进力是城市经济和技术创新，保障力则是不断完善的制度、设施和配套等。

1. 内部绿色发展需求的拉动

内部拉动力源于城市居民对良好生态的愿景和对环境的自发爱护。虽然城市绿色发展在政府规划引导下初见雏形，但是只有当地居民才是真正的实施者和维护者。这种绿色需求取决于两点：一是感官魅力需求，综合了城市历史文化、民俗风情、绿地空间和绿色建筑等要素，构建舒适宜居的环境；二是人文素质需求，有民风淳朴、对环境友好的居民，也有高级人才和高素质的外来劳动力移民。

2. 城市经济和技术创新的促进

经济发展决定着城市的绿色发展方向，是绿色城市建设的物质基础。城市绿色发展并不是摒弃工业的发展，而是强调环保型、低碳型及产业带动强的工业，它们更需要种类多、技术层次高的服务业与之匹配，达到产城互融的状态。而且随着城市的发展，工业与生产性服务业间的渗透将越来越重要。技术创新是城市绿色发展的重要支撑和永久动力，是城市建设的高效性与均衡性的支持与保障。与城市的外部技术供给不同的是，城市内自主创新的是所入驻企业基于生态环保而进行的工艺技能提升、循环经济改造和产业链拓展，既是生产效率和效益的追求，也体现了对城市绿色发展的社会责任。

3. 软硬环境的保障

软环境保障指强有效的政府执行和良好的城市环境。省（市）政府设定规则和招商引资举措，引导各市场主体参与城市建设，这是外部政策引导力。而下行到城市绿色发展，则更强调强有力的政府去执行。这是因为绿色城市的建设周期更长，城市化和生态化的阻力更大，建设期间遇到的社会问题或矛盾等需要本地政府去监督执行。城市环境主要体现在文化、制度和投资环境上，包括城市的信仰、风俗、生活方式、法制环境、政府办事效率和投资便利化程度等。

城市绿色发展的硬环境主要是基础设施保障和配套服务保障。基础设施，如道路、交通、信息服务、供水供电、能源供应等设施，是每一个城市的重点建设内容之一。除继续强调设施的稳定性和便利性之外，城市绿色发展更重视基础设施修建、运行的过程中与环境的冲突，推行绿色施工，推广清洁能源和节能环保材料的使用，严控废物、废气和噪声等污染。配套服务保障是与居民生活息息相关的公共服务，涉及娱乐、文体、教育和医疗等方面。对于城市绿色发展来说，需要突显生态建设的要求，构建以健康生活和绿色消费为主导的服务体系。

二、系统强化政府对城市绿色发展的引导力

（一）注重政策引导，加大财税扶持

从重点行业、重点企业入手，鼓励园区、企业采用合同能源管理模式推进节能改造，支持节能环保产品在重点行业、重点企业的推广。完善财税支持政策，落实资源综合利用税收优惠政策、节能节水环保装备所得税优惠政策，鼓励环境污染第三方治理试点示范。进一步加大财政资金支持力度，积极争取国家资金，支持节能环保领域重大项目、示范项目及高效节能产品推广、示范试点、宣传培训和信息服务。

（二）创新金融机制，拓宽融资渠道

推进绿色金融，助力绿色发展，引导社会资本、产业资本流向节能环保产业。拓宽绿色制造融资渠道，发展绿色债券、绿色 PPP、碳金融。建设以用能企业、节能服务公司为主体的信用评价体系，引导和支持各类金融机构加大对信用等级良好企业项目的信贷支持。由专业机构牵头，各金融机构和社会资本参与，组建以节能低碳产业为主要投资方向的产业基金，通过 PE、VC 等投资机构大力支持节能环保产业园区、重点企业、重大产业化项目、重大研发创新项目、公共服务平台、政府 PPP 项等的建设和发展。

（三）构筑创新优势，打造人才队伍

抓住科创中心建设的契机，促进产学研用结合。在环境基础设施建设、节能改造、资源综合利用等节能减排和环境保护相关的重大工程项目实施中，鼓励企业之间采取联合体方式共同参与投资建设。支持不同技术领域的企业和大学、院所联合创新，支持上下游企业联合提供满足节能环保需求的整体解决方案，形成重点行业绿色发展技术解决方案和标准规范。加快建设上海

市节能环保高技能人才培养基地，打造一支坚实的绿色科技人才队伍，推进绿色制造专门化人才培养。

三、以技术创新来强化城市绿色发展动力

（一）培育科技创新能力

紧密跟踪世界科技前沿，落实国家战略需求，系统推进全面创新改革试验，建成与我国经济科技实力和综合国力相匹配、具有全球影响力的科技创新中心。集聚全球顶尖创新人才、国家重大科技基础设施、高水平综合型大学、科研机构和跨国企业研发中心，重点建设上海张江综合性国家科学中心，形成中国乃至全球新知识、新技术的创造之地、新产业的培育之地，实现前瞻性基础研究、引领性原创成果重大突破。充分激发全社会创新创业活力和动力，推动科技创新与经济社会发展深度融合。发挥中国（上海）自由贸易试验区和上海张江国家自主创新示范区制度创新优势，全面提高上海科技创新的国际合作水平。至 2035 年，全社会研究与试验发展（R&D）经费支出占全市地区生产总值比例达到 5.5% 左右，战略性新兴产业增加值占全市地区生产总值比例提高到 25%，跨国公司研发总部入驻数量居亚洲首位。

（二）发展多样化科技创新空间

推动上海张江综合性国家科学中心建设，加强重大科技基础设施支撑，依托中科院等优秀科研机构、上海科技大学等知名大学集聚优势，成为世界级重大科技基础设施集群和具有世界领先水平的综合性科学研究试验基地，形成上海科技创新中心的核心区域。依托紫竹、漕河泾、杨浦、市北、嘉定、临港等高新技术产业园区、大学城和重要产业基地，成为创新功能集聚区，加快科学技术创新和成果应用转化。

促进创新功能与城市功能互动发展，形成融合科技、商务、文化等功能的复合型科技商务社区（TBC 产业社区）。结合城市更新和工业用地转型，积极盘活存量资源，发展量多面广、规模适宜的嵌入式创新空间，为小微科创企业提供成长空间。

（三）营造激发创新活力的制度环境

坚持市场导向，探索建立适应创新需求的政府管理制度。建立科技成果

转化、技术产权交易、知识产权运用和保护协同的制度，强化市场在创新要素配置中的决定性作用。建立尊重知识、尊重创新、让创新主体获益的创新收益分配制度。完善创新投融资体系，加强金融财税政策支持。建立积极灵活的创新人才发展制度。

（四）加大科技创新支撑力度

以推进大气、水、土壤等污染防治和破解环境热点、难点和前沿问题为重点，加大环保科技研发支持力度，支持环保产业发展。上海市发布的环境保护和生态建设“十三五”规划中强调，要继续推进环境保护部（现为生态环境部）复合型大气污染研究重点实验室和城市土壤污染防治工程技术中心建设，加快长三角大气污染预警预报中心二期建设，建设上海城市环境噪声控制工程技术中心。推动上海市环境标准科创中心建设。加强区域和流域环境科技协作。

四、激发和维持城市绿色发展的内部拉动力

居民对良好环境有着与生俱来的向往，可以说这种生态愿景是每个城市都有的。如何有效激发和维持城市绿色发展的内部拉动力，在开发初期时尤其需要政府进行引导。

（一）强化循环经济示范引领

落实推进国务院部署的“推行生产者责任延伸制度试点工作”，率先在上海市探索建立“销一收一”模式的铅酸蓄电池回收利用体系；全面推进“园区循环化改造”行动，构建循环经济产业链，提高产业关联度和循环化程度。上海市在 2018 年制定计划：到 2020 年，完成全部国家级和 50% 以上市级工业园区“循环化改造”；深入推进上海临港地区“国家再制造产业示范基地”建设，支持再制造产业化、规范化、规模化发展；积极推动一批国家级循环经济示范项目的提质增效，发挥“城市矿产”示范基地、餐厨垃圾资源化利用和无害化处置示范项目、循环经济教育示范基地、汽车零部件再制造试点等项目的示范引领作用。

（二）完善循环型产业发展和城市发展体系

加强统筹协调，推进生活垃圾分类收运体系和再生资源回收体系“两网

融合”，建立法治化、制度化处置流程，形成长期、稳定、可靠的处置方式，建设一批两网协同回收处置点。建立健全市场运行体系，培育一批市场化、规模化、专业化的市场主体。进一步推动产业废弃物循环利用，稳步提升大宗工业固废综合利用水平，加强农林废弃物资源化利用能力建设；探索建立新能源汽车动力电池梯级利用和回收处理体系，促进检测、实验、评估、标准规范等保障体系建设。完善再生产品和原料推广使用制度，鼓励和引导绿色消费，大力推动资源综合利用、再制造、再生品使用，削减一次性用品使用，实施绿色建材等产品强制推广和使用。

（三）推进绿色生活方式的转变

结合开展市民修身行动，加强宣传引导，广泛传播绿色生活理念。通过各类培训、主题活动、宣传册、公益广告等方式，开展“绿色生活和绿色消费”宣传，增强市民知晓率。将绿色生活相关内容纳入文明城区、文明社区、文明镇、文明小区、文明村及文明单位指标体系，坚持创建引领，推动工作落地；积极开展创建市级节约型示范单位、绿色家庭、绿色餐厅、绿色生态社区、绿色学校和绿色出行等行动，推进绿色生态城区创建，引导公众积极践行绿色生活。加强对绿色产品开发研发、绿色技术和高效节能产品的推广支持；严格执行节能环保产品强制采购制度，优先采购节能、节水、节材产品；鼓励倡导绿色采购；推进节能信息公开；推广办公电子化、无纸化，倡导采用电视、电话的会议方式；减少一次性办公用品的使用，推广使用环保再生纸、再生鼓粉盒等资源再生产品。继续深化“除陋习，有素养，行文明”不文明行为专项整治行动，培育市民文明绿色生活方式。

（四）积极推进社会共治共享

加强环境宣传教育，积极弘扬生态文明主流价值观，发布公众环境友好行动指南，鼓励公众自觉践行绿色生活、绿色消费，形成低碳节约、保护环境的社会风尚，提高全社会生态文明意识。

整合各类社会资源，建设完善一批环境宣传和科普教育基地。全面推进环境信息公开，充分发挥广播、电视、报纸和各类新媒体宣传作用和舆论监督，推动全社会共抓环境保护。完善企业环保诚信体系，建立企业环境信用评价制度，扩大企业环境责任报告发布范围，推进绿色供应链管理体系试点。

探索建立环保志愿者制度，积极推动环保志愿者参与环境保护行动。完善有奖举报制度，搭建环境保护网络举报平台。探索环境公益诉讼制度，支持和鼓励社会组织提起环境公益诉讼，维护环境公共利益。

五、夯实城市绿色发展的支撑和保障基础

（一）强化环境保护责任体系

严格落实环境保护党政同责、一岗双责。地方各级党委政府要对本地区生态环境保护负总责，建立健全职责清晰、分工合理的环境保护责任体系。制定明确责任清单，各相关工作部门要在各自职责范围内实施监督管理，管发展必须管环保，管行业必须管环保。探索建立环境保护重点领域分级责任机制，分解落实重点领域、重点行业和各区污染减排指标任务，完善体现生态文明要求的目标、评价、考核机制，建立环保责任离任审计、环境保护督察和履职约谈等制度，实施生态环境损害责任终身追究制度，加快推动环境保护责任的全面落实。

（二）完善环境治理体制机制

按照“统一、权威、高效”的原则，推进实施环保机构监测监察执法管理体制改革，健全市—区—街镇三级环保监管体系。

探索建立跨区域监测执法机制，上收生态环境质量监测事权。强化战略环评和规划环评。以简政放权、加强事中事后监管为原则，深化环评等环保审批分类改革，建立健全以排污许可证管理为核心的总量控制和污染源全过程管理体系。完善环境保护投融资机制，加大财政资金投入力度，深化推进资源环境价格改革和环境税费制度改革，综合运用土地、规划、金融多种政策引导社会资本投入，确保环保投入相当于全市生产总值的比例保持在3%左右。充分发挥市场机制作用，鼓励支持污染第三方治理，探索排污权交易、绿色信贷、绿色债券等机制，在高风险行业推行环境污染责任保险。完善生态补偿制度，扩大生态补偿范围，加大对重点区域生态补偿转移支付力度。

（三）加强环境法规标准建设

加强环境法治建设。按照法定程序，完成《上海市环境保护条例》修订，

开展土壤污染防治相关立法研究，研究修订《上海市实施〈环境影响评价法〉办法》，研究制定上海市排污许可证管理规定，推动辐射、危险废物等领域相关立法工作。完善地方环境标准体系。参照国际先进水平，以污染物排放控制为重点制定更严格的环境标准。制定出台燃煤电厂超低排放、城镇污水处理厂大气排放、建筑扬尘排放、非道路移动机械大气排放、恶臭污染物排放、畜禽养殖业污染物排放、电镀废水排放等一批地方标准，修订《上海市污水综合排放标准》和燃气锅炉排放标准，继续完善 VOCs 排放重点行业排放标准研究制定。探索废水中重金属、微量有机物等新型污染物标准规范研究。持续提高在用车污染排放标准，内河船舶、非移动机械油品标准实施柴油车同等标准。

研究制定污染场地风险评估、场地调查、修复治理、验收、监测等技术规范，开展 VOCs 控制运行管理，畜禽固体粪和污水还田、关停企业突发性危险废物处理处置等方面技术规范研究。加强与标准衔接的环境分析方法研究制定，完善特征因子在线监测方法和技术规范。完善电磁辐射环境标准体系。

（四）实施最严格的环境执法

全面落实新《环境保护法》等法律法规，加强环境监察执法队伍建设，推进环境监察标准化建设和环境监督网格化建设，构建市、区、乡镇的三级环境监督网络，切实提升环境监察执法能力。围绕提升环境质量、保障环境安全等目标，加大区域环境综合整治、挥发性有机物排放治理、河道黑臭等重点领域监督执法力度，专项执法与“双随机”执法检查并举，强化联合联动综合执法，继续推进行政执法和刑事司法相衔接。落实环境生态损害赔偿制度，通过诉讼等方式对造成环境污染或生态损害的单位追究环境生态损害赔偿责任。

（五）加快生态环境监测网络建设

逐步构建市区之间、部门之间，资源互补、共建共享的生态环境监测网络体系。建立以 PM2.5、臭氧为重点的监测网络，完成长三角区域空气质量预测预报系统建设，基本形成功能完备的复合型大气污染监测预警体系；构建以省界来水、水源地和区级断面为主的上海市地表水环境预警监测与评估体系，完善自动监测站点布设，实现水质、水文数据实时共享；整合完善土壤（地下水）环境监测网络；建成覆盖全市各类功能区的声环境自动监测网络；完善辐射应急及在线监测网络，提升辐射预警监测和应急能力；完善污染源监测体系建设，提高污染源现场和周边环境监测能力；大幅提高污染源在线监测覆盖范围，污染源在线监测体系全面覆盖国家、市、区三级重点监管企业，与环保部门联网并向社会公开；逐步建立天地一体化的生态遥感监测系统，加强卫星、航空、无人机遥感监测和地面生态监测，实现对区域重要生态功能区、自然保护区生态保护红线区的跟踪监测；全面完成重点产业园区特征污染因子监控网建设；加强环境应急监测能力建设，提升现场快速应急监测水平；填补现有标准的环境分析能力空白，优化水质分析能力，扩展化工特征因子环境监测能力，开发金属形态分析能力，完善环境监测质量监管体系；制订环境监测社会化服务机构备案管理办法和质量管理方案，开发社会化服务监管考核信息平台。

（六）全面提升环境信息化水平

完善环保数据中心，构建“环保云”平台，建立污染源统一编码体系，加快推进智慧监测、智慧监管、智慧门户建设以及环保信息资源的整合共享，提升环境管理与决策支撑能力。组织推进污染源一证式管理、长三角空气质量预警预报、水环境监测预警、环境应急、移动执法、辐射管理、固废管理等应用系统建设和完善，构建全市环保管理“一张图”，实现环境质量评价、污染源监管等信息的可视化。推进环保大数据建设和应用，通过环境质量、污染源、风险源、环保舆情等数据融合和外部关联分析，促进环境综合决策的科学化；通过监测、执法、信用评价、信访投诉等信息的综合分析，促进污染源监管的精准化；创新“互联网＋环保政务”服务模式，进一步完善“一站式”网上办事平台，促进环境公共服务的便民化。

第三节　绿色发展实施途径

一、加强合作，引领绿色发展

作为长三角城市群的核心城市和“一带一路”建设桥头堡，上海将率先落实国家战略，更加主动承担国家使命，充分发挥服务全国、联系亚太、面向世界的作用，进一步加强与长三角城市群、长江流域城市的协同发展，形成区域合力，共同代表国家参与国际竞争。

（一）突出上海区域引领责任

1. 发挥上海在“一带一路”建设和长江经济带发展中的先导作用

进一步强化上海在国家发展格局中的战略支点地位，充分发挥面向国际与服务国内“两个扇面”的示范引领作用。重点是提升上海的国际枢纽地位，依托江、海、陆、空等综合交通体系，实现双向开放和互联互通；提升上海核心竞争力和综合服务功能，加快中国（上海）自由贸易试验区建设，探索建设自由贸易港，强化上海在金融、贸易、航运、文化和科技创新等方面的功能引领性，增强上海的辐射带动作用。同时，上海还将主动作为，贯彻落实共抓大保护、不搞大开发的长江经济带发展导向，推动区域在环境保护、产业布局、人文交流、信息共享等方面的协作。

2. 强化上海对于长三角城市群的引领作用

落实《长江三角洲城市群发展规划》，进一步强化上海的龙头作用，引领长三角城市群发展成为具有全球影响力的世界级城市群和中国参与全球竞争的重要引擎。重点是围绕建设“卓越的全球城市”目标，聚焦区域产业功能网络提升，共享基础设施，共守生态安全，共同创新治理模式，推动长三角城市群成为最具经济活力的世界级资源配置中心、具有全球影响力的科技创新高地、全球重要的现代服务业和先进制造业中心、亚太地区重要国际门户和美丽中国建设示范区。

3. 以都市圈承载国家战略和要求

适应全球城市区域协同发展趋势，发挥上海作为都市圈中心城市的辐射带动作用。重点是依托交通运输网络培育形成多级多类发展轴线，推动近沪地区（90 分钟通勤范围）及周边同城化都市圈的协同发展，积极完善区域功能网络，加强基础设施统筹，推动区域生态环境共建共治，形成多维度的区域协同治理机制，引领长三角城市群一体化发展。

（二）推动上海和近沪地区功能网络一体化

1. 强化区域生态环境共保共治

共同维护区域生态基底。加强区域衔接，共同完善长江口、东海海域、环太湖、环淀山湖、环杭州湾等生态区域的保护，严格控制滨江沿海及杭州湾沿岸的产业岸线，严格限制沿江新增钢铁、重化等高耗能与污染型工业，完善污染企业的退出机制，保护长江口、近海湿地、环太湖水系、湖泊群、水源地，整体提升区域生态环境品质。

加强区域廊道、绿道衔接。通过林地绿地建设、河湖水系疏浚和生态环境修复，共同形成长江生态廊道和滨海生态保护带。强化上海与太湖流域的生态连接，结合黄浦江和吴淞江形成重要的区域生态廊道，并通过绿道串联，形成区域一体的生态网络。

推动区域、流域环境联防联治。完善区域大气、水、土壤环境保护和地面沉降防治合作平台，协商建立长三角乃至更大区域大气污染、长江和太湖流域水污染、近沪地区土壤污染综合防治和利益协调机制，共享污染源监测数据，推进船舶排放联合控制，整体改善区域、流域环境质量。

2. 促进区域市政基础设施的共建共享

统筹区域水资源保护与供给。进一步提升长江与太湖流域水质，保障水量供给。协同保护各长江口水源保护区与环太湖水源保护区，建设沿长江与太湖地区清水走廊，协同推进太浦河后续工程建设，合理布局排水口与取水口，严格控制入河湖污染物总量，改善供水水质。统筹区域水资源分配，研究流域跨境引水方案，提高长江流域水源地供水能力，实现长江流域与太湖流域水资源科学合理利用。

实现市政廊道无缝衔接。重点统筹上海电网衔接华北、华东、华中（三华）特高压同步电网、西南水电东送、华东 500 千伏电网的高压电力走廊布局。统筹上海天然气管网连接西气东输、川气东送、LNG 二期、中俄东线等天然气管道系统，以及东海气田的天然气走廊布局。

统筹以上海为核心的区域高速信息廊道布局。统筹市政基础设施合理布局。强化市政基础设施的区域协调，重点协调垃圾处理厂、污水处理厂、变电站、危险品仓库等设施布局。

开展区域信息通信服务协作。发挥上海亚太信息通信枢纽作用，搭建信息资源共享交换平台和公益性服务平台，探索数据中心服务的跨省市合作途径，率先推进智慧城市与互联网示范城市建设。

推动区域综合防灾体系构建。全面统筹协调流域防洪工程和重点水系布局，加快吴淞江工程等重大水利工程建设，提升防洪除涝减灾能力，完善现代区域防汛保障体系。构建“布局合理、全面覆盖、重点突出”的区域综合防灾空间结构，统筹协调区域救援通道、疏散通道、避难场所等疏散救援空间建设，协调区域应急交通、供水、供电、医疗、物资储备等应急保障基础设施布局。

3. 加强区域文化的共融共通

依托海派文化包容并蓄的底蕴，以推动东西方文化交融为目标，构建中国传统历史文化网络，引入和传播国际先进文化，强化文化软实力。推进环淀山湖地区古镇和环太湖古镇群联动开发，打造世界级水乡古镇文化休闲区和生态旅游度假区，适时申请世界文化遗产，共同促进江南地方文化和其他优秀历史文化的传承与创新。

（三）统筹战略协同区共同发展

针对上海与周边省市具有区域价值的战略性地区，重点强化在生态保护、设施共享、城镇布局、产业发展、港口资源、河口海洋空间利用等方面的空间统筹力度。

1. 东部沿海战略协同区：形成沿海开放国际门户

以中国（上海）自由贸易试验区为引领，充分发挥区域组合港的集聚效应，推进国际航运枢纽建设，提升贸易服务功能，形成沿海全面开放的国际门户。促进临港、舟山等滨海地区分工协作，积极引入战略性新兴产业，发展现代远洋渔业。加强生态环境改善，整体保护长江口、杭州湾生态型岛屿、滩涂湿地等，合理利用滨水岸线和水土资源。

2. 杭州湾北岸战略协同区：推进海洋环境修复

推进奉贤、金山、嘉善、平湖等地区协同发展，形成集产业、城镇和休闲功能于一体的战略空间。重点推动重化工产业布局优化和转型升级，强化战略性产业和创新型产业集聚，增强江海、陆海、海空等多式联运能力，推进杭州湾海洋环境修复，统筹协调沿湾各城市共同保护生态岸线和生活岸线，充分发挥岸线休闲旅游功能。

3. 长江口战略协同区：强化长江下游生态保护

促进宝山、崇明、海门、启东等地区的协同发展，推动崇明世界级生态岛建设，成为辐射带动内陆地区发展的战略空间。重点优化长江口地区产业布局，严格保护沿江各市水源地，推进沿江自然保护区与生态廊道建设。

4. 环淀山湖战略协同区：突出江南水乡历史文化和自然风貌

聚焦青浦、昆山等环淀山湖地区，在加强生态环境保护的前提下，保护江南水乡历史文化和自然风貌，推动世界级湖区水乡古镇文化休闲和旅游资源的整体开发利用，形成文化休闲生态的战略空间。

二、扩大开放，提高全球竞争力

（一）强化亚太地区航空门户地位

1. 提升航空枢纽能级

优化航空空域使用结构，提升空中交通管理能力，提高航空设施吞吐能力和运输效率。持续改进航空网络通达性，大力发展国际运输，构建全球性航空运输网络，网络覆盖度达到国际大型枢纽机场水平。至 2035 年，上海航空枢纽设计年客运吞吐能力 1.8 亿人次左右，旅客中转率、出入境客流比例提高至 19% 左右和 38%，货邮运量 650 万吨左右。拓展浦东国际机场的设施规模，着力提升浦东、虹桥国际机场保障能力。

2. 积极引导航空产业与城市的协调发展

充分依托空港资源，发展临空产业。浦东机场地区加强高端航空航运要素资源的集聚，打造以航空制造及研发、综合物流、要素交易等为主导功能的航空城。虹桥主城片区完善总部经济、金融商务、公务机产业、保税免税、航空物流等功能。结合低空空域管理改革，发展应急救援、商务旅游、海洋开发等功能，在杭州湾、长江口等地区预留发展水上飞机等多元化功能的岸线和配套条件。

（二）推动国际海港枢纽功能升级

1. 强化高端航运服务功能

巩固提升国际海港枢纽地位，支撑长江经济带、海上丝绸之路发展，至2035年，上海港集装箱吞吐量保持在4000万~4500万标准集装箱（TEU）。提高港口国际、国内中转能力，上海港国际集装箱中转比例达到13%。拓展国际邮轮航线，建成亚太地区规模最大的邮轮母港，年客运吞吐量达到450万人次左右。积极培育船舶经纪、航运金融、海事法律等高端航运服务功能，在北外滩、陆家嘴、洋山—临港、外高桥、吴淞等地区形成高能级航运服务业集聚区。

2. 优化完善港口功能布局

上海港形成以洋山深水港区、外高桥港区为核心，杭州湾、崇明三岛等港区为补充的格局，其中洋山深水港区是上海国际航运中心集装箱深水枢纽港区、国际远洋集装箱班轮的主靠港。逐步调整黄浦江沿线、长江口货运码头功能，合理布局内河港区，对接海港。加强对横沙等海洋战略资源的保护和控制。依托吴淞口国际邮轮港和北外滩国际客运中心，结合杭州湾北岸地区生活岸线功能调整，完善全市客运港区布局，推动邮轮母港以及游艇、游船等码头设施建设。

（三）提升信息通信枢纽服务水平

与未来通信发展水平相适应，建立“海、陆、空、天”一体化的城市信息基础设施体系。持续扩容承载网络的国际、省际出口，加快提升互联网国际、省际出口带宽。完善重点无线电台站的空间布局，加强信息基础设施与城市公共设施的融合发展，优化信息通信网络结构，有效提升网络全业务承载能力和综合服务保障能力，实现高速无线数据通信网络覆盖率达到100%。

（四）深化开放水平，提升开放质量

肩负国家使命与时代担当，引领区域深度参与国际竞争。作为最高能级的国家中心城市之一，上海要在实现民族复兴的过程中落实国家战略，代表国家在更高层次、更广领域参与国际竞争与合作，强化综合服务功能，服务长三角、服务长江流域、服务全国。

突出开放包容，增强市民福祉，树立全球城市魅力典范。上海应当对外不断提升城市开放度和包容度，提升全球知名度；对内加强城市管理服务，扩大民生受益范围，共享发展成果，让所有生活、工作在上海的人，都能感受到安全感、归属感和幸福感，切实提高人民群众的获得感。

基于区域开放格局，强化沿江、沿湾、沪宁、沪杭、沪湖等重点发展廊道，培育功能集聚的重点发展城镇，构建公共服务设施共享的城镇圈，实现区域协同、空间优化和城乡统筹。

三、全面建设绿色生态之城

（一）打造宜居、宜业、宜学、宜游的社区

1. 形成有归属感的社区公共空间

“上海 2035”以 15 分钟社区生活圈为平台，构建网络化、无障碍、功能复合的公共活动网络，激发社区空间活力。

增加社区公园、小尺度广场、游泳馆、足球、篮球、健身点等各类体育运动场地和休憩健身设施，形成多样化、无处不在的健身休闲空间，广泛开展全民健身活动，满足各类市民健身需求。

加强通勤步道、休闲步道、文化型步道等社区绿道网络建设，辟通街坊内巷弄和公共通道，串联地区中心和社区中心等主要公共空间节点，满足人们日常交通出行、休闲散步、跑步健身、商业休闲活动等日常公共活动需求，形成大众日常公共活动网络。

加强社区交往空间建设，构建由社区文化活动中心、健康休闲中心、社区菜场等组成的交往交流空间，鼓励企业、学校等对公众开放共享内部公共空间，提高社区公共空间规模和密度。至 2035 年，保证公共开放空间（400 平方米以上的公园和广场）的 5 分钟步行可达覆盖率达到 90% 左右。

2. 提供社区学习、就业和创业机会

建设学习型社会，加强终身教育设施建设，根据居民差异化需求，增设老年学校、兴趣培训学校、职业培训中心、婴幼儿托管、早期教育培训机构等各类社区学校，为社区居民提供更多日常教育学习的机会。将以轨道交通

站点或公共活动中心为核心，鼓励集中布局就业空间，配置小型商店、微利型企业、小规模创业、社区信息服务、物流配送等设施，为市民提供更多就近就业空间和机会，促进居住与就业适度平衡。将鼓励结合社区更新，发展嵌入式创新空间，为小微企业提供低成本办公场所，构建吸引创新型人才的社区创业环境。

3. 建设 TOD 社区

“上海 2035”致力于依托轨道交通站点、公交枢纽等空间，综合设置社区行政管理、文体教育、康体医疗、福利关怀、商业服务网点等各类公共服务设施。同时，将围绕轨道交通站点，做好“最后一千米”慢行接驳通道的建设，提供更多的可供租赁的自行车，建设更多的“自行车＋换乘”（“B+R”）设施，缩短居民出行时间。按照街区制、密路网的模式控制街坊尺度，创造活力街道界面。对社区内的次干路、支路规划设计将遵循慢行优先的路权分配原则，采取分隔、保护和引导措施，保障慢行交通的安全性。

（二）彰显城乡风貌特色

1. 保护自然山水格局

（1）保护“江海山岛”自然生态基底

塑造江南滨海城市的自然环境特色，尊重上海地势平坦、河湖密布的自然地理特征，充分发挥“江、海、山、岛”等各类自然地貌的景观价值。加强长江、东海岸线整治，推进生态、生活岸线建设。保护东海滩涂湿地及自然保护区；加强崇明三岛、金山三岛等岛屿的生态保育，维护城市生态基底，改善生物多样性环境；加强佘山诸峰周边景观视线控制，塑造特色风貌景观。

（2）保护河口冲积型和水乡聚落型自然（文化）景观

保护体现城乡历史变迁、与历史文化遗存紧密关联的各类自然环境要素，包括传统聚落格局、风景区、自然保护区等。保护自然与人文相融合的郊区传统聚落格局，延续依水而建、临水而居的江南水乡传统村镇模式。保护乡村地区的具有传统农耕特色的水田景观，重点保护淀山湖地区江南水乡历史文化和自然风貌，推动淀山湖地区建设世界级湖区。保护各类承载上海地域特征的国家公园与自然保护区，主要包括佘山、东平、海湾、共青森林公园，九段沙湿地、长江中华鲟、金山三岛自然保护区，崇明岛国家地质公园和吴淞炮台湾湿地森林公园等。统筹郊野地区的农田、生态片林、水系湿地、村落等自然和人文资源，在保护保育的前提下，体现文脉和自然野趣，适度开展休憩、科普等多样化活动。

（3）促进自然山水与现代化国际大都市风貌和谐共生

上海西部地区为水乡风貌区，保护村镇和水网相互依存的格局形态，展现典型的江南水乡风貌特色。东部地区为滨海风貌区，打造滨海风貌带，通过结合海洋产业和旅游休闲功能，从而提升风貌的识别性，突出滨海城市特色。崇明三岛风貌区突出沉积岛屿的自然地理特色和江海交汇的区位特色，塑造广袤自然具有江南韵味、海岛特色的“生态岛”景观。以中心城为主体的都会风貌区则集中展现时尚繁华和多元文化交融的现代化国际大都市形象。

2. 塑造城市景观风貌

（1）加强国际化大都市的城市门户和标志景观设计

结合机场、港口、铁路客站等交通枢纽地区的空间环境建设，打造具有国际都会感的门户形象。结合杭州湾、南汇嘴、吴淞口等地区生态环境建设，构建襟海临江的大尺度开放空间。形成陆家嘴、北外滩、南外滩、世博—前滩—徐汇滨江等地区主要的城市标志性景观节点。突出公共活动中心、滨水凸岸、河流交汇处、视线廊道焦点、人流聚集区等区域的空间景观设计。结合城市主中心、城市副中心形成主要的城市眺望点，控制好城市眺望点之间或重要公共空间的若干视线廊道。

（2）塑造滨水见绿、开敞有序的城市空间轴线和景观廊道

在黄浦江、苏州河等主要景观河道两岸以及公园、湖泊等大型开敞空间周边，严格控制建筑高退比和展开面，形成优美的天际线。丰富和提升高架道路、铁路、重要河道等线性路径两侧的界面景观。打造南北高架和延安高架作为城市的主要空间轴线，严格控制两侧的建筑和环境元素，加强快速交通的视觉感知体验。至 2035 年，市民对城市风貌景观的满意度达到 80%。

（3）形成小尺度、人性化的城市空间肌理

加强传统街坊格局和空间肌理延续，营造小尺度城市公共空间，重塑街道空间，促进街区发展，倡导开放式围合街区。强化对城市街坊尺度与规模

的控制，通过加密路网将街坊尺度控制在适宜的步行距离之内，至 2035 年主城区和新城全路网密度平均达到 8 千米每平方千米，其中中央活动区达到 10 千米每平方千米。强化空间秩序，对城市不同地区的空间尺度发展进行控制引导，合理控制标志性建筑高度，维持街坊基准高度，塑造和谐有序的城市空间形态。

（4）培育保护与创新相结合的特色镇村

培育在历史文化和风貌格局方面有特色传承的郊区镇村。发掘“文化基因”鲜明、风貌格局独特的特色小镇和村落，注重保护与创新相结合。在传承特色的同时，顺应时代发展需要，于保护中积极开拓创新，在乡村重塑过程中推陈出新，以良好的风貌环境促进乡村文化旅游业发展。

（三）构建高品质公共空间网络

1. 建设便利可达、人性化、多样性的公共休闲空间

充分考虑市民的多样化活动需求，持续增加公共空间的面积和开放度，提高公共空间覆盖率。推动学校校区（尤其是大学校区）、科技园区、各级行政办公园区等的附属开放空间对外开放。强化公共空间的贯通性，以慢行道、滨水沿路的线形公共空间、建筑的公共通道等资源为主，辅以桥梁、天桥、地道等衔接要素，将公共空间编织成网。提高公共空间舒适度，加强无障碍设施、休息座椅、智慧信息服务配套设施配置，提升公共空间环境品质。围绕开放空间系统网络，增加街头文化艺术表演运动空间，组织多种多样的公共活动。

2. 推进“通江达海”的蓝网绿道建设

以水为脉构建城市慢行休闲系统，倡导健康生活，丰富城市体验，提升城市活力。推进滨海及骨干河道两侧生态廊道建设，修复生态岸线、改善环境品质，促进生态、生活功能的有效融合。主城区生态生活岸线占比不低于 95%，优化驳岸设计，增加公共空间，形成连续畅通的公共岸线和功能复合的滨水活动空间。至 2035 年，建成以 226 条骨干河道为主干的水绿交融的河道空间，纳入城市蓝线严格管控，加强淀山湖周边湖泊群、太浦河、吴淞江、黄浦江上游及全市郊区水系空间保护，禁止围湖和侵占水面，科学开展退田还湖工作，恢复河道水系功能，保证河湖水面率不减少，形成市域蓝色

网络框架。同时结合“双环、九廊”等市域线性生态空间，承载市民健身、休闲等功能，设置骑行、步行、复合三类慢行道，兼顾“马拉松”等群众性体育赛事，安排适宜慢行要求的各类设施，构建城市绿道系统。至2035年，全市形成通江达海、城乡一体、区域联动的城市绿道体系，建成2000千米左右的骨干绿道。

3. 塑造安全、绿色、活力、智慧的街道空间

全面关注人的交流和生活方式转变，加强街道空间管控，推动街道整体空间环境设计，促进城市街区发展。提倡慢行优先，行人车辆各行其道、安宁共享。提升街道绿化品质，兼顾生态效益、公共活动和景观需求。提供开放、舒适、易达的空间环境体验，增进市民交往交流。满足通行、疏散、防汛排涝等工程设计标准，提升街道智能监控、管线综合设置水平，促进智慧出行。

4. 提升公共空间文化艺术内涵

增强景观的层次度、细腻度与品质感。美化城市“第五立面”，在公共活动密集地区，加强屋顶、平台等空间的绿化建设和公共开放利用。优化沿街建筑界面设计和种植搭配，加强街道家具和标识等的艺术设计。充分挖掘文化要素，提升雕塑等公共艺术作品的数量和质量，加强对雕塑、色彩、照明、广告等景观要素的整体规划，塑造高品质且特色鲜明的空间环境。

四、完善保障体制，营造绿色安全的发展环境

（一）健全体制机制，强化责任担当

充分发挥各行业组织、节能环保咨询服务机构及行业专家的作用，提供技术与咨询服务。把能耗总量和污染物总量控制作为区域和产业发展的决策依据。严格节能减排目标考核，分解、细化考核指标，确保目标明确、责任落实、措施到位、奖惩分明。对于企业节能减排领域的不良记录，按规定纳入征信管理系统。

（二）加强法治建设，完善执法监督

健全工业节能减排管理政策制度，完善工业能源管理体系。建立和完善分级节能减排监察体系，鼓励工业相对集中的区县组建节能监察队伍。完善日常监察与专项监察相结合的监察工作长效机制。加强监察执法队伍培训和

能力建设，提升信息化监管能力和监察水平。加强对固定资产投资项目能效水平的事中事后监管，对项目节能评估及节能审查意见落实情况进行监督检查。

（三）注重政策引导，加大财税扶持

从重点行业、重点企业入手，鼓励园区、企业采用合同能源管理模式推进节能改造，支持节能环保产品在重点行业、重点企业的推广。完善财税支持政策，落实资源综合利用税收优惠政策、节能节水环保装备所得税优惠政策，鼓励环境污染第三方治理试点示范。进一步加大财政资金支持力度，积极争取国家资金，支持节能环保领域重大项目、示范项目及高效节能产品推广、示范试点、宣传培训和信息服务。

（四）创新金融机制，拓宽融资渠道

推进绿色金融，助力绿色发展，引导社会资本、产业资本流向节能环保产业。拓宽绿色制造融资渠道，发展绿色债券、绿色 PPP、碳金融。建设以用能企业、节能服务公司为主体的信用评价体系，引导和支持各类金融机构加大对信用等级良好企业项目的信贷支持。由专业机构牵头，各金融机构和社会资本参与，组建以节能低碳产业为主要投资方向的产业基金，通过 PE、VC 等投资机构大力支持节能环保产业园区、重点企业、重大产业化项目、重大研发创新项目、公共服务平台、政府 PPP 项等的建设和发展。

（五）制定完善地方绿色制造指标体系

贯彻落实工信部、国家标委会联合制定的《绿色制造标准体系建设指南》，以引导性、协调性、系统性、创新性、国际性为原则，系统考虑全生命周期、制造流程、产业链条，加强与现有节能节水、清洁生产、环境排放、综合利用等国家、行业和地方标准规范的衔接配套，结合上海市产业发展规划要求和产业特点，坚持对标最高标准、最高水平，构建绿色工厂、绿色园区、绿色产品、绿色供应链的评价指标体系，完善从产品设计、制造、使用、回收到再制造的全生命周期绿色化评价，加大宣贯力度，全面引领绿色制造工程实施。

（六）加强绿色制造公共服务能力建设

以绿色制造体系建设为契机，依托现有资源，培育一批集标准研究、计量检测、评价咨询、技术创新、绿色金融等服务内容的专业化线下绿色制造服务平台。培育一批第三方评价机构，为企业、园区开展指标评价、技术咨询、培训辅导等支撑服务，加强对第三方机构的规范化管理，第三方评价机构有关要求见附件8，相关机构参照《绿色制造体系评价参考程序》开展评价工作，对评价结果负责，并接受监督管理。建设统一的绿色制造线上服务平台，提供政策法规宣贯、申报信息查询、示范案例宣传、评价经验交流、示范成效自我申明等线上服务，形成线上线下融合互补的绿色制造服务体系。

附　表

附表 1　　2018 年上海市生态保护红线分类型汇总表

类型	红线名称	包含要素	所在行政区	陆域面积（平方千米）	长江河口及海域面积（平方千米）
生物多样性维护红线	东滩保护区生物多样性维护红线	崇明东滩鸟类国家级自然保护区	崇明区	3.83	237.72
	长江口生物多样性维护红线	长江口中华鲟自然保护区	崇明区	3.83	691.77
	九段沙生物多样性维护红线	九段沙湿地国家级自然保护区	浦东新区	0	420.2
	金山三岛生物多样性维护红线	金山三岛海洋生态自然保护区	金山区	0	10.49
	东滩地质公园生物多样性维护红线	崇明岛国家地质公园东滩核心片区	崇明区	0	139.26
	东风西沙生物多样性维护红线	崇明岛国家地质公园东风西沙核心片区	崇明区	1.7	3.82
	西沙生物多样性维护红线	西沙国家湿地公园生态保育区	崇明区	1.67	0.86
	崇明北湖生物多样性维护红线	崇明岛周缘北湖重要湿地	崇明区	21.99	0
	淀山湖生物多样性维护红线	淀山湖上海市境内水体	青浦区	17.96	0
	东平生物多样性维护红线	东平国家森林公园	崇明区	2.12	0
	佘山生物多样性维护红线	佘山国家森林公园（东佘山、横山、钟家山、北竿山）	松江区	0.64	0
	海湾生物多样性维护红线	海湾国家森林公园	奉贤区	11.45	0
	嘉定浏岛生物多样性维护红线	嘉定浏岛鸟类野生动物重要栖息地	嘉定区	0.04	0
	青浦大莲湖生物多样性维护红线	青浦大莲湖周边蛙类野生动物重要栖息地	青浦区	0.3	0
	宝山陈行—宝钢水库生物多样性维护红线	宝山陈行—宝钢水库周边野生动物重要栖息地	宝山区	0	0.07
	松江新浜生物多样性维护红线	松江新浜獐重引入重要栖息地	松江区	0.13	0
	崇明东滩湿地公园生物多样性维护红线	上实东滩扬子鳄重引入重要栖息地	崇明区	0.02	0
	东滩滨岸带生物多样性维护红线	东滩保护区岛屿岸线	崇明区	2.31	0
	九段沙滨岸带生物多样性维护红线	九段沙保护区岛屿岸线	浦东新区	0	2.14

续表

类型	红线名称	包含要素	所在行政区	陆域面积（平方千米）	长江河口及海域面积（平方千米）
生物多样性维护红线	金山三岛滨岸带生物多样性维护红线	金山三岛保护区岛屿岸线	金山区	0	0.16
	海湾森林公园滨岸带生物多样性维护红线	海湾国家森林公园大陆岸线	奉贤区	0.28	0
水源涵养红线	青草沙水源涵养红线	青草沙饮用水水源一级保护区	崇明区	17.73	61.27
	东风西沙水源涵养红线	东风西沙饮用水水源一级保护区	崇明区	1.7	3.82
	陈行水源涵养红线	陈行饮用水水源一级保护区	宝山区	3.53	3.37
	黄浦江上游松浦大桥水源涵养红线	黄浦江上游饮用水水源一级保护区松浦大桥备用取水口	闵行区 松江区	0.48	0
	黄浦江上游金泽水源涵养红线	黄浦江上游饮用水水源保护区金泽取水口	青浦区	3.24	0
	东风西沙滨岸带水源涵养红线	东风西沙饮用水水源保护区岛屿岸线	崇明区	0.37	0.09
	青草沙滨岸带水源涵养红线	青草沙饮用水水源保护区岛屿岸线	崇明区	0.53	1.09
	陈行滨岸带水源涵养红线	陈行饮用水水源保护区大陆岸线	宝山区	0.17	0
	黄浦江滨岸带水源涵养红线	黄浦江上游饮用水水源一级保护区松浦大桥备用取水口黄浦江岸线	闵行区 松江区	0.1	0
	太浦河滨岸带水源涵养红线	黄浦江上游饮用水水源保护区金泽取水口太浦河岸线	青浦区	0.07	0
特别保护海岛红线	佘山岛领海基点	佘山岛及其附近水域	崇明区	0	2.3
重要滨海湿地红线	南汇嘴湿地	南汇嘴东海大桥两侧湿地	浦东新区	0	6.0
	顾园沙湿地	长江北支口外顾园沙湿地	崇明区	0	109.3
重要渔业资源红线	长江刀鲚水产种质资源保护区	长江刀鲚国家级水产种质资源保护区核心区	崇明区	0	257.61
	长江口南槽口外的 1 号	南槽口外 1 号捕捞区	浦东新区	0	213.1
	长江口南槽口外的 2 号	南槽口外 1 号捕捞区	浦东新区	0	213.9
总计（扣除重叠）				89.11	1993.58

附表 2　　2018 年上海市生态保护红线分区汇总表

序号	区级行政区名称	行政区划代码	行政区境域面积（平方千米）	人口（万人）	生态保护红线面积（平方千米）	陆域红线面积（平方千米）	长江河口及海域红线面积（平方千米）	主导生态系统服务功能
1	崇明区	310151	1185.49	69.64	1177.82	51.34	1126.48	生物多样性维护、水源涵养
2	浦东新区	310115	1210.41	547.49	853.2	0	853.2	生物多样性维护
3	奉贤区	310120	687.39	115.99	11.45	11.45	0	生物多样性维护
4	金山区	310116	586.05	79.8	10.49	0	10.49	生物多样性维护
5	宝山区	310113	270.99	202.29	6.94	3.53	3.41	生物多样性维护、水源涵养
6	青浦区	310118	670.14	120.91	21.50	21.50	0	生物多样性维护、水源涵养
7	松江区	310117	605.64	176.02	1.09	1.09	0	生物多样性维护、水源涵养
8	闵行区	310112	370.75	253.79	0.16	0.16	0	水源涵养
9	嘉定区	310114	464.2	156.8	0.04	0.04	0	生物多样性维护

附表 3　　2018 年上海市自然岸线基本情况汇总表

序号	类型	名 称	所在行政区	长度（千米）	长度合计（千米）	比例	备注
1	大陆自然岸线	陈行饮用水水源保护区自然岸线	宝山区	3.4	25.7	12.06%	与滨岸带红线重叠
2		浦东滨江森林公园自然岸线	浦东新区	4.1			
3		南汇嘴自然岸线	浦东新区	8.8			
4		奉贤海湾森林公园自然岸线	奉贤区	4.9			与滨岸带红线重叠
5		奉贤华电灰坝自然岸线	奉贤区	4.5			
6	海岛自然岸线	崇明东滩鸟类国家级自然保护区自然岸线	崇明区	35.7	116.3	28.00%	与滨岸带红线重叠
7		青草沙饮用水水源保护区自然岸线	崇明区	32.6			与滨岸带红线重叠
8		九段沙湿地国家级自然保护区自然岸线	浦东新区	43.6			与滨岸带红线重叠
9		金山三岛海洋生态自然保护区自然岸线	金山区	4.4			与滨岸带红线重叠

附表 4　　2018 年上海市生态保护红线分布、责任主体、管控依据汇总表

包含要素	陆域面积（平方千米）	长江河口及海域面积（平方千米）	主管部门	责任主体	管控依据
崇明东滩鸟类国家级自然保护区	3.83	237.72	市绿化和市容管理局	市绿化和市容管理局	《中华人民共和国野生动物保护法》《中华人民共和国自然保护区条例》《湿地保护管理规定》《上海市崇明东滩鸟类自然保护区管理办法》《上海市实施〈中华人民共和国野生动物保护法〉办法》
长江口中华鲟自然保护区	3.83	691.77	市农业委员会	市农业委员会	《中华人民共和国野生动物保护法》《中华人民共和国渔业法》《中华人民共和国自然保护区条例》《湿地保护管理规定》《上海市长江口中华鲟自然保护区管理办法》《上海市实施〈中华人民共和国野生动物保护法〉办法》
九段沙湿地国家级自然保护区	0	420.2	浦东新区政府、市环境保护局	浦东新区政府	《中华人民共和国野生动物保护法》《中华人民共和国自然保护区条例》《湿地保护管理规定》《上海市九段沙湿地自然保护区管理办法》《上海市实施〈中华人民共和国野生动物保护法〉办法》
金山三岛海洋生态自然保护区	0	10.49	市海洋局、金山区政府	金山区政府	《中华人民共和国海洋环境保护法》《中华人民共和国海岛保护法》《中华人民共和国自然保护区条例》《上海市金山三岛海洋生态自然保护区管理办法》
崇明岛国家地质公园东滩核心片区	0	139.26	市规划和国土资源管理局、崇明区政府	崇明区政府	《国务院关于印发全国主体功能区规划的通知》《中华人民共和国野生动物保护法》《中华人民共和国自然保护区管理条例》《上海市崇明东滩鸟类自然保护区管理办法》《上海市实施〈中华人民共和国野生动物保护法〉办法》，叠加从严执行
崇明岛国家地质公园东风西沙核心片区	1.7	3.82	市规划和国土资源管理局、崇明区政府	崇明区政府	《国务院关于印发全国主体功能区规划的通知》《中华人民共和国水法》《中华人民共和国水污染防治法》《上海市饮用水水源保护条例》，叠加从严执行
西沙国家湿地公园生态保育区	1.67	0.86	市绿化和市容管理局、崇明区政府	崇明区政府	《中华人民共和国野生动物保护法》《国家湿地公园管理办法（试行）》《上海市实施〈中华人民共和国野生动物保护法〉办法》

续表

包含要素	陆域面积（平方千米）	长江河口及海域面积（平方千米）	主管部门	责任主体	管控依据
崇明岛周缘北湖重要湿地	21.99	0	市绿化和市容管理局、市规划和国土资源管理局、崇明区政府	上海地产（集团）有限公司、上海市土地储备中心	上海市发展和改革委员会、上海市环境保护局会同相关部门制定
淀山湖	17.96	0	市农业委员会、市环境保护局、市水务局	青浦区政府	《中华人民共和国水法》《中华人民共和国水污染防治法》《中华人民共和国渔业法》《太湖流域管理条例》《上海市饮用水水源保护条例》，叠加从严执行
东平国家森林公园	2.12	0	市绿化和市容管理局、崇明区政府	崇明区政府	《中华人民共和国森林法》《中华人民共和国野生动物保护法》《中华人民共和国森林法实施条例》《中华人民共和国野生植物保护条例》《国家级森林公园管理办法》《国家级森林公园总体规划规范》《上海市实施〈中华人民共和国野生动物保护法〉办法》
佘山国家森林公园（东佘山、横山、钟家山、北竿山）	0.64	0	市绿化和市容管理局、松江区政府	松江区政府	
海湾国家森林公园	11.45	0	市绿化和市容管理局、市规划和国土资源管 理局、奉贤区政府、市海洋局	奉贤区政府、光明食品（集团）有限公司	
嘉定浏岛鸟类野生动物重要栖息地	0.04	0	市绿化和市容管理局、嘉定区政府	嘉定区政府	《中华人民共和国野生动物保护法》《上海市实施〈中华人民共和国野生动物保护法〉办法》
松江新浜獐重引入重要栖息地	0.13	0	市绿化和市容管理局、松江区政府	松江区政府	
青浦大莲湖周边蛙类野生动物重要栖息地	0.3	0	市绿化和市容管理局、青浦区政府	青浦区政府	《中华人民共和国野生动物保护法》《上海市实施〈中华人民共和国野生动物保护法〉办法》《湿地保护管理规定》

续表

包含要素	陆域面积（平方千米）	长江河口及海域面积（平方千米）	主管部门	责任主体	管控依据
宝山陈行—宝钢水库周边野生动物重要栖息地	0	0.07	市绿化和市容管理局、市水务局、宝山区政府	宝山区政府	《中华人民共和国野生动物保护法》《上海市实施〈中华人民共和国野生动物保护法〉办法》《湿地保护管理规定》
上实东滩扬子鳄重引入重要栖息地	0.02	0	市绿化和市容管理局、崇明区政府	上海上实（集团）有限公司	
东滩保护区岛屿岸线	2.31	0	市绿化和市容管理局	市绿化和市容管理局	《中华人民共和国野生动物保护法》《中华人民共和国自然保护区条例》《湿地保护管理规定》《上海市崇明东滩鸟类自然保护区管理办法》《上海市实施〈中华人民共和国野生动物保护法〉办法》
九段沙保护区岛屿岸线	0	2.14	浦东新区政府、市环境保护局	浦东新区政府	《中华人民共和国野生动物保护法》《中华人民共和国自然保护区条例》《湿地保护管理规定》《上海市九段沙湿地自然保护区管理办法》《上海市实施〈中华人民共和国野生动物保护法〉办法》
金山三岛保护区岛屿岸线	0	0.16	市海洋局、金山区政府	金山区政府	《中华人民共和国海洋环境保护法》《中华人民共和国海岛保护法》《中华人民共和国自然保护区条例》《上海市金山三岛海洋生态自然保护区管理办法》
海湾国家森林公园大陆岸线	0.28	0	市海洋局、奉贤区政府、市绿化和市容管理局	奉贤区政府、光明食品（集团）有限公司	《中华人民共和国森林法》《中华人民共和国野生动物保护法》《中华人民共和国森林法实施条例》《中华人民共和国野生植物保护条例》《国家级森林公园管理办法》《国家级森林公园总体规划规范》《上海市实施〈中华人民共和国野生动物保护法〉办法》
青草沙饮用水水源一级保护区	17.73	61.27	市环境保护局、市水务局	崇明区政府、城投集团	《中华人民共和国水法》《中华人民共和国水污染防治法》《中华人民共和国河道管理条例》《上海市饮用水水源保护条例》
东风西沙饮用水水源一级保护区	1.7	3.82	市环境保护局、市水务局、崇明区政府	崇明区政府	

续表

<table>
<tr><th>包含要素</th><th>陆域面积（平方千米）</th><th>长江河口及海域面积（平方千米）</th><th>主管部门</th><th>责任主体</th><th>管控依据</th></tr>
<tr><td>陈行饮用水水源一级保护区</td><td>3.53</td><td>3.37</td><td>市环境保护局、市水务局、宝山区政府</td><td>宝山区政府、中国宝武钢铁集团有限公司、城投集团</td><td>《中华人民共和国水法》《中华人民共和国水污染防治法》《中华人民共和国河道管理条例》《上海市饮用水水源保护条例》</td></tr>
<tr><td>黄浦江上游饮用水水源一级保护区松浦大桥备用取水口</td><td>0.48</td><td>0</td><td>市环境保护局、市水务局、松江区政府、闵行区政府</td><td>松江区政府、闵行区政府、城投集团</td><td rowspan="2">《中华人民共和国水法》《中华人民共和国水污染防治法》《中华人民共和国河道管理条例》《太湖流域管理条例》《上海市饮用水水源保护条例》。其中纳入生态保护红线范围的 0.4 平方千米二级水源保护区仍然按照二级水源保护区要求管控，其余区域按照一级水源保护区要求管控</td></tr>
<tr><td>黄浦江上游饮用水水源保护区金泽取水口</td><td>3.24</td><td>0</td><td>市环境保护局、市水务局、青浦区政府</td><td>青浦区政府、城投集团</td></tr>
<tr><td>东风西沙饮用水水源保护区岛屿岸线</td><td>0.37</td><td>0.09</td><td>市环境保护局、市水务局、崇明区政府</td><td>崇明区政府</td><td rowspan="3">《中华人民共和国水法》《中华人民共和国水污染防治法》《中华人民共和国河道管理条例》《上海市饮用水水源保护条例》</td></tr>
<tr><td>青草沙饮用水水源保护区岛屿岸线</td><td>0.53</td><td>1.09</td><td>市环境保护局、市水务局</td><td>崇明区政府、城投集团</td></tr>
<tr><td>陈行饮用水水源保护区大陆岸线</td><td>0.17</td><td>0</td><td>市环境保护局、市水务局、宝山区政府</td><td>宝山区政府、中国宝武钢铁集团有限公司、城投集团</td></tr>
<tr><td>黄浦江上游饮用水水源一级保护区松浦大桥备用取水口黄浦江岸线</td><td>0.1</td><td>0</td><td>市环境保护局、市水务局、松江区政府、闵行区政府</td><td>松江区政府、闵行区政府、城投集团</td><td>《中华人民共和国水法》《中华人民共和国水污染防治法》《中华人民共和国河道管理条例》《太湖流域管理条例》《上海市饮用水水源保护条例》</td></tr>
</table>

续表

包含要素	陆域面积（平方千米）	长江河口及海域面积（平方千米）	主管部门	责任主体	管控依据
黄浦江上游饮用水水源保护区金泽取水口太浦河岸线	0.07	0	市环境保护局、市水务局、青浦区政府	青浦区政府、城投集团	《中华人民共和国水法》《中华人民共和国水污染防治法》《中华人民共和国河道管理条例》《太湖流域管理条例》《上海市饮用水水源保护条例》
佘山岛及其附近水域	0	2.3	崇明区政府、市海洋局	崇明区政府	《中华人民共和国海洋环境保护法》《中华人民共和国海岛保护法》《上海佘山岛领海基点保护范围》
南汇嘴东海大桥两侧湿地	0	6.0	浦东新区政府、市海洋局	浦东新区政府	《中华人民共和国海洋环境保护法》《中华人民共和国海域使用管理法》《上海市海洋功能区（2011—2020年）》
长江北支口外顾园沙湿地	0	109.3	崇明区政府、市海洋局	崇明区政府	
长江刀鲚国家级水产种质资源保护区核心区	0	257.61	农业部（现为农业农村部）长江流域渔政监督管理办公室	长江流域渔业资源管理委员会、市农业委员会	《中华人民共和国渔业法》《水产种质资源保护区管理暂行办法》
南槽口外1号捕捞区	0	213.1	市农委、浦东新区政府	浦东新区政府	《中华人民共和国海洋环境保护法》《中华人民共和国渔业法》《上海市海洋功能区划（2011—2020年）》
南槽口外2号捕捞区	0	213.9	市农委、浦东新区政府	浦东新区政府	
浦东滨江森林公园大陆岸线	—	—	市水务局（市海洋局）、浦东新区政府	浦东新区政府	《海岸线保护与利用管理办法》《海域使用管理法》
南汇嘴大陆岸线	—	—	市水务局（市海洋局）、浦东新区政府	浦东新区政府	
奉贤华电灰坝大陆岸线	—	—	市水务局（市海洋局）、奉贤区政府	奉贤区政府	

附表 5　　2018 年上海市绿色发展指标体系一览表

一级指标	序号	二级指标	计量单位	指标类型	权数	绿色发展统计指标	类型
一、资源利用（权数=27.3%）	1	能源消费总量	万吨标准煤	★	3.41	能源消费总量增长率	逆向
	2	单位 GDP 能源消耗降低	%	★	3.41	单位 GDP 能耗降低率	正向
	3	单位 GDP 二氧化碳排放降低	%	★	3.41	单位 GDP 二氧化碳排放降低率	正向
	4	用水总量	亿立方米	◆	2.27	用水总量增长率	逆向
	5	单位工业增加值用水量降低率	%	◆	2.27	单位规模以上工业增加值用水量降低率	正向
	6	农田灌溉水有效利用系数	—	◆	2.27	农田灌溉水有效利用系数	正向
	7	耕地保有量	万亩	◆	2.27	耕地面积增长率	正向
	8	新增建设用地规模	万亩	◆	2.27	人均新增建设用地面积	逆向
	9	单位 GDP 建设用地面积降低率	%	◆	2.27	单位 GDP 建设用地面积降低率	正向
	10	资源利用率	万元 / 吨	◆	2.27	能源产出率	正向
	11	农作物秸秆综合利用率	%	△	1.14	农作物秸秆综合利用率	正向
二、环境治理（权数=18.2%）	12	化学需氧量排放总量减少	%	◆	2.27	化学需氧量排放总量减排完成率	正向
	13	氨氮排放总量减少	%	◆	2.27	氨氮排放总量减排完成率	正向
	14	二氧化硫排放总量减少	%	◆	2.27	二氧化硫排放总量减排完成率	正向
	15	氮氧化物排放总量减少	%	◆	2.27	氮氧化物排放总量减排完成率	正向
	16	粗颗粒物	—	◆	2.27	粗颗粒物	逆向
	17	生活垃圾分类小区达标率	%	★	3.41	生活垃圾分类小区达标率	正向
	18	雨污混接改造完成率	%	◆	2.27	雨污混接改造完成率	正向
	19	环境污染治理投资占 GDP 比重	%	△	1.14	环境污染治理投资占 GDP 比重	正向

续表

一级指标	序号	二级指标	计量单位	指标类型	权数	绿色发展统计指标	类型
三、环境质量（权数=18.2%）	20	地级及以上城市空气质量优良天数比例	%	◆	2.27	地级及以上城市空气质量优良天数比例	正向
	21	细颗粒物（PM2.5）未达标地级及以上城市浓度下降	%	◆	2.27	细颗粒物（PM2.5）未达标地级及以上城市浓度降低率	正向
	22	地表水达到或好于Ⅲ类水体比例	%	★	3.41	地表水达到或好于Ⅲ类水体比例	正向
	23	地表水劣Ⅴ类水体比例	%	★	3.41	地表水劣Ⅴ类水体比例	逆向
	24	近岸海域水质优良（一、二类）比例	%	△	1.14	近岸海域水质优良（一、二类）比例	正向
	25	地表水水环境功能区达标率	%	◆	2.27	地表水水环境功能区达标率	正向
	26	受污染耕地安全利用率	%	△	1.14	受污染耕地安全利用率	正向
	27	单位耕地面积化肥使用量	%	△	1.14	化肥使用量降低率	正向
	28	单位耕地面积农药使用量	%	△	1.14	农药使用量降低率	正向
四、生态保护（权数=10.2%）	29	河湖水面率	%	◆	2.27	河湖水面率	正向
	30	森林（林木绿化）覆盖率	%	★	3.41	森林（林木绿化）覆盖率	正向
	31	森林蓄积量	万立方米	△	1.14	乔木林单位面积蓄积量	正向
	32	湿地保护率	%	△	1.14	湿地保护率	正向
	33	立体绿化年度计划完成率	%	△	1.14	立体绿化年度计划完成率	正向
	34	中心城区公园绿地服务半径覆盖率	%	△	1.14	中心城区公园绿地服务半径覆盖率	正向
五、增长质量（权数=14.8%）	35	人均 GDP 增长率	%	◆	2.27	人均 GDP 增长率	正向
	36	全员劳动生产率	万元 / 人	★	3.41	全员劳动生产率	正向
	37	高技术服务业评分	—	◆	2.27	高技术服务业评分	正向
	38	人均财政收入增长率	%	◆	2.27	人均财政收入增长率	正向
	39	战略性新兴产业增加值占 GDP 比重	%	△	1.14	工业战略性新兴产业总产值占规模以上工业总产值比重	正向
	40	研究与试验发展经费支出相对于 GDP 的比例	%	★	3.41	研究与试验发展经费支出相对于 GDP 的比例	正向

续表

一级指标	序号	二级指标	计量单位	指标类型	权数	绿色发展统计指标	类型
六、绿色生活（权数=11.3%）	41	公共机构人均能耗降低率	%	△	1.14	公共机构人均能耗降低率	正向
	42	公共机构人均水耗降低率	%	△	1.14	公共机构人均水耗降低率	正向
	43	既有公共建筑节能改造任务完成率	%	△	1.14	既有公共建筑节能改造任务完成率	正向
六、绿色生活（权数=11.3%）	44	年度公共充电桩建设完成进度	%	△	1.14	年度公共充电桩建设完成进度	正向
	45	公交站点 500 米服务半径覆盖率	%	△	1.14	公交站点 500 米服务半径覆盖率	正向
	46	城市建成区绿地率	%	△	1.14	城市建成区绿地率	正向
	47	城市绿道年度计划完成率	%	△	1.14	城市绿道年度计划完成率	正向
	48	人均公园绿地面积	平方米/人	★	3.41	人均公园绿地面积	正向
七、公众满意程度	49	公众对生态环境质量满意程度	%	—	—